内藤广

日本日经BP社日经建筑　编
范唯　译

北京出版集团公司
北京美术摄影出版社

前言

本书将建筑类专业杂志《日经建筑》（以下简称NA）迄今为止所刊载的内藤广专访、谈话、标志性建筑物的竣工报告等新闻报道以及新作，分门别类重新编排，集结成书。本书是『NA建筑家系列』的第一册。

本册所选人物内藤广，与伊东丰雄、隈研吾，在设计理念上有很大的不同。伊东丰雄与隈研吾两位建筑家，善于迅速捕捉时代的变化，并把这种变化植入自己的建筑之中。其结果就是，将他们二十年之前的作品与现在的建筑作品拿来比较，完全看不出来是同一个人的作品。这两位建筑家，均以『变化』这一理念，驰骋建筑界多年。

在建筑界，内藤广也是一位顶级建筑设计师，这一点一直没有改变，然而，他对于时代发展所持的态度，与上述两位建筑家形成了鲜明的对比。浏览本书时，从本书所选取的建筑作品之中，读者便能感受到内藤广的设计作品存在着某些共通之处。那就是『不追逐前卫，而是要经得住岁月的考验』，以及『返回生产系统原点，重视建筑内部空间』的设计理念。

这样的设计理念，在他的扬名之作『海洋博物馆』中即已确立。该博物馆获得日本建筑学会作品奖之后，内藤广在接受采访时曾说：『我认为，作为建筑师，在本质上已经超越了生命的界限。（中略）考虑到时间有限，就必须专注于事物的构成以及生产的过程，将细节及构造「雕刻」出来。』从此后接受的采访看来，内藤广的设计理念基本上没有发生大的变化。

所谓不追逐前卫，在一定程度上，即意味着不相信眼前的『舒适环境』。在编写本书时，回顾过去的采访，会觉得不可思议——为什么这个人对未来这样悲观呢？然而，随着编辑工作的逐步进行，就会发现，那只不过是流于文字表面而产生的错觉，内藤广绝不是一个悲观主义者。

例如，本书最后部分收录的报道——东大十年教育观就是一个象征。从二〇〇一年开始，内藤广执起教鞭，对东大学生宣称『不教授前卫』，而只教授布局及素材的物性等『永不变化』的东西。比起教授表面化的流行趋势，教授这样的内容更需劳心费力。百事缠身的内藤广，为何如此认真地对待学生们呢？那是因为，内藤广坚信建筑是原动力，坚信年轻人拥有改变社会的力量。

二〇〇一年十月，旭川站试运营期间，在旭川市举行的一场演讲中，内藤广先生对听众说过这样一段话：『我可以充满自信地说，我将逐渐有越来越多的建筑作品，能够支撑起旭川这个城市一百年、两百年的时间。』能够面对着市民，胸有成竹地说出自己的建筑作品可以支撑城市一百年，这样的建筑家在日本屈指可数。

建筑界长期处于闭塞状况之下。希望本书能够超越一本普通的作品集，使读者通过本书看到『建筑的希望』。

日经建筑编辑部

《日经建筑》（NA）所刊载的受访者职衔，原则上为接受采访时的职衔。
转载报道的期刊号，登载于题目栏下方。无期刊号的报道，为专为本书而作的新撰。
另外，报道中的图片，原则上也仅限于反映刊载之时的状态。因建筑物改建等原因，图片与现状有可能已有所不同。

目录

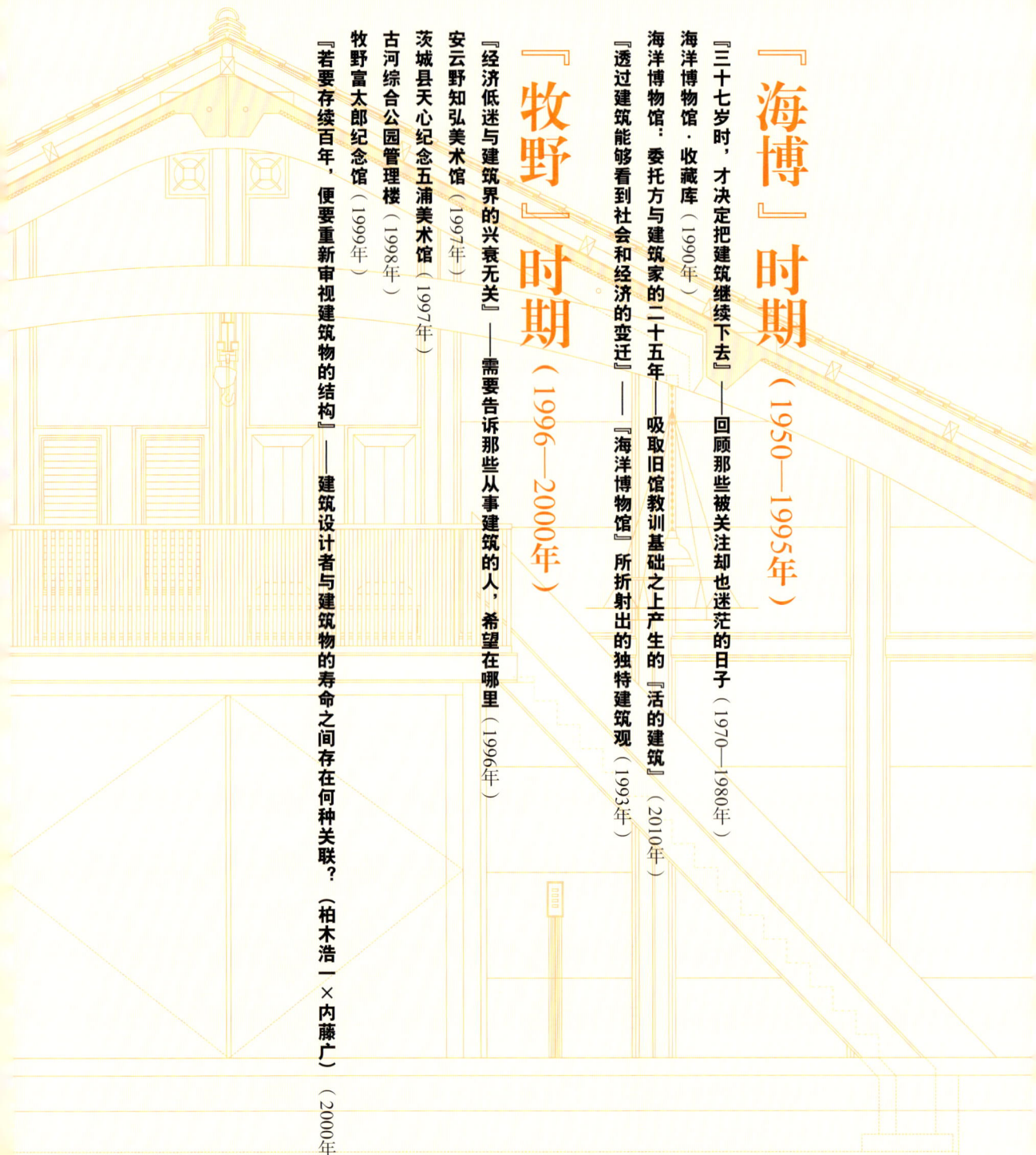

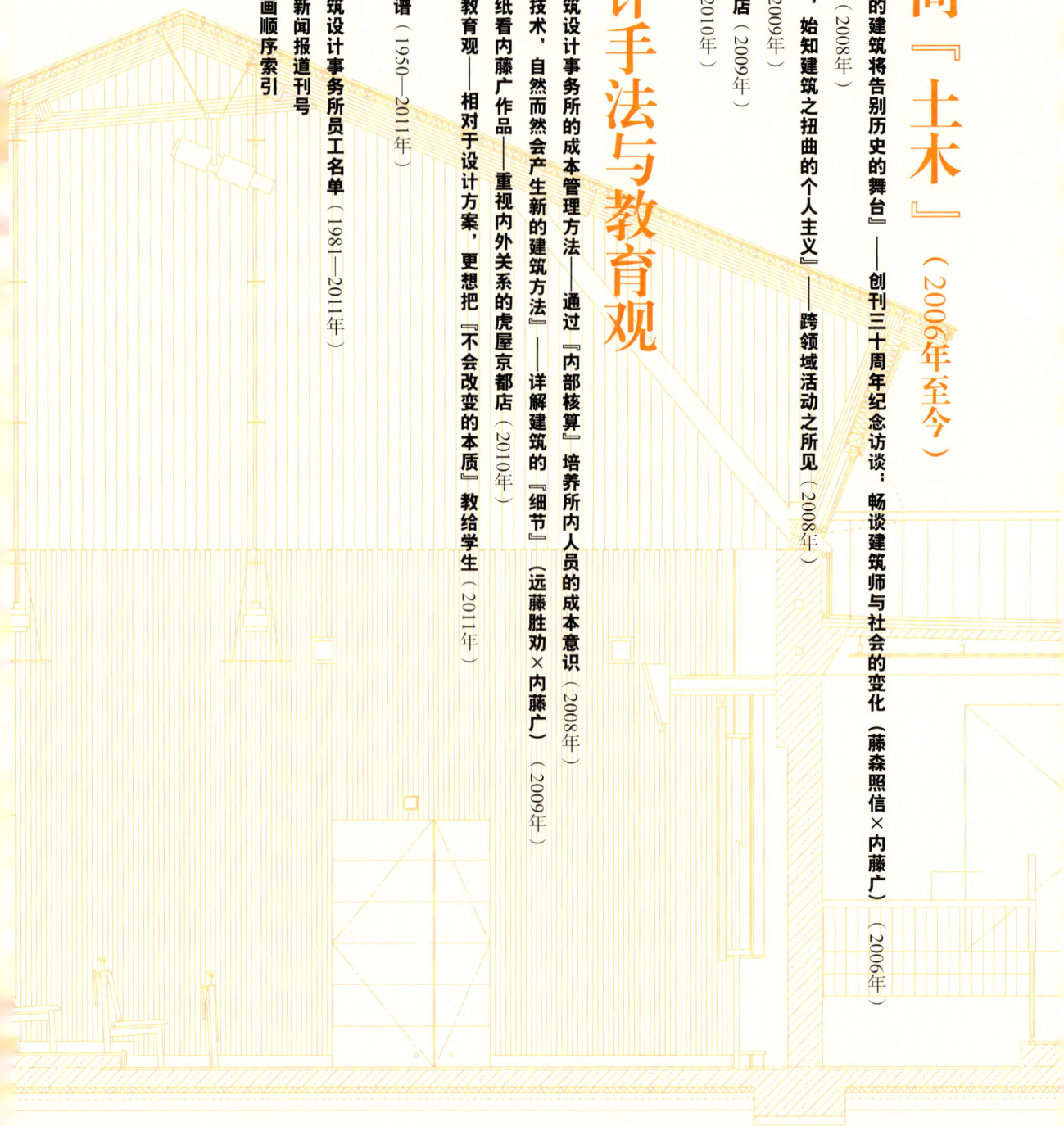

内藤广

1950年生于神奈川县横滨市。1974年毕业于早稻田大学理工学部建筑学专业。1976年毕业于早稻田大学研究生部。1976—1978年，就职于费尔南德·伊格拉斯建筑设计事务所。1979—1981年，就职于菊竹清训建筑设计事务所。1981年成立内藤广建筑设计事务所。2001—2002年，任东京大学研究生院社会基础工学副教授。2003—2011年，任东京大学研究生院社会基础工学教授。2010—2011年，任东京大学副校长。（摄影：山田慎二）

第一章

“海博”时期

（1950—1995年）

内藤广31岁时已经可以独当一面，却仍未得到大手笔的工作项目，内藤广度过了充满磨炼的30年时光。他与处于泡沫经济动荡之下的日本社会及建筑界背道而驰，认定低成本、经久耐用的“海洋博物馆”，才是自己今后前进的方向。

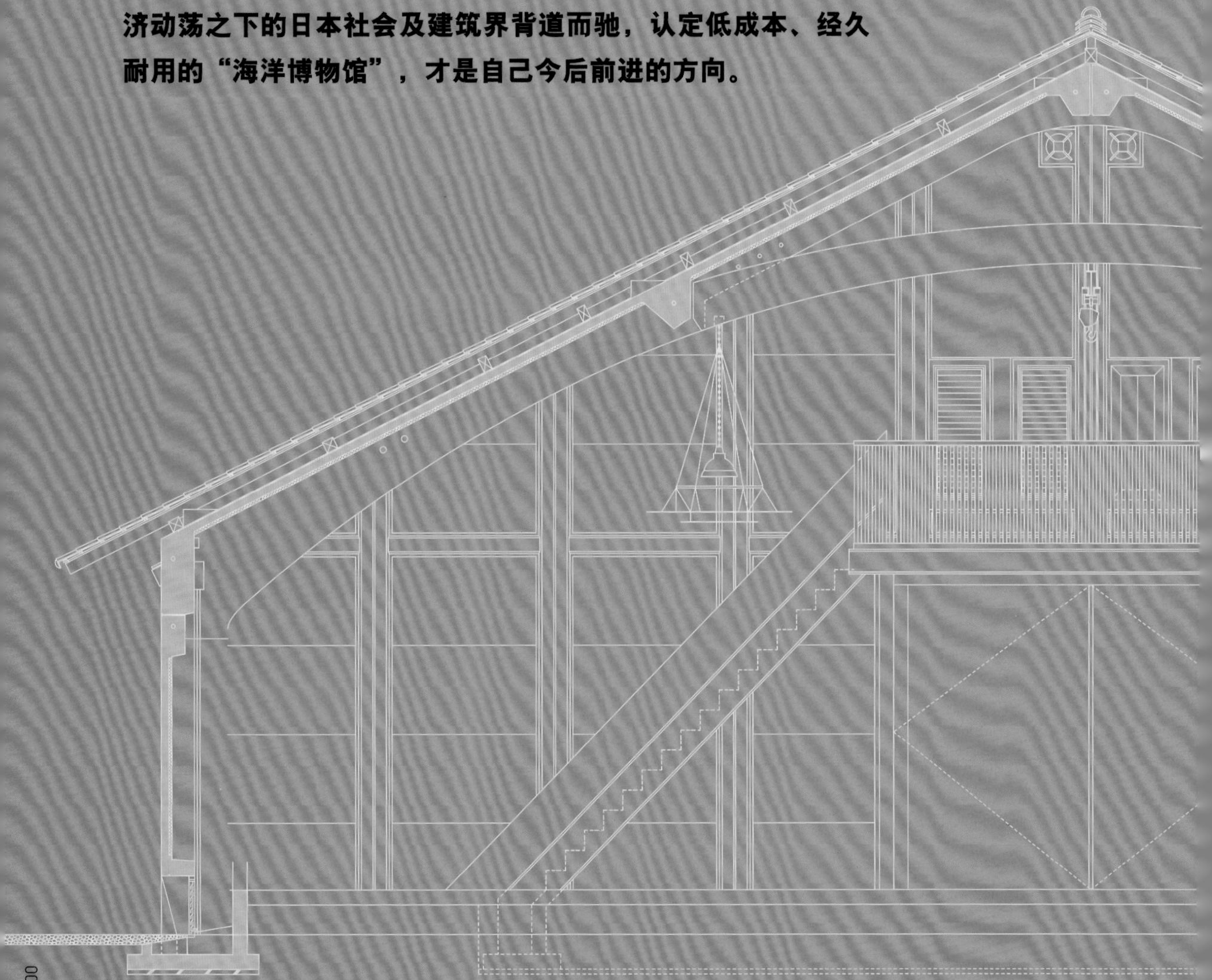

背景为“海洋博物馆·收藏库”剖面图。

1970—1980年

访谈01

『三十七岁时，才决定把建筑继续下去』

——回顾那些被关注却也迷茫的日子

刊载于NA2009年学生特别版及KEN-Platz

在研究生院读书时，内藤广就开始向建筑专业杂志投稿，很早便得到了关注。三十一岁时已经可以独当一面，但却还没有承接过大手笔的项目。四十岁之后，逐渐推出一些自己的作品，同时也引起了社会性话题。一直到将近四十岁之时，还在犹豫是否要将建筑作为自己一生的事业。让我们跟随内藤广，回顾一下从年轻时立志于建筑开始，直至『海洋博物馆』这一转机之作诞生中间的日子。

——进入大学时，为什么选择了建筑专业呢？请您给我们讲一下当时的情况吧。

当时是听从了建筑家山口文象（一九〇二—一九七八年）先生的建议。我的外祖母家与山口家是邻居，小的时候，我就经常在山口家的游泳池里游泳。当时我并不知道山口先生是那么伟大的建筑家，高中时我向山口先生征求意见，我说：『我不知道自己想干点什么。』山口先生回答道：『成为建筑家之后，便能够做任何事，你可以首先考虑做一个建筑家。』建筑与人类的生活以及人类本身密切相关，如果一直从事建筑相关的工作，那么即便最后没能成为建筑家，也没有关系。

第一次参加高考，由于安田讲堂的火灾，没能考上东京大学，复读一年之后第二次参加高考，还是没能考入东京大学，便进入了早稻田大学。当时早稻田大学学生运动颇多，我想在这里读书也没什么意思，便想再次复读。我去征求山口先生的意见，他制止了我，并告诫我，青春时光是那么宝贵，不能年复一年地拿来浪费。他告诉我，早大有一位很有趣的建筑家，叫作吉阪隆正（一九一七—一九八〇年），你去他那里就好。山口先生为我指明了方向，我的大学时代逐渐步入正轨。

——进入早稻田大学吉阪研究室之后，您开始学习建筑，或者说开始发现建筑的有趣之处，是这样吗？

完全不是这样。当时，吉阪先生很忙，几乎不会直接给我们讲课。与建筑专业知识相比，我们在无形之中学到更多的是对人类的思考以及对社会的思考。吉阪先生的人生观及生活方式是令人震撼的。与建筑相比，这些才是根本。

直到吉阪先生去世前五六年，才与先生直接接触。吉阪先生的生活方式是非常拼命的。在大学教学之外，还参与很多社会活动，晚上在设计事务所某个研究室做设计，并且经常喝很多酒。我觉得他很不容易。

——对吉阪研究室的同伴有什么特别的回忆吗？

去研究室，学长们都是一副很厉害的样子（笑）。虽然我想见吉阪先生，可却不怎么想去研究室。偶尔带着同年级的同学，去我的一个亲戚家。亲戚出国工作，家里空着。我们关在家里，研究国际建筑

（摄影：柳生贵也）

吉阪先生不放心，还曾特意打电话询问

设计大赛。

当时，葡萄牙圣港岛重新开发，举办国际建筑设计大赛，我们决定参赛。加上研究室的两位留学生，一共七八个人闭门不出，研究方案。我们不怎么去研究室，我们年级的学生也不参加研究室的会议，吉阪先生有些担心，曾打过电话来询问情况。

——您在学生时代就执笔《新建筑》的月评，发表了很多批判矶崎新先生的言论，是这样吗？

那是研究生一年级闭门不出的那段时间。一方面在写《新建筑》的月评；另一方面专心准备比赛，几乎不怎么去学校。

矶崎新先生是一位非常聪明的人，建立了非常缜密的理论。虽然觉得他很优秀，但是那时我还很年轻，存在反叛心理，有一种想要将他的理论推翻的想法，写了一些自以为是的东西。另外，山口先生教导我，所谓建筑，是从人类社会之中衍生出来的东西，因此，对矶崎先生的所见所想，我持有完全不同的看法。可能是一种观念上的不同。当然，矶崎新先生也许明白这一点，只是出于战略上的考虑，才采取那样的行动，而我作为年轻人，只想表达自己的态度。

——参与这些活动，还是顺利毕业了吗？

我的成绩可是很优秀的（笑）。设计课题大部分都得到优，毕业设计也是优。另外，我有很多好友，所以即便不去上课，考试时也能得

研究生时期的内藤广。（摄影：内藤广设计事务所）

到不错的分数。

——从旁观者的角度看来，这是一个成绩优秀、喜欢建筑的少年。

看起来是啊。是个讨厌的家伙（笑）。但是，其实当时年轻人之间流行一种风潮，认为当时的时代已经不是做建筑设计，或者说作为一个建筑设计师做点什么的年代了。也许那只是学生运动的余波，但是我认为，其根本原因在于，当时整个建筑界都认为，在古典世界中，我们将无所作为。年轻人只是受到了建筑界的误导。

——在那个时代，每个人都在认真地考虑自己能为社会的发展做点什么，对吗？

那是二十世纪七十年代初期，六十年代后期学生运动的余温犹存。之后发生了三岛由纪夫自杀事件、尼克松冲击（美元冲击），再之后是石油危机。并且，像罗马俱乐部①这样的组织，那时也已经开始关注全球环境问题。另外，东西方『冷战』正处于白热化阶段，越南战争还在持续。在那样一种环境之下，建筑师们理所当然会考虑建筑到底还有怎样的存在意义。

不灵光的家伙与时代弃子的心情

——周围的同学也都是这样吗？

有这些考虑的同学应该是很多的。有许多很优秀的同年级同学，因此而放弃了建筑。在那个时期，有许多有才华的人，绝望地离开了设计，离开了建筑。

——在七十年代的社会环境之中，在那样的烦恼之下，您是基于什么原因，选择去西班牙的事务所（费尔南德·伊格拉斯建筑设计事务所）呢？

就是一种自暴自弃吧（笑）。那时觉得自己以后是不可能在建筑这个行业扬名立万的。对于自己的未来，我以为自己能够出人头地的可能性只有十分之一而已。不过总会有那么一个人，会不太灵光地坚持自己的想法。那个时候，我觉得自己是时代的一枚弃子。

周围的人也是众说纷纭。父母对我说：

研究生时代所著《月评》：

对登载于《建筑文化》的矶崎新作品“K氏住宅”“Y氏住宅”的评论

（节选自1975年1月《新建筑·月评》专栏）

久违的矶崎新先生，在拆迁工作上取得了很大的进展，但是我无法想象这种持续的“无机化”的后果。或许有可能会逐渐接近于无形，逐渐与我们的家庭、我们的环境变得毫无关联。多年前，在《a+u》特辑中看到矶崎新先生的创作思想，给我留下了强烈的、鲜明的印象。那是一种就像爬山虎一样的、想要一刀斩断却又密不可分、近似于怨念的执着。但是，现在的矶崎新，我只看到了……优美。他的文章中，没有了能够触动我内心的东西。

矶崎新先生，您怎么了……无论如何，矶崎新先生的作品，不管是下意识的，还是无意识的，到底是什么原因，让您与土地的味道渐行渐远呢？

译注：①罗马俱乐部，成立于1968年4月，总部设在意大利罗马，是关于未来学研究的国际性民间学术团体，也是一个研讨全球问题的智囊组织。

『先去大企业上班，然后再去事务所也不迟。』还有很多人说：『即便要去，也应该去巴黎、伦敦、纽约这些地方。』建议我应该先去有名的地方学习、进修。

但那时，我自己只对费尔南德·伊格拉斯（一九三〇—二〇〇八年）感兴趣。

——去了西班牙之后，有什么成果吗？

有一些吧。其中最重要的是，逐渐切断了与日本的联系。作为学生撰写《月评》专栏，我还是头一个，从研究生一年级开始，我与宫胁檀先生、高桥靗一先生、西泽文隆先生、林场二先生等著名的建筑家逐渐相熟一些。我很幸运对吧？如果当时按照那样的道路走下去，去某个地方学习，之后轻松地成为一个建筑家，也并不是没有可能。但是，我还是暂时把一切与日本的联系斩断了。当然，也包括与杂志编辑之间的联系。之后回忆起来，我觉得，那段时间的孤立对我来说是有益处的。

——那么，从结果来看成功了吗？

现在回想起来，在意识上是想要切断联系的。比如日本的杂志那边，总想着在西班牙有个能写点文章的家伙，有两三次他们拜托我多写点东西出来，我也拒绝了，大概就是因为自己想要孤立起来。现在回想起来会觉得有点滑稽，但当时的我，因为想要做些改变，所以是非常认真的。

——是在那个时候开始喜欢上建筑的吗？

反而逐渐什么都不懂了（笑）。我在费尔南德工作的那段时间，恰好是事务所士气大跌的时期。西班牙社会面临革命，处于动荡时期，受此影响，事务所的工作量锐减，而费尔南德先生自己，也是一种充满了绝望的心态。他可是一个天才般的建筑家。作为一个旁观者，我觉得非常可惜。

宣布一年不工作，闭门不出，埋头读书

——回国之后，便进入菊竹清训（一九二八年）先生的事务所，是什么原因呢？

是吉阪先生对我说，工作满两年就回国吧。也有人邀请我去纽约，但是我拒绝了。回国时，我决定通过陆路，走丝绸之路回国，因此大概花费了半年时间，到达尼泊尔，从尼泊尔乘飞机回国。那段时间我与妻子结了婚，但同时我宣称回国之后的一年内不会工作，只把自己关在租来的房子里，白天阅读堆积如山的书籍，晚上画画草图，总之没有做任何与设计有关的工作。

——就是说，没有一点想要工作的心思？

现在想来那段时间一塌糊涂，但当时，我决定什么都不做。不过，半年之后，这种状态被吉阪先生的一个电话终结了。『你在干什么？快来学校！』我向他解释我暂时什么也不想干，他对我说：『你可以回学校来。』

那时吉阪先生非常忙，身兼多

吉阪隆正

职。我问他：『吉阪老师，您有多少个头衔？』他回答说：『应该有三十个以上。』我回答说：『我可不想回到这么忙的人身边。』我是不是很任性（笑）？

吉阪先生问我：『那你有什么打算呢？』我回答说，因为在西班牙学的是设计，所以想在日本学习建筑实务。吉阪先生又问：『那么你觉得，日本的哪个事务所最不适合你呢？』我回答说，菊竹先生的事务所，可能不太适合我。吉阪先生立即拿起旁边的电话拨了出去。『是菊竹君吗？有一个从西班牙回来的很有意思的家伙，你帮我关照他吧。』我接过电话与菊竹先生交谈之后，他对我说：『明天来上班吧。』

我对菊竹先生说：『请给我一星期的时间，然后我会去报到。』之后便挂断了电话。因为没有看过菊竹先生的任何作品，所以我去了包括山阴地区在内的很多地方，去参观他的作品。大概十天之后，我去菊竹先生那里，进入他的事务所。事情经过就是这样。

——当时菊竹先生的事务所是一种怎样的氛围呢？

在我的印象中，对于二十世纪六十年代菊竹先生的作品，菊竹先生自己也充满了迷茫。那个时期，菊竹先生开始直接切入自己的构想，从根源上探寻建筑所传达的精神，像村野藤吾先生那样，重视细节及造型所含有的意义。

——在这样的氛围之中，您学到了什么呢？

从结果来看，与建筑实务相比，我学到更多的是对事物的看法。至今我都认为，菊竹先生并非凡人，而是一个天才。当时还是一九七七、一九七八年左右，虽然具体情况我记得不是很清楚，但是，菊竹先生那时已有一个构想，『有没有可能建立一个能够感知办公室使用状况的系统，比如按照人的体重，来控制办公室的构造』。这样的构想，现如今用电脑都不一定能够实现。

菊竹先生并非凡人，而是天才

另外，在实施某个项目的空间设计时，使用了很粗的柱子。菊竹先生说：『喂，那个柱子，你是想让它立在那儿还是不想让它立在那儿？』通过松井源吾事务所的研究，得出有必要使用柱子的结论。这时，菊竹先生给出意见：『那么柱子的材料使用钨钢怎么样？如果使用钨钢，不是可以节省四分之一的空间吗？』一般人不会有这样的创想吧（笑）。

这些想法都是非常了不起的。菊竹先生站在一个与我们完全不同的角度，思维非常开阔。内井昭藏、伊东丰雄、长谷川逸子等在菊竹先生那里工作过的建筑家们，都受到了这种思想的影响。伊东先生的设计思想中，也非常柔和地植入了技术因素，这一点可能就是从菊竹先生那里得到的传承。

——在菊竹清训先生的事务所工作了两年之后，就自立门户了，那是事先计划好的吗？

实际上当时我是想再工作一段时间。可

能是因为事务所觉得我已经能够独立承担项目，就交给我已经超过建筑实务水平的、相当于建筑项目水平的若干项工作，而我仍想多积累一些实务经验，所以最后向菊竹先生提出了辞职，结果却被菊竹先生拦住了。

事务所交给我一个与节能相关的比较有趣的项目，我想这样的话，也可以多待一段时间。大约半年之后，吉阪先生去世了。这是一个转折点，我从菊竹先生的事务所辞职了。对我来说，吉阪先生的离世，是很大的打击。

——自立门户之后承接了许多很好的项目吗？

我想大家的水平其实都差不多，只是能够养家糊口而已。我在学生时代就已经意识到，单枪匹马是无法成事的，于是同两位分别精通城市规划及经营管理的合伙人创立了事务所。但是，由于在发展方向上出现了分歧，最后只剩下我一个人，开始独自经营事务所。

当时我有一种不尝试便不知结果如何的心理。开始实际工作之后，中途也有过怀疑和犹豫，不知道这是不是自己将为之付出一生的事业，不确定是否能够有所成就。即使半年之后，事务所忽然倒闭了，也毫不稀奇，当时一直是这样的一种心态。原本我就以为自己是一枚时代的弃子，那个时期的态度，从根本上来说也是一种自暴自弃吧（笑）。

那时终于决定把建筑继续做下去

——您到什么时候才下定决心要作为一位建筑家继续前进呢？

三十七岁。『海洋博物馆・收藏库』（详见下页）的建筑结构刚刚建好时，带着当时才六岁、三岁的两个女儿去参观。看着两个孩子在刚刚搭建好主体结构的收藏库里跑来跑去，第一次觉得，我要把建筑继续做下去。

——那时您脑子里都想到了些什么呢？

那是一种难以言传的感觉。我拼尽全力所创造的东西，要花多少年，孩子们才能懂呢？如果要花二十年，那么一九八七年的工作所产生的价值，二十年之后才能传达出来。那时，这栋建筑物也许能够代为传达我的想法。我忽然明白，建筑作为一种超越了时间的表达方式，把建筑继续做下去也许是有意义的。这是一个转折点。

——对建筑的态度，与之前相比发生了很大变化吧？

是的，发生了一些变化。放弃了做别的工作的想法，最终决定『继续干建筑』。

建设中的“海洋博物馆・收藏库”。（摄影：内藤广建筑设计事务所）

1990年

建筑作品
01

海洋博物馆·收藏库

三重县鸟羽市

刊载于NA（1990年6月25日）

经得住时间考验的“素空间”

E座内部。裸露的顶部架构，
看起来如同“熟睡中的鲸鱼的肋骨”（摄影：车田保）

全景，收藏库前方呈“コ”字形排列的三栋建筑物为研究管理楼。整体建筑周边的景观设计也由内藤广担任。

在美术馆、博物馆建设热潮中，先建好美轮美奂的『壳子』，之后再搜集盒子中要放的物品，这样的建筑项目为数不少。但是，经过一年时间的精心筹备，于一九九〇年七月十一日开馆试运营的『海洋博物馆·收藏库』（重要有形民俗文化资产收藏库），却是一座具有代表性的、专为收藏品量身打造的建筑。

成为收藏库建筑的模板

位于三重县鸟羽市鸟羽站附近的『海洋博物馆』，于一九七一年开馆，当时开设海洋博物馆的宗旨，是让市民『了解海洋，热爱海洋』，共展出了一千五百件与渔猎相关的展品。不过，石原义刚馆长却说：『没有展品，展示什么？真是失败！』

但是，出于『通过物品让人们从整体上了解渔民文化』的目的，通过努力调查、收集珍贵的渔具、资料，到一九九〇年五月，收藏品已经达到两万余件。

其间，在一九八五年，其中的六千八百七十九件藏品被指认为重要有形民俗文化资产，因此文化厅、县、市拨出专款，用于建设收藏库。以此为契机，同时也为了解决之前场馆所面临的盐害及海啸、场地狭小等问题，制订了包括展馆、管理楼在内的全面迁移计划。

被通产省认定为国际度假村的三重县阳光地带中的一角，西武流通集团的『志摩艺术村』正在规划中。在它的旁边，海洋博物馆得到一块约一万八千平方米的地皮。如今，博物馆正在如火如荼地建设之中。

本次开馆的收藏库，拥有多件被认定为重要有形民俗文化资产的展品，拥有两千平方米以上的面积，堪称日本首屈一指的民俗文化资产收藏库。另外，收藏库通过自然换气的方式达到调节湿度及保温的目的，长达一年时间的数据收集结果证明，这种方式达到了最好的效果，可以作为收藏库建设的模板，引起了很大关注。

收藏库由通过除风室连接的A座（收藏渔网、衣物等藏品）、D座（收藏普通渔具、樽、桶等藏品）、E座（收藏船、船具等藏品）三栋建筑物组成。除此之外，研究楼以及今年夏天动工、预计于博物馆开馆二十周年，即一九九一年十二月开馆的展示楼，均由同时担任西武集团开发计划的内藤广先生（内藤广建筑设计事务所法定代表人）负责。

与环境融为一体的建筑物

内藤广先生说：『收藏品的美好之处与不知其所云的艺术作品完全不同。总之，我想建造一座不输给收藏品的建筑物。』『建筑用地的取舍安排，与建筑物之间并非毫无关联』。他从动工阶段便参与了这个工程。虽说得到了政府拨款，但是经费仍然有限。内藤广先生强调，要以有限的经费，建造与环境融为一体的建筑物。他说，这次的建筑项目，如果不考虑环境、不借助土

E座内部。最深处门的主题为“太阳”。

1

地本身的力量，是无法完成的。

从结果看来，比如出于耐久性、经费、防盐害等考虑而选择的砖瓦屋顶，出于防雨考虑而在建筑物周围筑起的土坡以及宽大的屋檐，出于防海风、保护建筑物考虑而栽种的植物——这些随处可见的细节，都表达出了内藤广先生的设计思想。

石原馆长的唯一要求是：『为了放置更多的藏品，请不要在收藏库中架设立柱』。基于这个要求，收藏库采用了使用琴钢线强化之后的PCa预应力混凝土构造而成的放射状结构。原因是，仅压缩力本身不会产生扭曲应力，不会对混凝土造成压力，不必担心会产生裂缝。

针对承受了约平时三倍强度的PCa，我们也提出了新的解决方案。在渡边邦夫（结构设计集团代表）先生的协助下，对PCa在工厂内的管理、保养、搬入方法、组装等，全面进行多次验证，追求高品质及高精确度。竣工之后接受文化厅的竣工检查，碱浓度测定值几乎为零。

表面化设计难以经受时光流逝

这次的建筑项目，强烈地体现了内藤广先生对『时间』的理解。

『表面化设计由于存在诸多随意性，在完成的瞬间，拥有很好的空间效果，但在时间性方面的表现却很差。重视时间性，就必须抑制自我意识。在我看来，设计一个经受得住时间考验的空间，表面设计固然重要，但是结构、功能、设备方面应该更加重视。』——内藤广

在白色墙壁、砖瓦屋顶之下，是宽阔的、信条式的『素空间』。特别是E座，裸露的房顶结构，充满张力的空间，带给人们一种无比强烈的冲击力。能达到这种效果，或许是因为，人们站在这里就会感受到，这里的任何一个角落，都贯穿着建筑家的意识。

1.外墙一角部位细节。虽然已经经过了一年时间的干燥期，由于有屋檐的覆盖，白色墙壁几乎没有一点污渍。**2.**从E座方向看除风室。地板为三合土泥地。泥地表面的裂纹，演绎出土地的一种表情。**3.**A座顶棚使用了很多三重县出产的、经过切削加工及着色的杉木，可通过木材的收缩、伸展，应对湿度、气温的变化。

2

3

《ART》

给空间带来厚重感的铅制大门

对于一张天生丽质的美丽容颜来说，过度的修饰、化妆，反而会使其失去原本的魅力。建筑也是同样的道理，附加在建筑空间上的外观设计，有时反而会削弱空间的张力，或者引起误解。但是，“海洋博物馆·收藏库”是一个例外。使用放射状的空间架构，把设计感降至最低程度，几近于“素空间”，却营造了一种极具震撼的空间效果。

在这个“海洋博物馆·收藏库”中，铅制大门尤为引人注目。从面朝馆外的宽4米、高3米的大门，到室内的隔断门，全部都是美术家松田研一的作品。

设计者内藤广的想法是，“避免预先设定好的和谐，通过艺术的表达力，给空间以更强的厚重感”。他对松田的要求是：不要以为自己是在做一个门，而要想着是在创作一件平面作品。

松田笑着说：“当时，内藤广先生一言不发，只交给我一张建筑图纸，图纸上标注着‘铅门’。不过图纸我完全看不懂……”后来，我提交了将近100幅设计图，并且提出了将木质门外包上铅皮、钉上铆钉等方案。然而，内藤广先生说：“如果是做设计，建筑师也能做，所以不要做设计，凡是跟设计有关的方案，全都不行。”

在长达两个半月的现场制作过程中，每天晚上，松田都会去看海。他说：“最后，我下定决心，一气呵成，大胆地画了出来。”回顾那段时期，他说：“收藏品中的渔网、渔钩等渔猎用具，一眼看上去，就是一些普普通通的东西。但是，细想一下，这些物品中，凝聚着渔民用鲜血换来的生活智慧以及对渔猎生活的思考，实际上内涵深刻。从外形上来看，比雕刻、插花这些艺术品更加耐人寻味。想到这些，我想，如果能创造出一扇门，通过这扇门能改变参观者的想法，那该有多棒。”

收藏品、建筑以及艺术，这些都是博物馆的展示内容。在“海洋博物馆·收藏库”中，这些是各自独立的，但是，综合起来，却产生了一种能够打动参观者内心的强大力量。

除风室外侧前厅大门，大门外立面贯穿的主题为：让渔夫恐惧的“海洋的夜晚”。

建筑项目数据

所在地——三重县鸟羽市浦村町1731－68
占地面积——18058平方米
建筑面积——2173平方米
使用面积——2026平方米

委托方——东海水产科学协会
设计方——建筑・设备：内藤广建筑设计事务所；
结构：构造设计集团
监理——内藤广建筑设计事务所

施工方——鹿岛；木工・造园：大西种藏建设；PCa制
作：东海混凝土工业
施工期——1988年2月—1989年6月
总工程费——2亿8072万日元

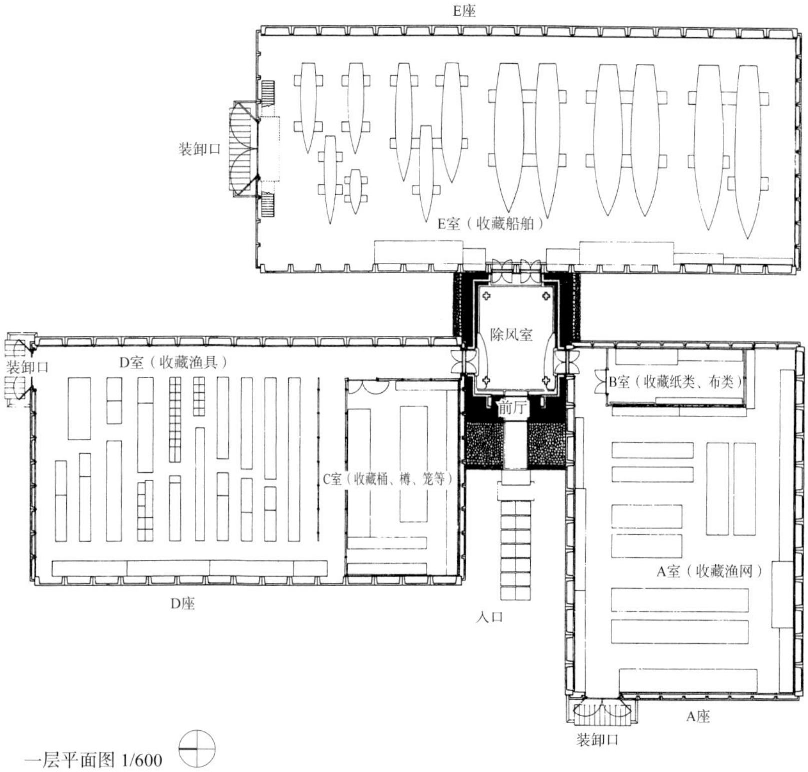

一层平面图 1/600

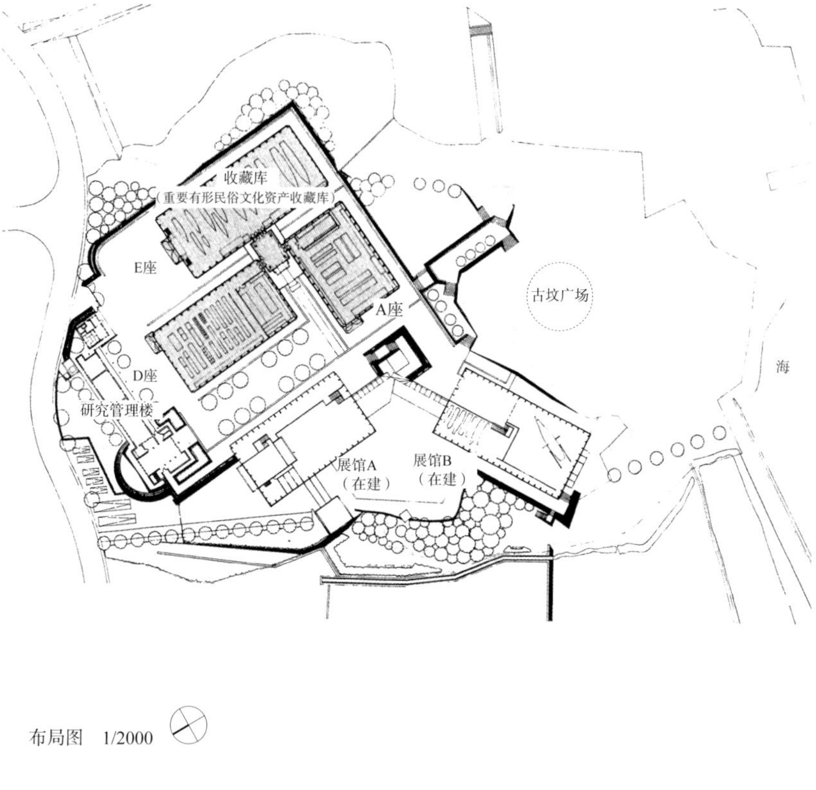

布局图 1/2000

海洋博物馆：委托方与建筑家的二十五年

——吸取旧馆教训基础之上产生的『活的建筑』

刊载于《Museum》23期（1997年6月），加入新撰

收藏库完工两年之后，展馆也完工了，一九八二年七月十四日，海洋博物馆全面开馆。该博物馆获得日本建筑学会作品奖，成为内藤广的成名之作。但是，这座建筑的落成，委托方也起到了很大的作用。下面，让我们跟随石原义刚馆长的回忆，回顾一下从初识内藤广，到博物馆落成之间的那段历程。

一

海洋博物馆从开始设计直到完工，中间的八年时间，包括三次旅行，在我看来，就是我同建筑家内藤广先生的一次共同『旅程』。

位于三重县鸟羽市的前海洋博物馆（小型财团法人），以『海洋与人类』为主题，于昭和四十六年（一九七一年）开馆。经过十四年的运营，至一九八五年，已经出现了很多无法解决的建筑方面的问题。总面积达八百二十平方

米，建筑空间狭小，逐年大量增加的资料无处搁置，连小展厅及放映厅，都用作收藏空间。从建筑刚刚完工时就开始漏雨，加上盐害对窗框的腐蚀，一到下雨天气，馆内便到处一塌糊涂。内部被隔成一个个小房间，通往设置复杂的楼梯，从参观者到馆内工作人员，移动和活动都受到了很大的限制。作为博物馆，人的主体性却没有被重视。现在回顾起来，那样的建筑物根本不能称为博物馆。

一九八五年，所有实物收藏品之中，有六千八百七十九件藏品被指定为重要有形民俗文化资产。另外，适逢泡沫经济顶峰，旧馆用地得以以很高的价格出售掉。在此契机之下，开始着手计划海洋博物馆的全面重建。在最差劲的模板及经验之上，新博物馆的建造，几乎是一次冒险。

建造一座活的博物馆

首先，我决定，即便交通不便，或者其他方面有什么不好，占地面积一定要广阔。另外，新馆一定要满足在我们过去积累的经验之上得出的『条件』。无论如何，新馆必须弥补旧馆在建筑及运营方面的缺陷，便于所有职员

从东侧看砖瓦屋顶。博物馆西侧为浦村湾。（摄影：吉田诚）

及参观者移动。如果创造出一个充满生气的空间，那么这座建筑物便能够成为一座『活的博物馆』（出自日本猴研究创始人广濑镇的著作）。

其次，作为博物馆存在的另一个证据，资料及信息会逐渐增多。新收集的资料及信息，会逐步将原有的展示主题、展示内容更新、扩大。更为重要的是，要考虑到博物馆的存续时间。仅十四年时间，便出现漏雨及窗框腐蚀等问题的博物馆，对于需在博物馆中永久保存的资料来说，不会是一个理想的场所。从物理、化学角度，博物馆建筑必须具备很强的耐久性。

当时一个我比较信任的人向我介绍建筑家内藤广先生。那时，我对建筑家不抱有特别的希望，也没有特别的担心。那时，我下定决心，海洋博物馆的建筑设计，一定要满足前面提及的所有条件。能够存续两百年的时间、便于移动、便于后续展览及器物变更、维护管理简便易行、参观者入馆后不会产生怪异感，能够创造出这样的建筑空间便可以了。将博物馆运营下去，是博物馆方面的责任。而对于建筑家来说，只要满足这些条件，至于外观设计，原则上按照建筑家的想法即可。

北侧通道。照片左侧为展馆A，中部为展馆B，右侧为2003年增设的咖啡厅。本照片拍摄于2010年9月。

从熊野到马德里的旅程

与内藤广先生认识没多久，我约他一起去春意盎然的熊野海边。虽然志摩也有海，但是总觉得熊野的海更壮阔一些。至于为什么去海边，理由就是，在初次旅途中，我喝完了一瓶威士忌，向内藤广先生描述了我对博物馆建筑的想法，也就是我所期待中的博物馆。之后我们开始了长达八年时间的交往，但是，在最初的几年时间里，我竟然没有注意到，内藤广先生酒量很差，两杯兑了水的威士忌都喝不完。

从熊野回来的几天后（或许是几周后），内藤广先生交给我一幅草图，一看到草图，我便对内藤广先生完全信任了。简洁的砖瓦屋顶、石砌风格的墙壁，下面是毫无遮挡的大空间。没有柱子的大空间，暗示着博物馆的各种可能性。选择砖瓦屋顶及石砌墙壁的原因，在于这种建筑形式已经经历了博物馆新址所在地数百年风雨的检验。另外，外观也非常干净利落。

从展馆B越过展馆A看到的收藏库（照片中白色建筑物）。展馆的外墙由横竖两层、厚32毫米的杉木板构成，杉木板外涂有沥青。沥青有稍许脱落，但因有屋檐的保护，脱落情况并不是很严重。

第二年，我约内藤广先生，途中强行要求他同我踏上西班牙的旅程。对他来说，可能是一次为难的旅程，但他在旅程中没有表现出一丝厌烦。建设中的西班牙圣家族大教堂，从其时间和空间的无限性，可以发现高迪①的建筑构想是那么的充满韵味。在从马德里返回巴黎的夜行列车上，听了一晚内藤广先生关于西洋建筑史的讲解，至今仍然记忆犹新。

收藏有六千八百七十九件伊势湾、志摩半岛、熊野海滩周边渔猎用具的收藏库（详见十六页），得到文化厅拨付的资金，从一九八七年开始，花费三年时间最终建成。

经过全面讨论，我们得出的结论是，能够让建筑物存续两百年时间的建筑材料，木材最为合适。我与内藤广先生一致同意，但文化厅的反馈是，如果使用木材的话，那便不必拨付专项补助资金了。为了应对这个问题，内藤广先生选择了混凝土预制件。

译注：①安东尼奥·高迪（1852—1926年），西班牙建筑师，塑性建筑流派的代表人物，属于现代主义建筑风格。设计过很多作品，主要有古埃尔公园、巴特罗公寓、圣家族教堂等。

在收藏库的建筑设计方面，我们有过两次转折性的决定。首先，作为博物馆资料的收藏场所，收藏库应该给包括博物馆职员（大部分为研究员）以及参观者在内的所有人带来亲切感，从这个想法出发，我们决定把收藏库放在整体建筑物布局的中间位置，类似于神社中正殿所在的位置。研究员的研究楼紧邻收藏库。另一个决定是，不在收藏库中安装中央空调。一方面是出于经费的考虑，博物馆经费有限，负担不起空调所需的电费；另一方面，无论从哪个角度来看，在资料保存方面，中央空调无论如何都达不到自然换气所能带来的效果。

根据收藏资料的不同性质，我们在收藏库内设置了五个房间，每个房间都通过组合使用混凝土预制件、木材、土（三合土泥地），将湿度控制在百分之五十至百分之七十之间。这样，面积达两万零二十六平方米的巨大的民俗资料收藏库，几乎具备了全部功能，到现在为止（截至二〇一〇年），收藏品已激增至五万八千件，并且实物资料还在不断收集之中。

收藏库完工后，有大概两年左右的时间，一直在犹豫是否要建设展馆。博物馆并非国家单位，而只是由民间小规模资本运营，所以，如果没有十分的把握，能在建筑物落成之后顺利运营

收藏库E室（船舶收藏库）可供参观学习。没有安装空调，仅靠墙面靠近屋顶位置安装的换气扇换气。

的话，是不会轻易投资建设新建筑物的。海洋博物馆不像国营的博物馆那样，只要依靠税金就能轻松地维持运营。只要心存疑虑，我们就可以选择将建设展馆的资金作为运营基金，转而专注于收藏、展示、资料收集工作。

第三次的行程去了美国

正在犹豫不决时，我与内藤广先生一起踏上了第三次旅程。我们打算看看美国的博物馆，在仅仅一周时间之内，我们参观了华盛顿的史密森博物馆群以及纽约、波士顿的三十多所博物馆。

以西班牙为代表的欧洲博物馆建筑，多数承袭了欧洲传统建筑的样式，或者将既有的传统建筑作为博物馆加以利用。与此相反，美国的博物馆，一开始就是按照博物馆的目的建造的，能够看得出建造者有一种强烈的、想要让博物馆存续下去的想法。美国的博物馆，或许同时也是美国夸耀自己的一种手段。昭和五六十年代左右大量涌现的日本博物馆，根本不存在这种让博物馆永续运营下去的想法，无论建筑还是展示，其样式都是原样照搬。

从美国回来之后，内藤广先生受到在史密

森自然博物馆看到的蛇骨模型的启发，产生了以木质结构作为海洋博物馆整体架构的灵感。这是他后来告诉我的。

同时，在参观美国历史博物馆时，我被一个名为『种族歧视』的主题展示深深地震撼了。那个展示是一个被复原的『厕所』，左侧是一个非常漂亮的坐便器，外边有门，上面写着『供白人使用』，而右侧则只是一个简单挖掘的便坑，没有门，标明『供黑人使用』。该展示没有任何其他说明。仅用如此简单的方法，便将美国当今社会所面临的问题直观地传达给参观者。从这个展示中，我深切地感受到了博物馆存在的意义。

没有想法的委托方，会使建筑家不知所措

博物馆是一个记忆保存装置，同时也是一个记忆再生装置。梅棹忠夫（原国立民族学博物馆馆长）曾说过：『博物馆是一种媒介』，当时虽然也有人担心，这种说法是不是过于强调了博物馆作为记忆再生装置的一面，但是，这种说法却很好地总结了博物馆在当今时代甚至在未来所能起到的作用。我认为，在这次旅程之中，作为建筑家的内藤广先生，也向博物馆迈

1. 展馆B西侧，中庭营造出大空间，只有东侧一部分架设了两层。

2. 一个小学生坐在展馆A中展示的潜水艇上。展馆A也设计了中庭，营造出宏大的空间。展馆A、B均只在展示区配备了空调。夏天时一侧墙面的门全天打开，虽然室内通风，但是“夏天的时候很多人还是会说好热啊”（石原馆长）。增设的露天咖啡厅里配备了空调，大部分人会在那里休息一下再离开。

进了一步。同时，我也感受到了内藤广先生的设计思想，即让建筑之中包含新时代的创意。

但是，博物馆的建筑形式，最终还是由博物馆方面决定的。如果博物馆方面没有任何想法，建筑师就会感到不知所措。常常听到博物馆运营方抱怨说，博物馆的建筑很差劲、很无趣。但是在我看来，出现这种结果，责任完全在博物馆方面。当然，某些地方的领导在任期内为夸耀自己的功绩而建造的一些稀奇古怪的博物馆除外。

一九九二年（平成四年），占地面积一万八千平方米、总建筑面积四千五百平方米的海洋博物馆，在重建之后全面开馆运营。两栋展馆全部由自有资金建设，按照预想，大规模地采用了木质结构。内藤广先生也凭借这座建筑获得了当年的日本建筑学会奖。这也是这座博物馆拥有过人之处的一个例证。

前后八年时间，内藤广先生在鸟羽的『旅程』超过了五百天。建筑家的旅程，其结果是创造出了海洋博物馆。我很庆幸当时我们开始了这段旅程，同时，博物馆的未来，还有一段很长的『旅程』在等待着我们。（石原义刚，海洋博物馆馆长）

大树叶雕塑为小清水渐作品。原本设计效果为浮在水面之上，但除旺季之外，水池中的水都会被抽干。

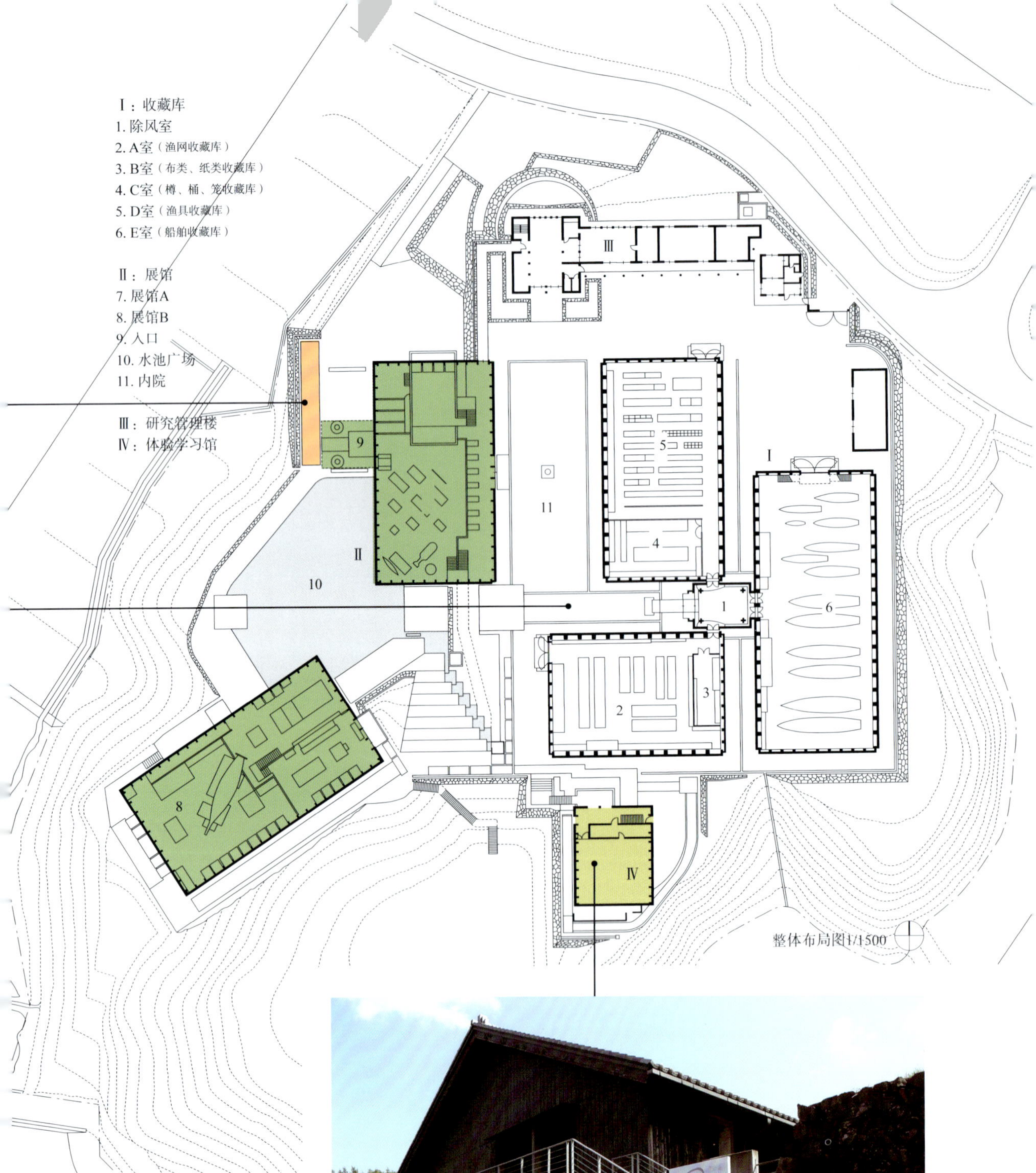

整体布局图1/1500

1998年增设的体验学习馆的外观。（摄影：本刊）

（咖啡厅）

1. 2003年增设的咖啡厅。位于展馆A与通道之间，呈狭长形。利用了开馆之初就有的石墙，在上面架设了小型屋顶。

2. 展馆A与咖啡厅通过铁制顶棚连接。（摄影：本刊）

3. 收藏库入口西侧。展馆A与收藏库D座之间种植的树木当时只有一人多高，20年后长高了很多。（摄影：本刊）**4、5.** 收藏库A座与D座一般不对公众开放。展品从开馆之初的1.3万多件增加至现在的6万件左右。“现在最主要的问题是，收藏品不断增加。当初觉得收藏库有两层就足够了，现在连二层也已经被放满了，需要扩建”。（石原馆长）

面靠近屋顶位置安装的两台换气扇在运转。收藏库内部，虽然谈不上很凉快，但是类似于土墙仓库那样，温度比较稳定。

展馆中也仅有很少一部分安装了空调。“因为空间比较大，如果全部安装空调，会产生很高的成本。因此，只在里侧很少的地方安装了空调。一开始就把降低能耗作为一个课题，对如何降低温度较高位置的能耗进行了细致的研究。”（石原馆长）。

新馆施工计划制订时是20世纪80年代末，正值泡沫经济上升时期。那是一段整个社会都很浮躁的时期，在那样的时期，能够创造出如此节能的建筑，着实令人惊叹。“我们的财团没有任何背景，虽然父亲从政，但财团却并没有得到国家的任何扶助。”在收藏库建设时，虽然得到了政府拨付的专款，但是开馆后的运营阶段，国家、县、市没有拨付任何补助资金。“如果电费、煤气费每年就要花费几千万日元的话，博物馆早就运营不下去了。”（石原馆长）

开馆之初的几年间，参观人数一直维持在5.5万人左右，但是之后一直减少，最近两年都在4万人左右。在这个过程中，我们一直在缩减经费。很多人对上一页照片中展馆倒映在水面上的场景还有印象，看到32页的照片时，会忽然发现“这不是水面的倒影吗？”只是展馆前池子中的水被抽掉了。石原馆长是这样解释的：“向池中注一次水大概需要花费20万日元左右。夏天蒸发很快，水量很快就会减少。在盂兰盆节等参观人数较多的时候，池子中会注水，剩下大多数时候池中都是没有水的。”

竣工时。利用右侧的石墙建造了咖啡厅。（摄影：内藤广建筑设计事务所）

石原义刚馆长。生于一九三七年，早稻田大学毕业后，进入东海电视台工作，曾任东海水产科学协会财团法人常任理事，一九七三年就任海洋博物馆馆长。三重大学客座教授，获第三届海洋立国推进奖之内阁总理大臣奖。

在这样严峻的运营情况下，1998年增设了体验学习馆，2003年增设了咖啡厅，功能逐渐得到了扩充。增设的建筑也都是出自内藤广先生的设计。石原馆长对内藤广先生抱有充分的信任，“有不合适之处，马上就会找他商量。他非常善于变通，会提出恰当的方案。”利用现有的石墙建造咖啡厅，也是内藤广先生的主意。

—

“在这里待二十年也不会感到厌烦”的意义

—

距开馆已经过去二十年，石原馆长说：“在这里待二十年都不会感到厌烦。”记者问道：“不会厌烦，指的是会不断有新的发现，对吗？”石原馆长摇头说：“不是的。”“我们作为博物馆工作人员，是不会因建筑物的设计而感到厌烦或不厌烦的。因为我们已经在博物馆工作了几十年……”

石原馆长继续说：“在开始设计之前，我列出了五十多个要求。最根本的两项是‘不漏雨’‘便于工作人员使用’。这两项是最重要的，其余的都是细枝末节的问题。出于便利性的考虑，就连门应该向哪个方向开这种细节，都把工作人员集中起来一起讨论。因此，后来资料的搬入、清扫、拍照、登记、入库，整个流程都非常顺利。展厅内没有柱子和隔断，更换展品也很便捷……”石原馆长一口气说了这么多，“对于我们来说，不厌烦，就是便于使用的意思。”

这些话，对于很多建筑家，甚至对于我们媒体来说，也是非常触动人心的。经历了二十年时光的海洋博物馆，与完工时相比，不断有新的一面被人们发现。

（本文作者：日经建筑）

后续采访 | AFTER DAYS

增设了体验馆及咖啡厅，节能助运营一臂之力

收藏库完工两年后，1992年7月，展馆也竣工了。展馆分为两座，均为木质结构的两层建筑，入口附近的A馆共989平方米，南侧的B馆共909平方米。展馆的竣工，标志着位于鸟羽市浦村町新址的海洋博物馆，在经过重建之后全面开馆运营。

原海洋博物馆位于鸟羽市市中心，于1971年开馆。首任馆长是现任馆长石原义刚先生的父亲石原円吉先生。他是三重县议会议员，后来成为众议院议员，曾致力于“伊势志摩国立公园”的文化遗产申报工作。为了振兴水产业，他自掏腰包投资建立了海洋博物馆。建馆时他年事已高，所以具体的筹备工作都由石原义刚（现任馆长）先生负责。

原馆当时也是由著名建筑家设计的。但是，漏雨的困扰一直没有消除过。现任馆长当时也参与了原馆的设计，但是“当时自己对于博物馆应该是一种什么样的建筑并不清楚”（石原馆长）。在进行新馆的设计时，石原馆长表示：“诚实地说，当时我认为由哪位建筑家来设计是无关紧要的事，因为在原馆基础上积累了很多经验，无论哪位建筑家来设计，只要能满足这些条件就可以了。至于设计，就全部交给建筑家去做。”

如此建成的收藏库与博物馆，成为了建筑家内藤广先生的成名作，同时，也表达出了委托者的明快的价值观。

—

令人惊叹的节能建筑

—

关于这座建筑的工程费用之低，内藤广先生偶尔也会提及（详见262页），但是，本次与石原馆长对话中令人惊叹的是这座建筑物的耗能之少。“收藏库整体使用面积将近5000平方米，电费和煤气费每年花费400万日元左右。同等规模的公共博物馆，花费大概在十倍左右。”（石原馆长）

收藏库不配备中央空调。本次采访的时间为2010年9月上旬，正值酷暑时节，收藏库里只有墙

竣工时。水面后方为展馆、收藏库。（摄影：内藤广建筑设计事务所）

1993年

访谈
02

「透过建筑能够看到社会和经济的变迁」

——『海洋博物馆』所折射出的独特建筑观

刊载于NA（1993年5月24日）

内藤广先生是一位建筑风格很难界定的建筑家。很明显他不属于后现代派。与现代派之间的确有很多共通之处，但仍有很多地方是不相吻合的。之所以如此难以界定，用内藤广先生自己的话来说，他能够成为建筑家，是因为他的背后有四位了不起的人物。

——在外界看来，内藤广先生您是一位风格难以界定的建筑家，您的员工们是怎样看待您的呢？

—— 这个问题难住我了。无论从设计风格上说，还是从性格上说，似乎我都是一个比较难以界定的人。短期来看，可能充满矛盾或毫无意义。但是，从事务所设立之初到现在为止，十一年的时间里，事务所有三位元老一直与我一起工作。用他们的话说，回顾这十年，我的想法前后并不矛盾。只不过难以用一种简明易懂的理论加以说明。直到最近，总算开始能用建筑家的语言表达出来了。

——如此复杂的设计风格及性格的背后是什么呢？

—— 我能成为建筑家，背后有四位了不起的人物。首先是山口文象先生。我外婆家碰巧与山口先生家是邻居，小的时候，暑假几乎都是在山口先生家里度过的。战后，山口先生的旧宅成为日本著名建筑之一，在那里度过的日子，对我来说是一个非常重要的经历。山口先生并不仅仅局限于狭隘的建筑界，而是与各个领域的艺术家都有所交流。由此，他经常对我说，建筑只有与社会发生关联才能成立。

另外，还有早稻田大学时期我的老师吉阪隆正先生、大学毕业后短暂工作过一段时间的西班牙建筑家费尔南德·伊盖拉斯先生、回国后工作过的菊竹清训建筑设计事务所的菊竹先生。从他们那里，我学到了与山口先生相同的，甚至超过山口先生的东西。

比如从伊盖拉斯先生那里，我学到了

直观地将美好的东西创造出来的方法。二十世纪七十年代，有些人认为，建筑是抽象的。我对这种说法持怀疑态度，因此，伊盖拉斯先生教给我的东西非常重要。

——很幸运地遇到了值得尊敬的人，对吗？

是的。我一般很少被别人感动，但是说起这四位建筑家，的确是非常优秀的人。时至今日，我仍然经常受到这几位建筑家的影响。比如设计工作出现瓶颈的时候，会想起费尔南德先生说过，『如果摸上去感觉像某种东西，那就可以了』；烦恼于建筑家与社会之间的关系时，脑海中就会浮现出菊竹先生说过的话，『一个建筑家，应通过他建造的作品融入社会中』。总是有这四位建筑家在背后支撑着我。

如果不是四位，而只是一位的话，我应该会知道，怎样缩短我们之间的差距，从而确立起我自己的风格。但实际上有四位伟大的人物，与其中每一位的距离都足够我消化，所以我很难作为建筑家明确自己的风格。对于建筑类记者来说，可能也比较难以归类。

我的背后，有四位建筑家

——『海洋博物馆』获得了日本建筑学会奖以及艺术选奖文部大臣新人奖，对于您自己来说，这座建筑意味着什么呢？

用一句话来概括就是，那是一座在低成本和耐久性方面做到极致的建筑。

从成本方面来看，收藏库每平方米造价约为四十五万日元，展馆每平方米造价包括设备在内约为五十五万日元。这应该是世上造价最低的学会奖作品了。

从使用年限来看，我与博物馆馆长都希望，这座建筑能够持续使用一百年。展品需要长期收藏在博物馆中，从这个意义上来看也理应如此。

但是，如何实现这一点，却是一个很大的挑战。建筑物能够经得起时间考验，这本来是一件理所当然的事情，用沥青防水可以使建筑物保持十年、用嵌缝填料可保持两年到三年，但是想要保持五十年，是一件比较难的事情。

并且，虽然建筑经费有限，但却想让内部空间更大一些，所以这七年时间内，我把三分之二的精力都放在了『海洋博物馆』项目上，平均每周都要去一次工地。

除了低成本和耐久性问题之外，博物馆数量庞大的展品及收藏品，对于建筑家来说也是一项复杂的工作。一般来说这样的工作都交给室内装修设计公司。我与博物馆方面共同面对，甚至做了一些整理工作，这也是需要耗费一些体力的。

“海洋博物馆·收藏库”的建造方法。（摄影：内藤广建筑设计事务所）

——的确非常不容易啊，中途有遇到过什么挫折吗？

当然有。当时东京正好是泡沫经济全盛时期。出现了一大批富丽堂皇的、看上去很有趣的建筑。我偶尔会怀疑自己，为什么要做这么辛苦的工作。建筑经费少，设计费用相应的也很少，仅能维持温饱而已。

但是，经过一段时间的了解之后，我发现，这座博物馆是一座有内容的、态度认真的博物馆。我想，这个项目还是要做下去。并且，正因为条件有限，所以更不能轻易言败。直到收藏库完工时，我才确信自己做的是对的。之前的过程，总体来说很不容易。

——强调低成本的同时还要兼顾宽敞的空间，实现起来一定出现了很多问题，您都是怎样解决的呢？

首先必须追求建筑的合理性。将多余

将多余的部分去掉

的部分去掉，这样，工程本身会缩小，而工序也会减少，我一直坚持这个原则。

——『去掉』是什么意思呢？

关于建筑，有两种思考方式。一种是，从素材的力学特性出发；另一种是，从传统的书本、教条出发。

比如使用条钢时，有很多人会觉得，反正铁很便宜，尺寸大一点或者小一点都没有关系。但是，如果你了解了条钢里加入了什么材料、钢厂如何加热等制造过程，或许就可以减少材料的使用量。

再比如横梁结构，即便没有特别需要，很多人也会使用钢筋和混凝土加以固定。虽然会有些浪费，但是想想混凝土很便宜，也就不会在意了。

抛开上面这种做法，回到原点，把混凝土看作压缩力，而把钢筋看作张力，就是另外一种完全不同的思维方式了。结构的本质上的合理性就在这里。

在施工时使用这种方法会很辛苦，需

要花费很多精力，但同时也能节省很多费用。要不断寻找那个平衡点，才能在缩减成本方面产生效果。

采用哪种思考方式，大致上决定了建筑设计的走向。我所采取的设计方法是，从原材料选取到细节设计，从整体把握，将多余的东西去掉，直至临界点。就这样设计出整体结构，再对细节进行推敲。这与当时那个时代所流行的后现代主义，以及结构主义完全背道而驰。

——这种做法与单纯追求建筑合理性的做法是完全不同的，对吗？

——是的。可以说，是追求建筑的一种韧性。

在我看来，所谓建筑，从根本上来看，是超越了人类生命的一种物体。人会死去，但建筑会存续下去。

最近十年左右我一直在考虑，建筑的这种本质，是否能够在现代主义的框架内得到体现。直到设计了『海洋博物馆』，才看到一些眉目。

对“生产”的思考，是了解世界的“窗口”

建设一座博物馆，必须考虑使它经得住百年时间的考验。考虑到这么长的时间，就必须探究材料的构成以及生产过程，必须将某些细节、结构去掉。

只有这样，才能看到建筑物本身所拥有的强韧性。随着时间的流逝，建筑会变得愈加强韧。并且，能从建筑中看到经济、社会以及生态环境的变化，从这个意义上看来，建筑宛如一个能从中看到整个世界的窗口。

——建设『海洋博物馆』，必定需要高水平的施工技术，在泡沫经济背景下，技术工人以及工作人员，都是怎样招募来的呢？

——建设收藏库时，施工方的所长来自鹿岛，他在石油危机时期对他的员工非常照顾，他召集技术工人时可以说是一呼百应。建设展馆时，当地的大西种藏建设（现大种建设）雇用了很多技术高超的工人，贡献了很大的力量。在『海洋博物馆』的建设方面，技术工人的确帮了很大的忙。

总的来说，施工精度要求非常高。例如收藏库的PCa墙板。共有约二十片PCa墙板，最后需要横向并排串联起来，所以每一片都在相同位置留了一个小洞。虽说是PCa板，但是也会经常出现偏斜、折弯现象。然而，组装完成之后，从留待串联的小洞竟能看到对面的风景，可以称得上是鬼斧神工了。

——成本方面，最后超出预算了吗？

——我想应该没有出现赤字。

我总算明白了建筑系统内出现了多么严重的扭曲。收藏库建设开始于收到政府拨款之后，总工程费预算为二亿九千万日元。然而，请工程承包方的五个公司报价时，却给出了少则四亿五千万多则五亿九千万日元的报价。

我们在要求报价时，也按照这些公司的计算方法做了预算，因此我们有信心按照既定的预算完成工作。我们把预算压缩至最低，但设计手法基本不变。从做预算这一点来看，建筑家如果能够了解建筑材料以及单价，是非常有益处的，也是非常必要的。

——完工后向谁报告了呢？

首次向帮助过我的每个人发送了感谢信。一周之后，收到了来自菊竹先生的信，他对我表示鼓励。之后电话里对我说，干得好，充满了建筑的强韧性，表达了建筑的本质。菊竹先生还向学会奖作了推荐。

这是我预料之外的，之后不久，池原义郎先生向艺术奖作了推荐。实际上当初根本没有参与评奖的想法，甚至都担心是否能有新闻报道。

另外，从开工到完工一共花费了七年时间，作为我们自己，也想把这个过程整理成为一本相册，便去同石元泰博先生商谈。那时，石元先生认为没有什么值得拍摄的建筑，所以拒绝了。不过，石元先生最终却答应了我们的请求。

石元先生精心拍摄了两百多张照片。相册总共发行了三千多册，赠送给曾经协助过博物馆建设的人们，剩下的都留在博物馆内销售。

——『海洋博物馆』的建设已经告一段落，今后您打算向哪个方向前进呢？

进入21世纪，建筑会发生翻天覆地的变化

我相信，进入二十一世纪之后，建筑一定会发生翻天覆地的变化。也就是说，作为建筑的基础，社会生产系统发生了变化，在这个潮流之中，建筑设计必然也会受到影响。

现在，在建筑工地，有很多东西都遭到了破坏。手工艺逐渐失传，对建筑的理想逐渐被轻视，唯独直观的视觉效果得到重视。

把木结构接缝完全交给木工去做，对石膏板是怎样制成的一无所知。仅仅盯着预算单上的金额做设计是不可行的。在现在的时代，建筑家必须更加了解生产系统，否则难以生存。

我们必须将自己置于时代的潮流之中。我不是一个游说者，难以用语言的形式描述时代的变化。我认为这种变化应该由建筑物自己表达出来，虽然现在还没能做到。因此，我希望能够将不断变化的东西用建筑的强韧性表现出来。我想这才是我作为一个建筑家，所应起到的作用。

——现在，您已经能看到未来的自己了，对吗？

还在半路上。能达到让自己满意的程度，至少还需要十年以上的时间。

——那么您自己是否掌握了让别人认可自己的方法了呢？

所内职员基本上已经能够理解我了，虽然无法用语言表达。对于在我背后支撑我的四位建筑家，我逐渐明白怎样才能得到他们的认可了。至于记者……可能不太容易吧（笑）。

第二章

“牧野”时期

（1996—2000年）

“海洋博物馆”获得很高评价，内藤广不断承接美术馆与博物馆的设计工作。他关心的问题，从结构扩展到环境及设备等方面。在“牧野富太郎纪念馆”的设计中，“风”催生了又一个设计方案。

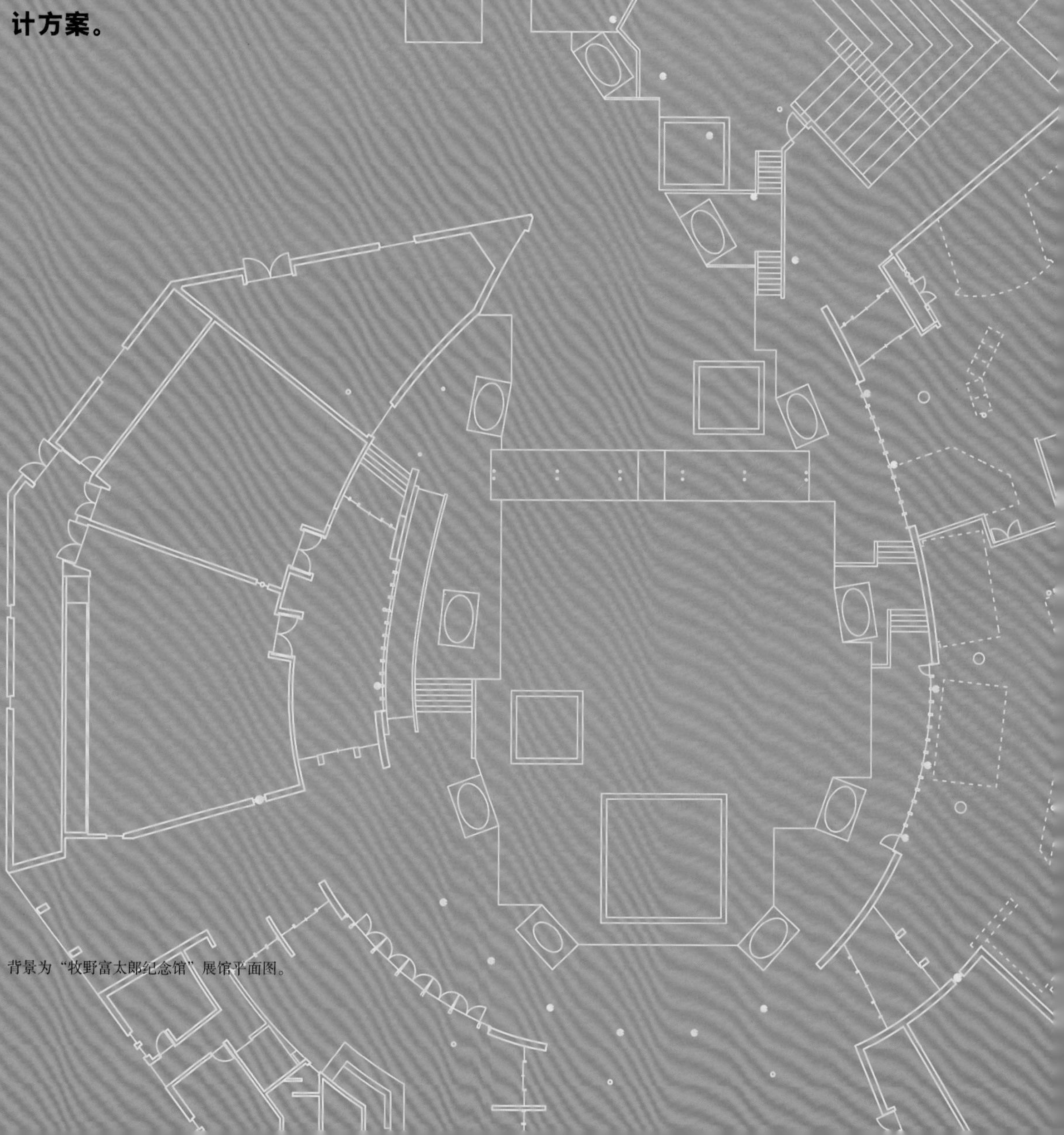

背景为“牧野富太郎纪念馆”展馆平面图。

『经济低迷与建筑界的兴衰无关』
——需要告诉那些从事建筑的人，希望在哪里

刊载于NA（1996年5月20日）

内藤广对当下建筑界的状况感到担忧，他说：『建筑的根源性力量正在逐渐消失。』经历过二十世纪八十年代的泡沫经济后，建筑业界内出现了道德滑坡现象，原因是什么？对于内藤广来说，真正的困难是什么，他又该如何克服这些困难？

——**内藤广先生，您最近在一篇文章中提道，『当今时代，对于建筑来说，是一个看不到未来的、困难的时代』，具体而言，困难的时代指的是什么呢？**

—— 所谓困难，并不是指有没有工作、能不能吃饱肚子，而是说产生建筑的根源性的力量正在逐渐消失，这才是真正的困难。

过去，丹下健三先生在广岛设计建造和平纪念馆时，在那样一片被烧焦的荒原上，很快就将纪念馆建立起来了，那是缘于一种希望。想要建造和平纪念馆的人、设计者、施工者全都抱着一种信念。

前川国男先生设计建造神奈川县立音乐厅时，县知事曾说过，『预算非常少，横滨现在也是一片荒原，即便少建一些住宅，也还是存在无法克服的困难，但是，音乐厅一定要建，因为那是希望』。

当时，所有的力量都结合在一起，建筑本身拥有一种向心力。而现在，这种向心力被货币价值所替换，很难再看到。无论建造公共建筑，还是建造店铺、住宅，大家都抱有一种消极的心态。

或许也可以说，这是一种文化的倒退。多年前，有一位叫伊万·伊里奇的社会评论家曾使用『影子里的工作』（shadow work）一词，来阐述文化与经济的关系。

从我的角度来解释『影子里的工作』一词，例如，家庭主妇在家里做家务，有些人会将家里打扫得一尘不染，也有些人即便有些地方有点脏也可以接受。无论选择哪一种，人们都能生活下去。不过，要打扫得一尘不染，就要花费一些精力。这样做，就是对待生活的一种文化。这种做法，就是不能换算为货币价值的『影子里的工作』。

实际上，建筑便是这种『影子里的工作』的一个集合，是包括建筑家、技术工人在内的所有人付出的看似无用、无偿的辛勤工作的一

个集合。但是，在二十世纪八十年代，所有人都轻视这种工作，觉得拼尽全力想做点什么是一种可笑的行为，对在工地弄脏衣服的工作嗤之以鼻。整个日本，甚至社会底层，都弥漫着这样一种思想。

——为什么会出现这样一种情况呢？

最主要的原因是，在二十世纪八十年代泡沫经济背景下，包括我们日常生活的时间在内，建筑行业所有领域的时间都在被压缩。

人们创造某种东西，都是需要时间的。如果想要做得好一点，那么需要的时间就会长一点。但是那个时候，时间全都被压缩了。

人们的想法是，早点设计、早点建好、早点卖掉，这样才能赚钱。这样，就出现了一种道德滑坡现象。建筑家、工地、建设行业本身，都发生了某种结构变革。

1995年是日本社会及建筑界的转机之年

——就建筑家而言，道德滑坡指的是什么？

离材料越来越远了，认为建筑不过就是换了一种形式的艺术，只要做出一些令人吃惊的东西就可以了，将建筑本身等同于一种效果。按照二十世纪八十年代的价值观来说，就是一种可以即时消费的东西。很多人都逐渐开始认为，这样做无可厚非。

但是，泡沫经济破灭之后，去年又发生了阪神大地震。很多人从内心深处感到，我们建造的空中楼阁看来还是靠不住的。另外，『欧姆真理教事件』，也从一个侧面反映了社会制度中存在的问题。一九九五年，无论建筑方面，还是社会方面，都出现了转机，五十年或者一百年之后再回头看，就会发现那一年是一个转折点。

在日本，时局艰难时还有饭吃，是危险的信号。但是，我却感觉到，『大的变革即将到来，海啸已经跃出地平线了』。去年并不是变革的休止符，而是导火线，是转机，真正的变革马上就要到来了。

——您认为，大变革或者说海啸到来之后，会出现什么样的情况呢？

我想与建筑相关的流通领域会发生很大的变革。大型的工程承包集团不断分分合合，有些企业也许会转投建筑行业以外的领域。

行业结构从二十世纪五十年代开始固定下来，一直到六十年代、七十年代、八十年代，

（摄影：藤野兼次）

制度上已经产生了疲劳。如果说某种建筑材料能以现价五分之一的价格从中国进口，那么大家都会使用这种材料，这样，所谓的一次性订货方式也会发生变化。

设计事务所也会因为网络的存在而发生变化，设计的组织形式也有可能完全不同。大型

的设计事务所、工程承包集团设计部、艺术派事务所，都有可能被小型设计承包集团以非常先进的技术优势超越，成为行业领导者。

如今，整个设计行为被分割成了好几个部分，例如，从组织结构上来说，被分割为设计和工地监理两部分，这两部分实际上是应该结合在一起的。因此，随着订单方式的改变，设计事务所的组织结构形式有可能也会发生变化。

——无论困难还是对大变革的预感，您认为其中是不是包含着某种机会呢？

在社会大众的眼里，危机总是不受欢迎的，但是在我这样单枪匹马作战的人眼中，却是很有意思的。

创造建筑物的原动力正在逐渐消失，这个问题虽然有点严重，但是，如果能够抛弃作品主义、不去在意周围的人怎样评价、不拘泥于重视建筑物外在价值的话，便会意外地有更多的发现。

远离作品主义，才会看到有趣的东西

过去的五十年，在某种意义上，是建筑被商品化、快速消费化的一个过程。如果说哪里错了，那便是，把能够卖个好价钱当成了建筑的目的，尽力使建筑物在竣工时实现最大的商业价值。

然而，建筑原本是在一开始时，因很多人的参与而产生价值，竣工后经过几十年时间，慢慢地形成它的价值，这种价值形成方式类似于河流。

最近，我一直在问自己：『什么事情会让我高兴呢？』『竣工时，看到建筑物漂亮的外观时，应该会感到高兴吧。』当然，作为建筑家，这种时候没有理由不高兴。但是似乎不是这样。

与此相比，建筑物的价值形成的全过程，包括委托方、材料供货商、建筑家、施工人员以及使用人员在内，从建筑物的诞生直至被拆除，即便不能全部一一见证，只要能够朦胧地看到，我便会高兴。

这是一个把被分隔开的价值拼凑到一起的过程。从整体上了解建筑物的价值，同时也是

了解下一个时代社会价值的过程。

——那么，您是通过探寻建筑物的价值，来度过当今时代的困难的吗？——

最为重要的是告诉众多从事建筑的人希望在哪里。对于我来说，就是确定自己的中心轴在哪里，虽然教导别人可能会显得有点妄自尊大，但是我希望对方也能够明白。

现在，从事建筑的人都比较眼高手低。『无论建筑家还是大型设计事务所，都倾向于做浮夸的设计，认为只要做出漂亮的外观就可以了』。工地的技术人员大都也是这么想的。

我想对他们说：『不是这个样子的，让我们一起去做，包括我，包括委托方，让我们一起去创造。』如果能这样想，那么建筑一定会改变。

在建造海洋博物馆的时候，在工地与一位瓦匠的谈话让我非常吃惊。我问他：『你有仔细观察过自己参与建造的建筑物竣工后的样子吗？』他回答说：『没有。』因为只是被派到这里来工作几天而已。

当代社会最需要的是希望

虽然亲自参与了建筑物的建造过程，但却没有看到过建筑物竣工后的样子以及之后的变化，我深切地感到这样的人还真是不少。这可不行。如果他有家人，他都不会对他们说：『看啊，那座楼是我建的。』这份工作没有给他带来荣耀的感觉。

我认为最好的建筑是会让所有参与其中的人都能骄傲地说那是我建造的。这样的人越多，说明这座建筑越成功。

——为了达到这个目的，您自己在工作中，具体是怎么做的呢？——

原则上，我会尽量去工地。所谓工地，也包括与委托方谈话的地方。三月份就有三分之二的时间都去了工地。

去工地也不能解决什么特别的问题，但是，一定要与工地的人交谈。

尽量去工地，与大家沟通

工地的人员、我所里的员工全都拼尽全力地创造新的事物，即使有时会做一些无用功。工地有时会出现非常难以解决的问题，也很少有人能够明白我的想法。正因如此，我更要去工地，尽量让工地的施工人员明白我的想法。

另外，我会检查所有的施工图纸。不管有四百张也好，五百张也好，一定要让我看过，去年秋天我宣布，如果图纸没有我的签字，就不能开工。我所里的员工以及工地方面都说，内藤广先生看过，就会不一样。

——看来您是要将幕后工作进行到底啊。那么效果如何呢？——

这就要看明年竣工的九州牛深海彩馆以及长野奥林匹克运动员村的效果了。这次采用了这样的做法，如果建造出来的东西不伦不类，或者不能令人满意，那么我刚才讲的这些内容也是没有价值的。

1997年

建筑作品
02

安[illegible]

长野县松川村

刊载于NA（1997年6月2日）

为了优化配置，大胆地将展室缩小

从东南方向看美术馆的全景。在建设美术馆的同时，将周围的土地整合为了一个公园。公园的委托方是松川村，由内藤广担任设计。（摄影：吉田诚）

这是一座以绘本作家岩崎知弘的作品为中心、展示世界各地绘本及插画作品的美术馆。于一九九七年四月十九日开馆。位于东京练马的『知弘美术馆』因空间狭小，无法常设展览，因此需要建设『安云野知弘美术馆』作为其姊妹馆。选择了知弘幼年时常去玩耍的地方，也是知弘父母出生的地方——安云野作为姊妹馆的建设地址。

建设一个能够让参观者逗留一天的地方

方案的特点在于展室空间之小。设计者内藤广说：『即便是绘本，看的时间长了，也一定不是一件开心的事情，为了让参观者得到放松，有必要让出一些空间。』

知弘的独子、安云野知弘美术馆馆长（时任）松本猛说：『包括参观者在商店或咖啡厅度过的时间在内，整体上的满意度才是最重要的，看展览的时间即便还不到一半也没有关系。』由于美术馆出入自

从画廊看美术馆内院。右侧内部为公开工作间。为减少工作人员的数量，从公开工作间能够穿过内院看到整个美术馆内的情况。

由，参观者可以去美术馆外的公园玩耍，甚至可以去附近的温泉。松本说：『我们想把它建设成为一个能够让参观者逗留一天的建筑。』

设计者投来的球

设计者希望尽量缩小展室的空间，但是美术馆方面从运营的角度出发希望展室能够大一些。为此，展室的大小一直悬而未决。松本说：『这就像是设计者投过来的一个球，即便展室较小，只要能让参观者满意就行了。至于展室是否成功，需要再过一段时间才能作出评价。』

入口上方，除大梁及弯曲辅助材料外，未使用预制板

外观不重要，重要的是能够孕育未来的土壤

内藤广

为了满足委托方的要求，我们提出了多种方案。屋顶的形状设计方案包括平顶及斜顶，并提出了分栋的方案，制作了约30个模型。

但是仍然无法得出结论，施工期限迫在眉睫，只好返回原点从头再来。把之前委托方的各种要求全部抛开。在这个基础上，把想到的东西全部一气呵成地创作出来。最终方案之所以被采纳，是因为相对于周围环境，那个方案所展现的建筑物外观看上去最小。

在我看来，建筑物的外观给人留下的印象，其实无关紧要。因为外观的价值，终究会被消磨掉。即便初次看到时觉得非常有趣，第二次再看到时印象就会减弱。建筑物的价值本就应该随着时间的推移而逐渐增加。建筑物的空间，应该是一片能够孕育出未来价值的土壤，我认为这才是重要的。

美术馆商店一角，销售印有知弘绘画作品的贺卡及绘本等，所占空间较大，目的是为了增加美术馆的收入来源。

岩崎知弘作品常设展室1，照明设计由面出薰担当，家具类设计由建筑家中村好文担当。

收藏绘本的图书室。

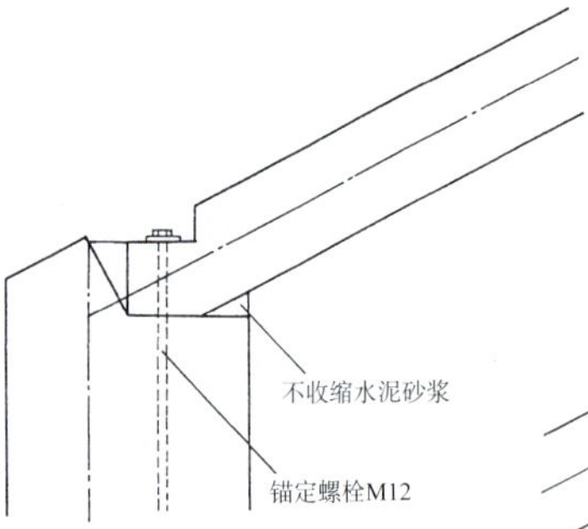

大梁接合部详细图1/15

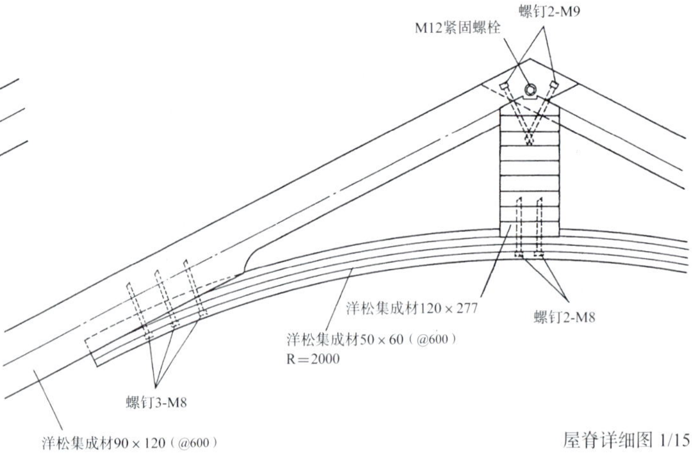

屋脊详细图 1/15

建筑项目数据

所在地——长野县北安云郡松川村西原3358－24
所在区域——城市规划区外
占地面积——8000平方米
建筑面积——1768平方米
使用面积——1581平方米

结构、层数——RC木质结构、地上一层
委托方——岩崎知弘纪念事业团
设计方——建筑：内藤广建筑设计事务所；结构：构造设计集团；设备：明野设备研究所；照明：L.P.A；家具：Lemming House

监理——内藤广建筑设计事务所
施工方——建筑：前田建设工业；空调·卫生：金泽工业；电路：关电工；房顶结构：信州林产
施工期——1995年5月—1996年6月
总工程费——5亿7000万日元

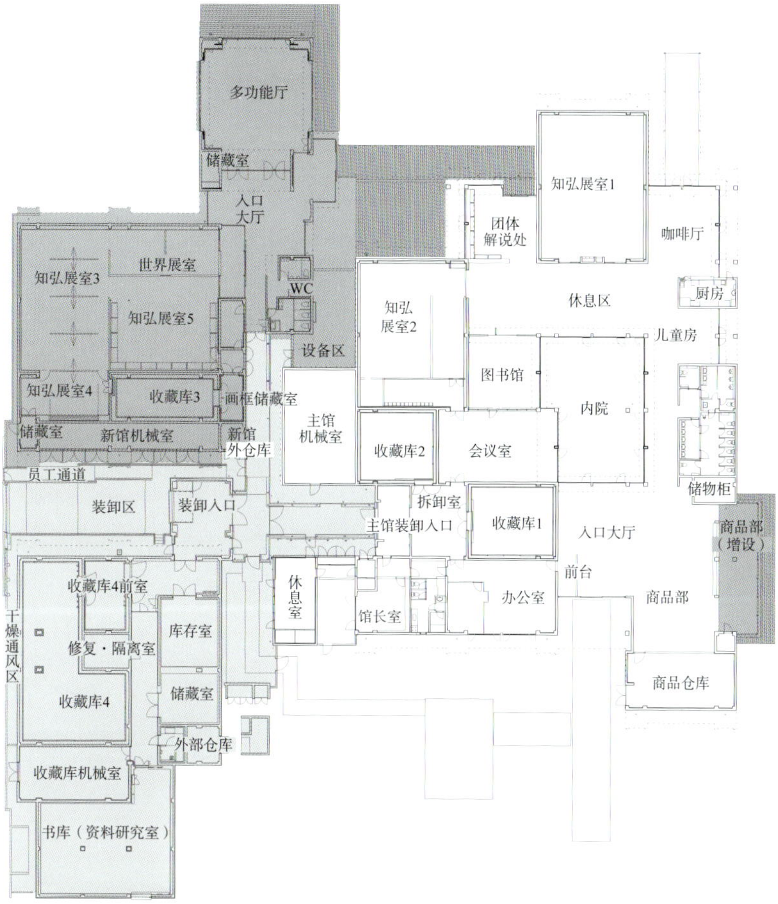

1997年主馆部分
2001年增设部分（展室）
2009年增设部分（收藏库）

平面图（扩建后）1/750

后续 | AFTER DAYS

2001年增设了多功能厅（左图），作为展室的扩充，可供举办讲座。2009年，为扩充收藏研究功能，增设了收藏库。（摄影：内藤广建筑设计事务所）

1997年

建筑作品
03

茨城县天心纪念五浦美术馆

茨城县北茨城市

刊载于NA（1998年7月27日）

利用预制混凝土
克服工期紧张的困难

内院水池后方、美术馆入口处（东侧）。周围建筑物将内院围成“コ”字形。
参观者可通过照片右手边的回廊到达入口处。（摄影：吉田诚）

设计期为六个月，施工期只有十四个月。该工程采用指名招标的方式，内藤广的方案被选中。他还没有来得及高兴，就被委托方告知了工期的紧张程度。内藤广说：『不仅工期很短，而且竣工后到开馆也只有半年时间，如果采用通常的现场浇筑混凝土的方式，到开馆时碱金属物质不能完全挥发掉。过去在建设「海洋博物馆・收藏库」时，曾使用了预制混凝土，如果用在这个工程上如何呢？』

发掘『PCa的特性』

『茨城县天心纪念五浦美术馆』位于北茨城市大津町海岸边，于一九九七年十一月开馆。为平顶建筑，使用面积为五千八百平方米。由一个纪念明治时期美术大师冈仓天心的纪念室以及三个美术室组成。在此之前，日本还没有使用预制混凝土建造美术馆的先例。

在设计方面，也着重突出了『PCa的特性』，入口大厅的设计最为直接地反映了这一点。打开入

东侧全景。整座建筑位于可俯瞰太平洋的一座高约40米的断崖之上。外墙上部为镀锌钢复合板，下部涂有硅藻土。

口处的木制自动门，首先映入眼帘的是跨度为二十四米、桁架结构的一列PCa大梁，表面和接合处均不加任何装饰。这些预制件紧密组合在一起，与现场浇筑的混凝土相比更有张力。

设计过程耗费了很大精力。『使用预制混凝土，后期不能改动，因此，在设计阶段，照明等所有设计必须确定下来。另外，设计期限也很短，所以设计过程非常辛苦。』由于使用了预制件，因此避免了之前担心的碱金属有害物质的问题，美术馆开馆之前，在东京国立文化资产研究所进行的空气质量检查中，馆内的碱金属成分检查结果几乎为零。

开馆后七个月，参观人数已经超过了二十八万人次，几乎为预测人数的两倍。工作人员说：『除了展品之外，很多人对建筑也很有兴趣，特别是对宽敞的公共空间，评价很高。』

1

2

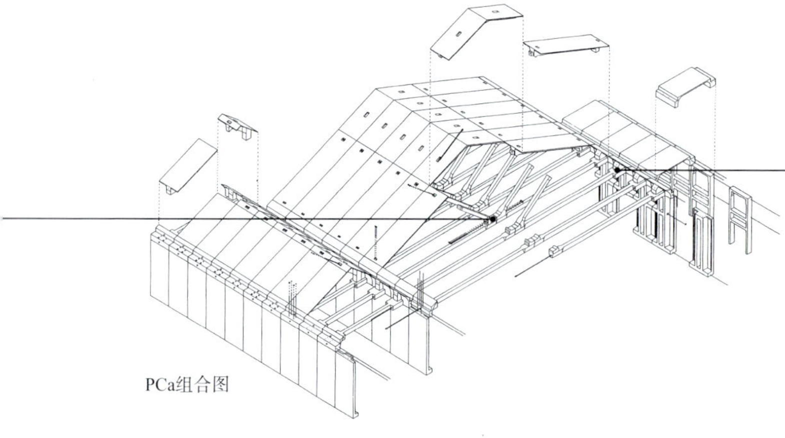

PCa组合图

PCa大梁的一端。

3

1. 从入口侧（西）看入口大厅，正面为前台。**2.** 从位于入口大厅北侧的观景厅一眼望去看到的景色。公共空间设置了很多出入口，能够看到大海以及美术馆外的景色。内藤广说：“相对于建筑物的外形，我更重视建筑的内外关系。”**3.** 从东侧看入口大厅。PCa大梁横跨24米，入口的自动门采用木瓜木，地板采用柚木。透过对面的玻璃，能看到展室的屋顶。

入口大厅PCa大梁的中间部位，采用预制混凝土构件组合结构，结构设计由构造设计集团（S.D.G）担当。

展室B、C，主要用于主题展览，入口处的门采用木瓜木制成。

工艺 | PROCESS

防止盐分侵入展室

这座美术馆建于可俯瞰太平洋的断崖之上。虽然景色迷人，但是对于美术馆来说却不是一个理想的位置。因为美术作品最怕盐分的侵害。

时任美术馆企划科科长的长山贞之回顾说："为了应对盐害，在设计之初，我们与设计者进行了严密的探讨。"其结果在平面规划中也有所体现。将美术馆与北侧的断崖平行设置，入口面朝南侧的内院。建筑物本身就成为一面"墙"，以防止海风直接吹入馆内。

入口处设计了宽敞的除风室，并且在从入口大厅通往展室的通道上设置了自动门。这个设计，目的也是为了防止外部空气流入展室内。

通过空调将馆内气压升高，迫使馆内的空气向外排放。空调上安装了盐分过滤器。长山贞之说："检测结果显示，展示区空气中盐分的含量几乎为零。"

北侧的观景厅，PCa大梁直接裸露在公共空间内。

上图：展室A主要展示藏品，天花板处为洋松制天窗。**下图**：冈仓天心相关资料的常设展室——冈仓天心纪念室。

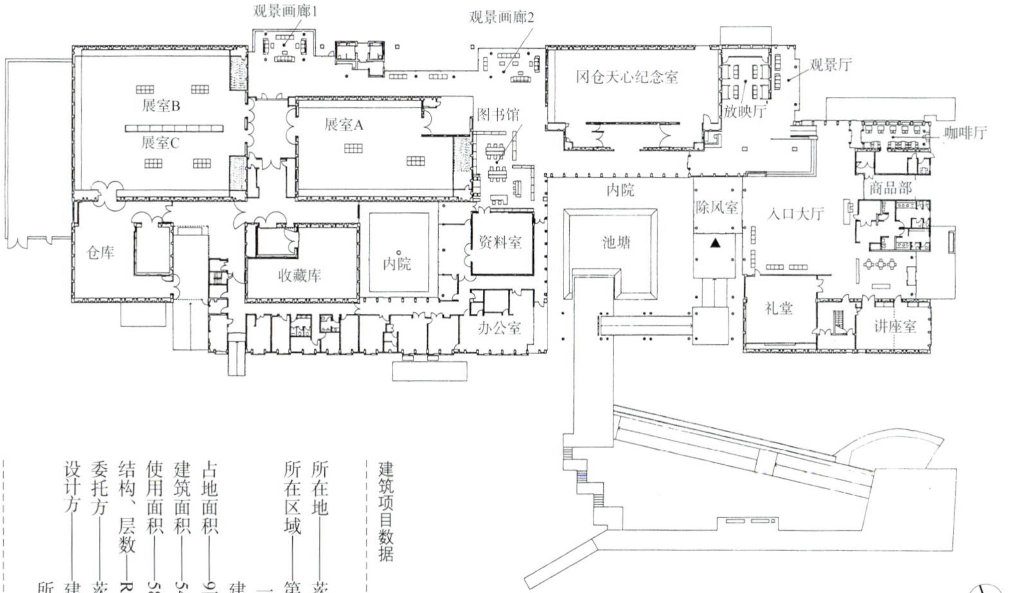

平面图 1/600

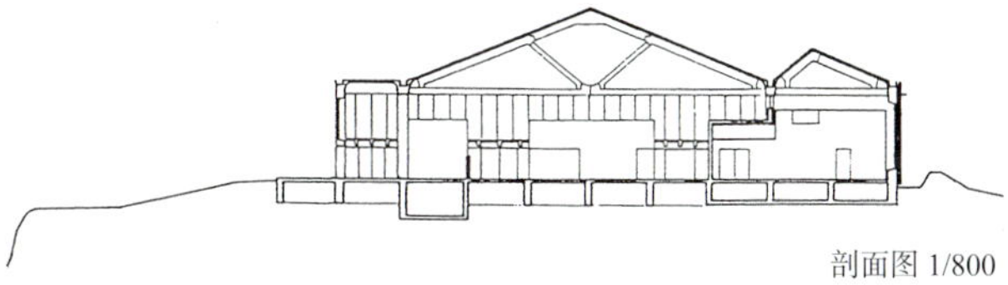
剖面图 1/800

建筑项目数据

所在地——茨城县北茨城市大津町椿2083

所在区域——第一类住宅专用区域、城市公园区、县立自然公园一般区域、五浦海岸线保护区域

建蔽率40%、容积率80%

占地面积——9万77平方米

建筑面积——5449平方米

使用面积——5847平方米

结构、层数——RC结构・预制混凝土构件组合结构、地上一层

委托方——茨城县

设计方——建筑：茨城县土木部营缮科・内藤广建筑设计事务所；结构：构造设计集团SDG；设备：明野设备研究所；馆外：茨城县建设技术公社・内藤广建筑设计事务所

监理——茨城县土木部营缮科・内藤广建筑设计事务所；馆外：茨城县建设技术公社

施工方——建筑：松村・冈部JV；电路：六兴・IGARASHI JV；空调・卫生：菱和・饭村・竹村JV；馆外：冈部工务店・秋山工务店；展览施工：丹青社；电梯：三菱电机

施工期——1995年10月—1997年3月

总工程费——38亿3598万日元（馆外、停车场除外）

从北侧海边远眺美术馆。冈仓天心在东京谷中创办了日本美术院，晚年他将日本美术院搬迁至此（五浦），这里成为其日后活动的据点。

1998年

建筑作品 04

古河综合公园管理楼

茨城县古河市

刊载于NA（1998年11月23日）

西北侧全景。管理楼如同设置在从公园正门通往公园内的通道上的一道门。采用木结构平房设计，房顶为三角骨架结构。中部的连廊，营造了一个能够感受到风和光的半开放空间。（摄影：木藤胜久）

衬托周边环境的一道“门”

『一般而言，在建造一座建筑物时，都会考虑如何才能缓解建筑物与周边环境的不协调感。』内藤广这样描述周边环境与建筑的关联性。一座建筑物的出现，或多或少都会给周边的环境带来一种不协调感，如何能够使建筑物融入周边环境中，是建筑家需要思考的问题。

内藤广说，他并不想把建筑单纯地作为一件作品呈现给世人。他的设计手法，并不是单纯强调外观或把建筑物建设成为一处新的风景，而是通过建筑物，让人们意识到周边原本就已存在的风景。『通过一座建筑物的建成，能够让人们意识到之前所视而不见的风景，能够强化那里所潜藏的一种力量。』（内藤广）

古河综合公园管理楼建设的初衷，是让来到这里的人们停下脚步，意识到这里的美景。顺着管理楼往里走，穿过并排的木质廊柱，映入眼帘的

东侧外观。沿着主甬道设计了一条小河。

是一条穿过内院一直流入公园里的小河。坐在廊柱围成的连廊里的长椅上抬头仰望，能够看到四方形的天空。人们会意识到空间的存在，这便是一种观景行为。

建筑物的外部形态并不重要

内藤广说：『设计实际上就是一个空间化的过程，让内部的空气流出，从外部流入，营造出空间的一种关联性，是最重要的。』也就是说，营造出的空间，应使人们意识到这个空间与周边环境的关联性，这一点是最为重要的，至于建筑物的外部形态，说得极端一些，即便消失也没有关系。

内藤广说：『实际上，如果建筑也能循环使用材料，那是最好不过的。附近的自然环境提供的建筑材料，能够使建筑物与环境之间产生更强的关联性。』在他看来，过去的日本，人的住处与周围的田地便是一道风景，远处是山林，连着深山，在紧挨着村落的一座山上，人们可以在那里采摘野菜、采集建造房屋需要的木材，这座山便是他们的绿地。这道风景与人们的生活息息相关，但是这种风景，在现代的日本已经看不到了。即便周围是自然环境，或者周围就是公园，建筑物与人们的生活之间的关系也并不紧密。

应该如何整合生产材料呢？

例如，在建筑物附近，如果有一片与建筑时使用的木材相同的树林，那么不仅在视觉上建筑物与环境之间存在关联，而且由于二者之间的紧密关系，人们对这里的风景也会产生一种亲切感。一开始为了建造建筑物而砍伐木材，之后去植树。建筑物需要推倒重建时，当时种的树已经长成。内藤广说：『建筑物更新换代的同时，也应注意到自然环境的循环再生。真正意义上的建筑，就是与生产材料进行的整合。如果不这样做，那么不管到什么时候，环境与建筑物之间的关联性都不会很强。』

虽然到现在为止这样的设计还没有被实现，但内藤广说，『这不是一件很难的事情』。即便是纯粹用混凝土建造的建筑，如果用附近出产的杉木木材做模子，也能使建筑物与周围的环境产生关联性。建筑家内藤广就是抱着这样一种设计思路，探寻着建筑物与环境之间的关系。

管理楼内院的小池。

池塘对岸管理楼西南侧外观。

上图：从管理楼内部看内院。**下图：**从东侧停车场看管理楼全景。

建筑项目数据

所在地——茨城县古河市鸿巢
所在区域——无指定
占地面积——21万平方米
建筑面积——556平方米
使用面积——520平方米

结构、层数——木质结构·一部分RC结构、地上一层
委托方——古河市
设计方——建筑：内藤广建筑设计事务所；结构：Study建筑事务所；设备：明野设备研究所
监理——内藤广建筑设计事务所

施工方——冈部工务店
施工期——1997年7月—1998年3月
总工程费——1亿2862万5000日元

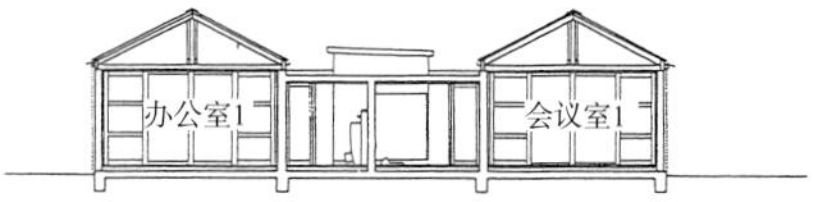

剖面图 1/400

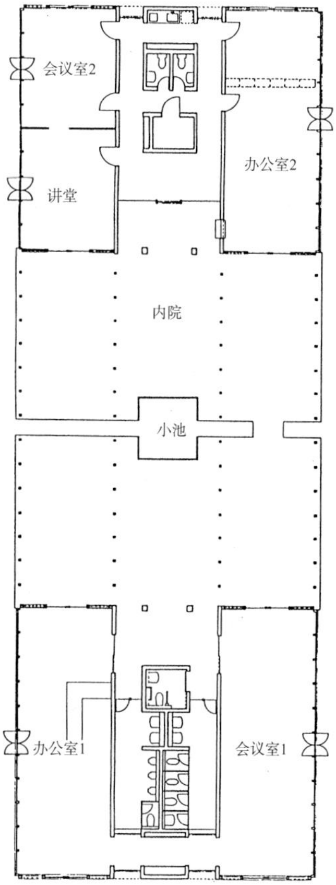

平面图 1/400

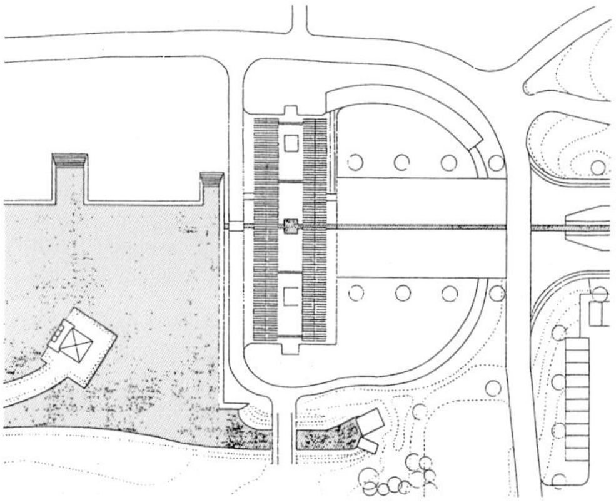
布局图 1/2000

1999年

建筑作品
05

牧野富太郎纪念馆
高知市

刊载于NA（1999年12月27日）

以动感的造型表现“自然”

主馆内庭部分。种植在地下一层的植物冒出头来。
设计效果为植物逐渐长高之后可将建筑物整体覆盖。（摄影：三岛叡）

从东侧上空俯瞰主馆全景。围绕内庭设置了露天平台。

从东侧上空俯瞰展馆。

牧野富太郎（一八六二—一九七五年），是一位为光叶榉及金木樨等两千五百种以上的日本植物命名的植物学家，其研究成果汇总为《牧野日本植物图鉴》。纪念馆位于牧野富太郎出生地高知县，于一九九九年完工，展示其生前所取得的成就以及收藏的植物标本。

让建筑物融入环境之中

站在正门口，看不到建筑物本身。顺着植被环绕的通道绕行，到达主入口处。设计者内藤广提出的设计方针是：让建筑物比周围的树木更低，以融入环境之中。

纪念馆分为主馆与展馆两座建筑物。两座建筑物均采用钢筋龙骨与集成板材架构的大型曲面房顶，围绕着中庭，呈现出有力的建筑形态。提起内藤广的设计，给人印象最深的是『默默矗立的建筑』，是一种静态的画面感。但是，『这一次，纪念馆是以有生命力的植物以及倾尽毕生心血致力于研究的牧野博士的经历作为展示主题，因此，

决定采用富有动感的造型』。（内藤广）

纪念馆位于一九五八年开园的牧野植物园之中。自一九九九年十一月二日开馆以来，一个月之内约有两万人来这里参观。据说，植物园自开园至一九九八年，每年游客总数为四万五千万人次。时任副园长的池本宽水说：『被记录下来的植物画与绘画有异曲同工之妙。我们要以植物为主题，提出更多、更广泛的设想。』

1. 展馆中庭。今后将继续增加种植各种植物。计划选取与牧野博士有关的、例如以其妻之名命名的“寿卫子笹”等植物。**2.** 从北侧看展馆外观。配合地形，建筑物整体起伏有致，沿着坡面自然地“流淌”下来。**3.** 连接主馆与展馆的回廊。沿着回廊，可以一边走一边观赏植物园内种植的树木。

后续 | AFTER DAYS

主馆中庭的露天平台。此照片拍摄于2006年夏天，绿荫正逐年将建筑物覆盖起来。（摄影：内藤广建筑设计事务所）

1

1. 展馆的常设展室。展出牧野博士收集的植物标本及研究资料。设有可通过显微镜观察植物的体验性展区。**2.** 主馆多功能厅。除用于放映录像或展示图片之外，也出租用于集会等。**3.** 主馆展室。墙壁为RC结构，房顶采用钢筋龙骨与集成板材架构。

主馆一层的餐厅。

设计者之声 | VOICE

接下来的十年，致力于亲近自然的建筑

内藤广

回顾当初，牧野富太郎纪念馆对我来说是个转折点。我的老师吉阪隆正先生教导我：“要用十年时间挖同一个洞。”“海洋博物馆·收藏库”完工正好是十年前的1989年，与1992年完工的展馆共同获得了日本建筑学会奖。尽管此时我也可以改变自己的风格，但是在十年时间内，我都坚持延续了相同的建筑设计手法。并且，我认为必须坚持。

牧野纪念馆设计之初，仍旧采取之前的分阶段设计方法，预备采用连续性三角结构房顶的设计。但是，这样的设计，风力的影响就变成了一个棘手的问题。在与负责结构设计的渡边邦夫先生交谈中，他提出“不采用分阶段设计方法，而是从整体上建立一种灵活的关系”的方案，于是我调整了设计思路。虽然当时并不是下意识地去改变，但是可能内心存在一种想去改变的心情。

接下来我想要研究的课题是设备。现在可以利用电脑技术模拟周围的气候条件及建筑形式，以最少的机械设备达到最好的室内效果。这次因为要解决收藏库的空调问题，没能实现电脑模拟，今后我想更多地设计一些亲近自然的建筑。

上图：展馆架构细节。**下图：**展馆楼梯大厅的屋檐式天花板，龙骨由粗30毫米以上的钢柱支撑，此外，围绕内部（照片左侧）的横梁、外部的RC墙壁，分别支撑起顶部起伏状的大梁。

从东侧上空俯瞰建筑物，近前为展馆，里侧为主馆。

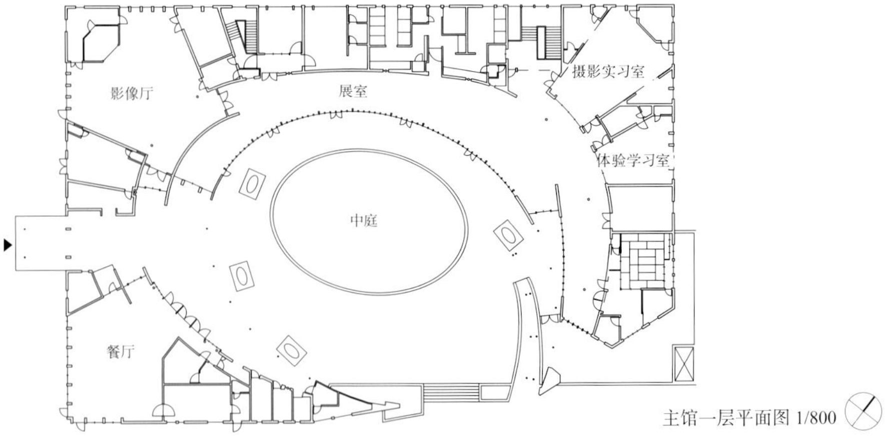

主馆一层平面图 1/800

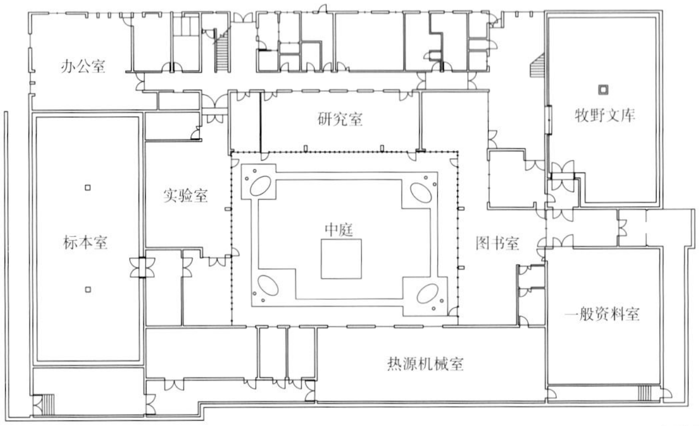

主馆地下一层平面图 1/800

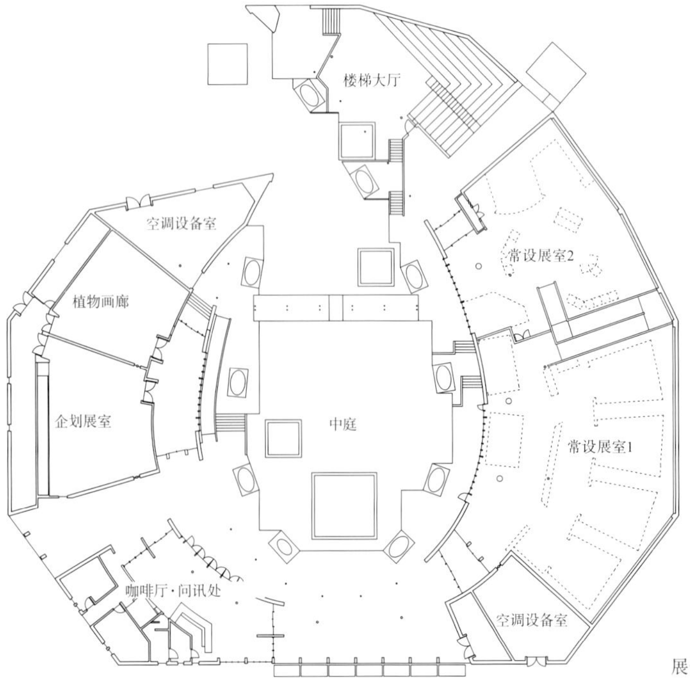

展馆平面图 1/800

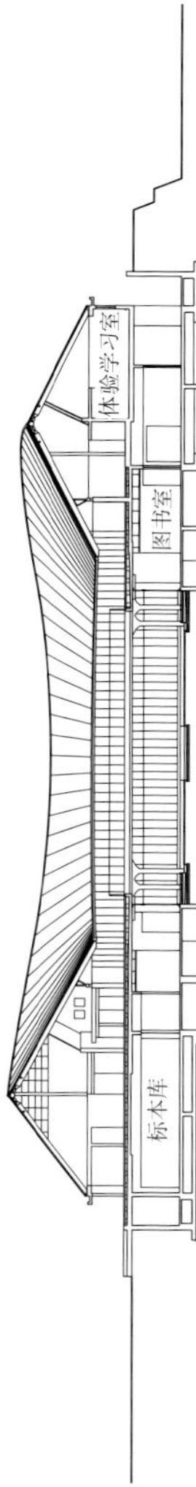

主馆剖面图 1/800

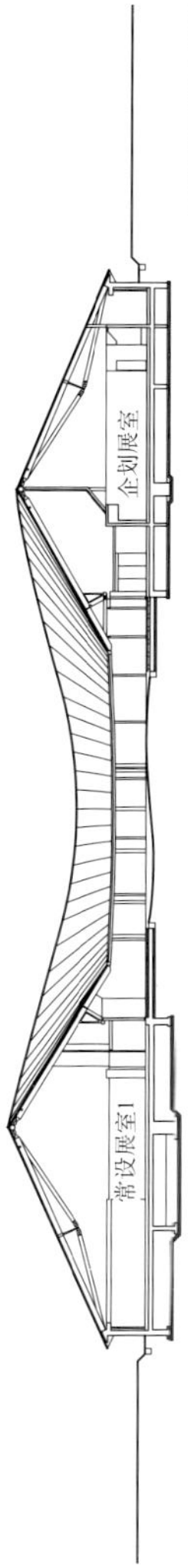

展馆剖面图 1/800

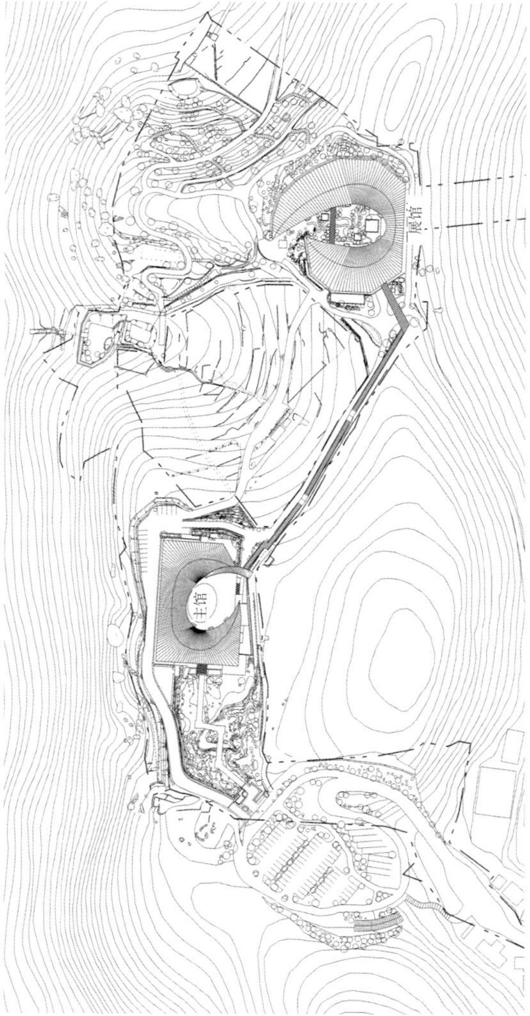

布局图 1/4000

建筑项目数据

所在地——高知市五台山4200-6
主要用途——博物馆
所在区域——城市化改造区，防火无指定
建蔽率16.47%（允许范围70%）、
容积率12.74%（允许范围400%）
前方道路——西侧6米
停车场容量——68台
占地面积——44596平方米
建筑面积——5638平方米
使用面积——7362平方米
各层面积——一层5455平方米、二层1907平方米
结构、层数——RC结构・S结构+集成板材架构（小空间组合）、地上二层
地基、桩基础——天然地基
高度——最高13米、檐高7米
楼层、屋顶高度——层高4米、屋顶高2.8米
委托方——高知县
设计方——建筑：内藤广建筑设计事务所；结构：构造设计集团SDG；设备：明野设备研究所
监理——内藤广建筑设计事务所
施工方——建筑：竹中工务店・香长建设・中胜建设JV；空调设备：Ergotech Assay JV；电路设备：斋藤建设・相互建设・门田建设JV；卫生设备：四国水道工业
设计期——1994年9月—1996年9月
施工期——1997年8月—1999年3月
总工程费——34亿8500万日元
工程费构成——建筑：18亿6500万日元；电路：3亿日元；卫生：7600万日元；电梯：1300万日元；净化槽：3900万日元；展室：7600万日元

『若要存续百年，便要重新审视建筑物的结构』

——建筑设计者与建筑物的寿命之间存在何种关联？（柏木浩一×内藤广）

刊载于NA（2000年1月10日）

提到『建筑的寿命』，人们总是首先联想到高耐久性材料或高新技术。但是，一座建筑物即便拥有再高的耐久性，如果设计陈腐、缺乏灵性，也仍有可能在很短的时间内就被拆除。如今，在延长建筑物寿命方面，设计师能起到什么作用呢？为了了解设计师的想法，我们以一千五百名设计师为对象，进行了问卷调查。应如何解读问卷调查的结果呢？我们邀请在这方面经验丰富的柏木浩一、内藤广二位建筑师参加访谈。

——

——对于本次的问卷调查，二位有什么样的感想呢？

——

柏木：首先引人注目的是问题四（你认为哪些建筑，经过了很长的岁月但其设计仍未落伍呢？）的调查结果。国立代代木竞技场位列第一，位于东京千代田区的皇居大楼（Palaceside Building）第二，涩谷的山坡排屋（Hillside Terrace）第三，伊势神宫第四，神奈川县立近代美术馆第五，除位列第四的伊势神宫另当别论外，其他四『巨头』一眼看上去完全是不同的风格。

在乘坐新干线来东京的途中，我一直在考虑这几座建筑之间有什么共同点，终于有了一点眉目。首先，这几座建筑的建造年代都很相近。神奈川美术馆稍早一些，建于一九五二年，接下来是代代木竞技场，建于一九六四年，皇居大楼建于一九六九年，山坡排屋第一期建于一九六九年，基本上属于同一时代。并且，问卷中选择这些建筑的设计师，相对来说年龄较大。

柏木浩一（左）与内藤广（右）。（摄影：藤野兼次）

Q1 （有效答案143）

你是否认为，日本社会对建筑的追求，正从“废旧造新”时代逐渐转变为“长寿命”“绿色建筑”时代？

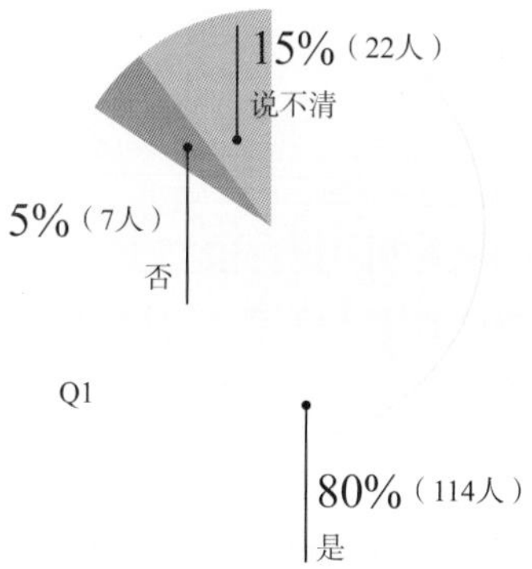

Q2 （有效答案142）

你在设计时，是否设定建筑物寿命（使用年限）？

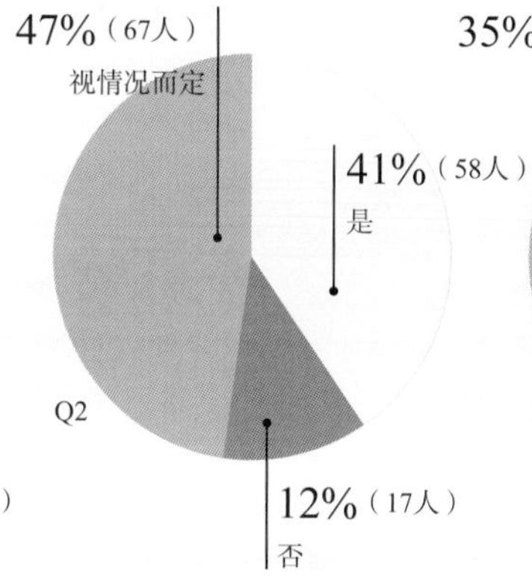

Q3 （有效答案142）

在你设计的建筑物中，是否有能够“使用100年以上”的建筑？

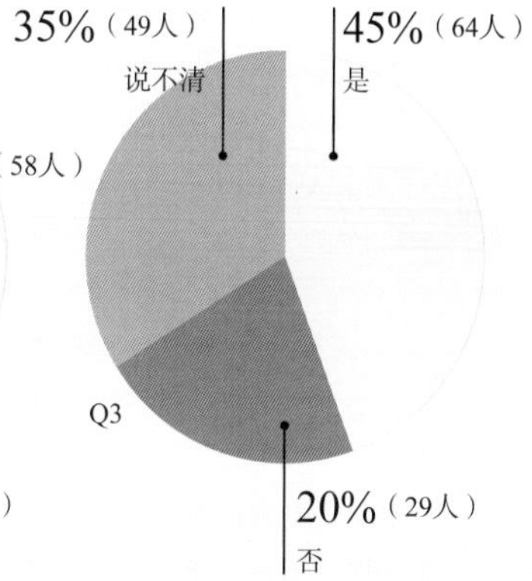

Q4

你认为，经历很长的岁月但其设计仍未落伍的建筑物有哪些？

问卷调查概要：以本刊过去十年间采访过的建筑设计师（建筑设计事务所主要设计师、建筑设计事务所员工、建筑公司建筑设计部员工等）为中心，共向300人以传真方式发送了问卷（A4纸一张），得到143人回复，回复率47.7%。回答者年龄构成如下：30—39岁，12%；40—49岁，29%；50—59岁，34%；60—69岁，17%；70岁以上，8%。

从这个角度看，在那个时代，国家级活动的陆续举办，使得国民的『民族意识』迅速提高。作为那个时代的象征，这四座建筑拔得头筹。对于中老年建筑设计师来说，那是一个永不过时的、怀揣梦想的时代，不是吗？

内藤：我感到有些意外的是，有这么多人选择了伊势神宫。伊势神宫历史久远，有人可能在被问到这个问题时，会有一种以这作为借口来作答的想法。

对于位列第一的代代木竞技场及第二位的皇居大楼，如果让我认真回答这份问卷的话，我也会这样选择。即便到现在，这两座建筑物也是令人赞叹的。

关于代代木竞技场，大家都提到了它的外观，我却认为它的内部空间更值得一提。就内部空间而言，到现在为止还没有出现任何一座建筑物能够超越它。我认为，正是内部空间的力度，使建筑物产生了『不落伍的价值』，这样才会不断地维修，不断地使用下去。

代代木竞技场的精髓在于内部空间的力度（内藤）

柏木：那么皇居大楼呢？您认为是什么使它具有不落伍的价值呢？

内藤：应该是它的外立面，也就是外观吧。它是一座保持得非常好的建筑物。

皇居大楼建成时，正是经济高度增长的全盛期，『废旧造新』的风潮非常强烈。但是这座建筑物相对于那个时代工业化的设计方法，更可取的一点是它从耐久性及社会性资本的角度，展示了一种高度工业化的前景。我认为这就是能够使它坚持到现在的地方。

柏木：关于皇居大楼，它在地理位置上也有一定的特别之处。由于紧邻皇居，能够唤起日本人的国民统一性。我认为两者间的关系十分微妙。

也有人选择东京国际会议中心，这是一座最近才完工的建筑物，我想在未来一段时间内应该不会落伍。

内藤：不好说。我也参与了一部分的建设工作，但是对于当今的『结构表现主义』是否会落伍，现在还不能下定论。就像现在我不能断言，在一百年之后，我现在的作品

国立代代木竞技场。（摄影：吉田诚）

会不会被后人诟病一样。比如如果以后钢材的强度比现在提高很多，到时可能会有人说：『怎么会用了那么粗的大梁呢？』

柏木：这次的问卷调查是以设计师为对象的，如果是以普通人为调查对象的话，会出现什么样的结果呢？我想，普通人与设计师看待事物的角度是不同的。

比如在过去的新艺术派或装饰美术中，也出现了很多难以接受的建筑物。刚刚建成时，或许会觉得怪异，但是看得时间久了，慢慢就会莫名其妙地变得喜欢起来。

内藤：问卷中还有人提到了迪斯尼乐园，这个答案很有意思。原因是：『因为一直能够满足我的愿望』。在一定意义上这是对的。能够持续满足愿望的建筑，可以说是建筑的极致。不过，一旦满足愿望的功能消失，建筑存在的价值也很快就会消失。

一般的建筑也都是这样，在社会经济状况良好的时候很容易实现其价值，但问题往往出现在经济力量衰落的时候。用人作比喻，就是说在体力下降的时候该怎么办。我认为每个建筑师都需要思考这个问题。

需要具备触动人们内心的技巧（柏木）

柏木：我看了问题五『为了延长建筑物的使用寿命，建筑师能做点什么？』（本题为自由回答，具体答案本书不作列举）的答案，大致可以归纳为四类。第一点是宽敞的空间；第二点为建筑物的多功能性；第三点为管理上的便利性；第四点是以人为本。

在我个人看来，第四点『以人为本』这一基本要素是最为重要的。内藤广先生刚才也讲了，代代木竞技场内部空间非常棒，的确是这样，虽然从外面看起来很难立即断定是以人为本的建筑，但是进入竞技馆内部之后，会发现它是一座能够触动人们内心深处的建筑。

如果说建筑师在这些方面考虑自己能做点什么，那么我认为，建筑师应该掌握一种技巧，即能够触及人们的梦想、记忆甚至直接触动人们的内心世界，获得人们的认同感。

东京国际会议中心。（摄影：本刊）

皇居大楼。（摄影：吉田诚）

——我们的话题大部分与设计有关，那么在物理结构上，延长建筑物寿命应该怎样做呢？

内藤：在物理结构方面，我在做设计的时候也费尽心血考虑过，但是这是一个很难解决的问题。

建筑是由成千上万的零部件构成的，单独的零部件的性能却很低。二十世纪六十年代的零部件性能，无论是混凝土还是钢材，规格都较低。如果这些不能得到提高，那么长寿的建筑是很难实现的。政府的行政制度也有一些问题。

我们现在处于下游产业链，在组装现有的部件时，总是绞尽脑汁地做些改进。但是，一旦改进，经济方面就会承受损失，即成本增高。世界上大部分的建筑师，面对委托方，都很难对自己的建筑胸有成竹，这便是痛苦之处。

现状是，对自己设计的建筑的寿命没有自信（内藤）

——委托方追求建筑物的『长寿』，这样的情况现实中多吗？

内藤：先不论民间设施，如果是公共建筑，委托方会在『增长使用年限』方面有很强烈的要求。不过，使用年限的具体要求是视情况而定的。

柏木：我们的委托方主要是一些民间组织，即便我们提出延长使用年限的方案，对方也并不认同。不过学校、宗教设施等委托方，还是比较关心使用寿命的。

内藤：无论如何，建筑物的使用寿命到底是多少年，都应该变得更加明确。银行融资给土地，但却不会融资给建筑物，原因就是建筑的寿命是不明确的。虽然叫作『不动产』，但并没有被真正地当作固定资产。

柏木：在考虑建筑物作为社会资产时，可以采用支撑体与填充体相分离的方法。作为银行的融资对象，装修或设备的使用周期过于短暂，但是建筑物骨架还是有耐久性的。

高耐久性骨架、足够的层高，具备这两点，可使建筑物寿命大幅延长。

最重要的是高耐久性骨架及足够的层高（柏木）

内藤：说到设备，我认为现在的设备使用寿命都太短了。比如美术馆建设中，设备费用要占总费用四成以上。至于结构，最多也只有三成。但是，占总费用将近一半的设备，使用寿命却极其短暂。即便建筑方提示说设备以后

柏木浩一的重要设计作品——神户改革派神学校（神户市北区）。为培养牧师而成立的神学校，由研修楼、宿舍楼、教授公寓组成。委托方要求“尽力降低维护成本、存续70~100年”。摒弃了华丽的设计，而是详细研究了以70年寿命为目标的成本方案。（摄影：松村芳治）

是需要更换的，委托方仍然会说，费用分配是不能改变的。我感觉建筑现在已经不被大众所信赖了。

柏木：对于建筑公司来说，建筑物的维护也会带来业务利益。维护最多的就是设备。设备出现故障，建筑公司在接受指责的同时，也会得到接下来的业务。好坏暂且不作评论，但是这种方式已经变成业界的常态。如果设备完全不会坏，建筑公司会怎样呢？

内藤：通过设定较短的使用年限，能够降低成本，如果能做到这一点，那也无可厚非。但是现在，这种情况并不明朗，是扭曲的。

比如经过一段时间之后，所有的部件同时达到使用年限，我认为这样的建筑是可以存在的。虽然按照设定好的年限，比如二十年，来设计建筑是一件很难的事情，但是，通过设定使用年限而降低成本，或者以易于拆除为目的，这样的设计理念也是有必要的。

土木结构的建筑物，在经过十年时间之后，维护费用就会与当初的建造费用不相上下。迄今为止，一般都认为建造一座建筑物，就要让它永久存在。在投资时首先就要对时间进行判断，建筑也是这样。现在大家总说『要让建筑物存在一百年』，但是，如果不投入大量的成本，存在一百年从何而来呢？

就建筑骨架来说，存续一百年简直是天方夜谭。按现在的技术，怎么可能能够存续一百年呢？

柏木：单从结构上看，如果整体使用高耐久性的混凝土的话，建筑物可以存续百年。

内藤：如果真的想要使建筑物存续一百年，我认为必须提高混凝土性能，并且重新审视建筑的结构。现在广泛采用的框架结构，主要考虑的是应对弯曲和折断的问题，但是框架结构最脆弱的地方，是一旦某一部分被破坏，就会导致整体破坏。

部分破坏不会导致整体破坏的是拱结构。抛物线拱结构中，拱的压力使构件避免弯曲变形，这样就可以保持较长的时间。但是现在流行的框架结构，由于弯曲和折断的困扰，是否真的能够存续一百年，我没有把握。

柏木：部分破坏确实是令人头疼的问题。

内藤：海洋博物馆混凝土的强度为600kg/m²左右，采用钢筋混凝土结构。建造时考虑到要存续百年的问题，将结构加固。但是一百年之后混凝土是否还能保持预期的强度，实际上我也不能预见。虽然比普通的RC构造耐久性更高，但是技术有赖于人为，不能简单地下定论。

集成材也经常被使用，但是谁都

柏木浩一（Kashiwagi Kouichi），竹中工务店大阪总店设计部总建筑师（访谈时），生于一九四六年，一九六八年从日本神户大学毕业，进入竹中工务店工作，主要作品包括：AS CS总公司（一九八五年）、神户改革派神学校（一九九六年）、贤岛MikiHouse-So（一九九七年）。现任兵户县立大学教授。

存续百年简直是天方夜谭（内藤）

不能明确地说出集成材的接面能够保持多久。集成材是经不住拉伸或者弯曲的。因此我在使用集成材时，尽量将它用在不承受压力的地方。

——即便从结构上提高建筑物的寿命，建筑物的寿命也还是有限的，那么作为设计师，是不是会把更多的精力放在营造更有魅力的空间上？

内藤：不是的，两者都要兼顾。耐久性很重要，空间魅力也很重要。不能偏重一方。

不过，逐渐有些委托方能够从耐久性、可持续性中看到富有魅力的地方了。这不是建筑师应该努力的一个方向吗？也就是说，通过使用具有耐久性的素材或技术，使空间富有魅力，或者在结构上和空间上，使建筑物体现一种未来的视觉感。

现在这个时代，大家都对未来没有信心，因此现在的委托方都追求对未来想象力的展现。比如代代木竞技场，在当时那个全速发展的时代，丹下健三先生迅速把握住了日本的未来。现在大家看待日本的未来更加冷静，即便把预感到的未来马上建造出来，也与当今时代所追求的东西并不相同。

——既满足可持续性又富有魅力，在最近的日本建筑中，有能够同时满足这两点要求的建筑吗？

内藤：啊，没有吧。可能暂时还做不到吧。大家都很困惑，只好埋头于地面。我认为不应该这样。如果出现了同时满足这两点要求的建筑，就会出现一种新的建筑模式。

新建筑形式即将出现（内藤）

——放眼全世界，也都是这样的情况吗？

内藤：我认为是的。如果对建筑的思考方式不发生根本性变化，是很难出现新的建筑模式的。我觉得伦佐·皮亚诺①所设计的几个建筑，正在走这样的路线。他认为，建筑不应是一个封闭的系统，而可以是一个开放的系统。

柏木：伦佐·皮亚诺几乎不会受到任何条条框框的束缚，所以他应该会取得一定成果的。

内藤：当今的建筑界，有一种很强烈的瓶颈感。不过这有可能意味着会有新的蛋被孵化出来。

——您是很期待的吧？

内藤：不改变是不行的。虽然改变迄今为止的思考方式是一件非常困难的事，但是希望就在眼前。

译注：①伦佐·皮亚诺（Renzo Piano）是意大利当代著名建筑师。1998年第二十届普利兹克奖得主。因对热那亚古城保护的贡献，他亦获选联合国教科文组织亲善大使。

第三章

“益田”时期

（2001—2005年）

通过投标，内藤广获得了岛根县益田市综合文化设施的建筑设计项目。开工后，经历了大幅削减成本等各种各样的曲折，“岛根县艺术文化中心”终于在2005年竣工，成为继“海洋博物馆”之后又一座开启新纪元的建筑。

背景为“岛根县艺术文化中心”外部立面图。

2001年

建筑作品
06

伦理研究所
富士高原研修所

静冈县御殿场市

刊载于NA`(2001年10月29日)

不使用金属材料的集成板材架构

讲堂。位于呈“L”字形的两座讲义楼拐角处，屋顶结构呈放射状。集成板材使用了洋松。（摄影：吉田诚）

该建筑是为进行伦理研究、讲座、宣传活动而设计的，可容纳二十万自然人以及三万法人的民间团体的研修所。原先的建筑设施已经陈旧不堪，因此，在该团体创立五十五周年时进行了改建。委托方的要求是：将之打造为『荣耀之所』。

木材与木材直接嵌合，互相支撑

从外观看来，建筑物开放空间较小，会给人留下较封闭的印象。但是，一旦进入内部，从中庭的大落地窗一眼望去，碧绿的草坪、富士山麓的景色如在眼前。天花板也很高，空间的开放感是仅从外观上根本看不出来的。抬头仰望，可以看到致密的集成板材架构的屋顶，营造出了与外观完全不同的一种温馨的、充满生机的内部空间。

看点之一，便是采用了传统手法的集成板材接合部——木结构榫眼。在集成板材接合部的侧面，用凿子凿出一个缺口，用于互相嵌入。在锐角接合处，通过嵌入楔子加以固定。

通过这样的接合手法，以及可使用设计数据对部件进行自动加工的CAD-CAM技术，可以不依赖金属材料而完成整体架构。设计者内藤广这样说：『我尝试对集成板材的接合部加以改善，最后终于实现了木材与木材之间的直接嵌合。』

『榫眼是部件在三维空间内的相互嵌合，二维条件下完成设计工作是非常困难的，因此借助了三维模拟软件进行设计，再将所得到的数据交给木材加工公司。』（结构设计师岗村仁，空间工学研究所主任）

通过高科技制出的传统榫眼

架构呈放射状或圆弧状。由于部件的种类非常多，工人的手工作业花费了很多的时间及成本。

内藤广说：『由于使用了CAD-CAM技术，能够比较容易地展现空间的曲线。有了能使设计数据与部件加工实现联动效应的高科技，才使得传统的榫眼手法被采纳。我们终于超越了迄今为止一直都未能超越的极限。』

1

1. 从研修所走廊看住宿楼。讲堂与两个教室由混凝土外壁包围，作为防火隔离。2. 从东侧上空俯瞰全景。（摄影：三岛叡）

2

1

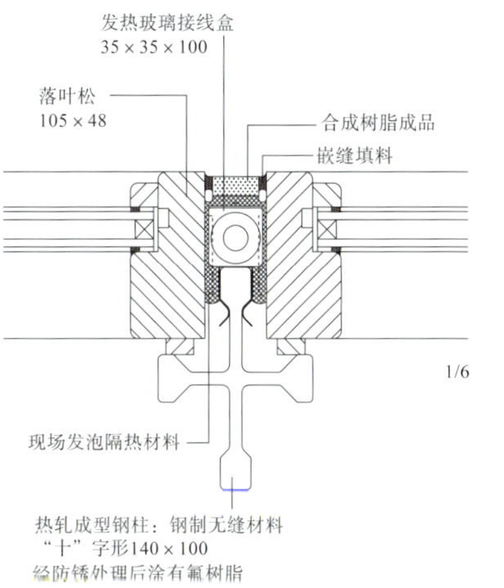

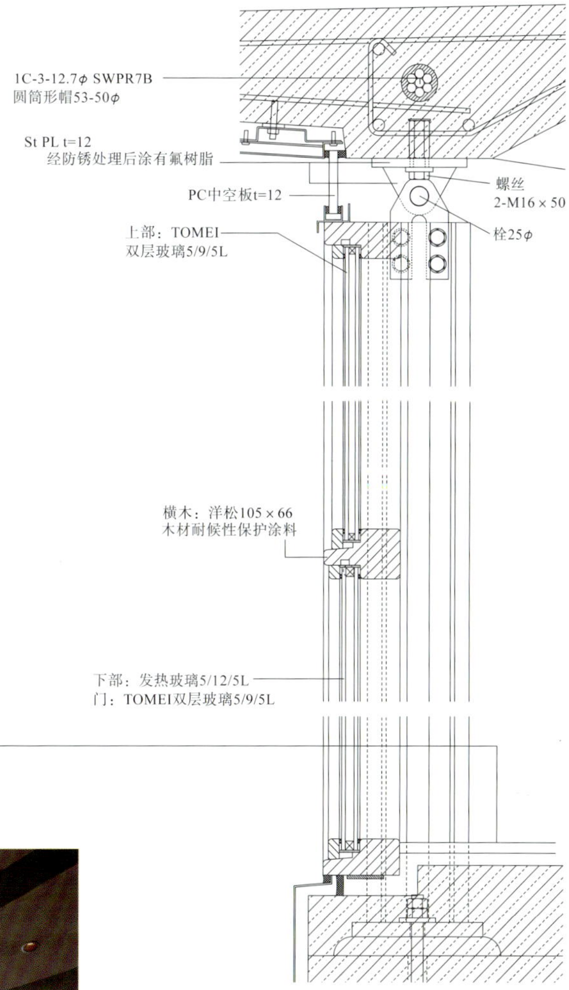

木制窗框、热轧成型钢柱详细图 1/10

1. 大厅。最大跨距为23米×13.5米，部件的长宽控制在75~100毫米范围内。混凝土墙壁内为讲堂。**2.** 中庭开口部，采用热轧成型钢作为结构材料，优点在于断面可以自由控制。制作了两种“十”字形断面。上部以栓固定，同时也是窗框的垂直承重。

清堂，位于园区最里侧，为独立建筑，用于研修中进行被称为“内省”的坐禅项目。边长11米的正方形，高约6米。为缓解放射状部件构成的压力，部件下端以水平梁固定。

设备 | EQUIPMENT

管道架设于建筑物外围

富士山在冬天时最低气温偶尔会下降到-10℃左右。如果全馆安装空调系统的话，费用会很高，因此走廊以及天花板较高的共用空间内并未安装空调设备，而只在教室及宿舍楼的个别房间安装了空调系统，并将这些空调系统所排放出的热量，用作大厅地板下及走廊的暖风。排烟窗也可用于换气，促使空气自然对流，效果不理想时还可使用换气扇。

中庭开口部，为防止结霜，采用了微电流发热玻璃。即便是在冬天最冷的时候，温度也能维持在18℃左右，玻璃表面不会结霜。

从外观看，宽大的墙壁将房顶覆盖起来。水电、气暖管道架设于墙壁外屋顶，同时也兼作进、排气通道。由于地下是熔岩，因此并没有过度向下挖掘，而是适度地进行了开发，这样也便于维护。另外，当时还研究过利用炭调节湿度的方案，但是考虑到维护成本及性能的稳定性，最终没有采纳。

水电、气暖管道架设于建筑骨架与外墙壁之间。照片拍摄时，检修口正处于打开状态。

住宿楼。由5座混凝土结构建筑组成，中间连接处设有水房，可容纳160~180人，木板为可旋转式防雨窗。

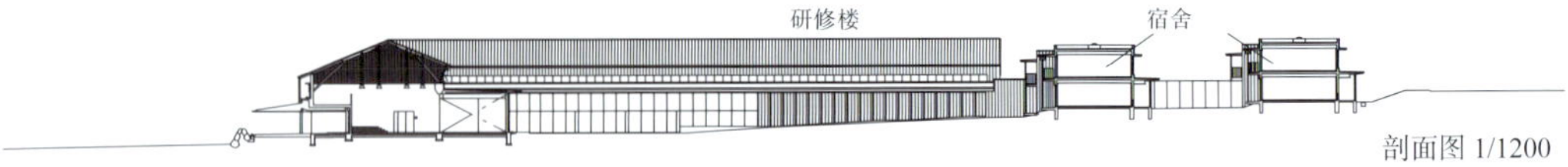

剖面图 1/1200

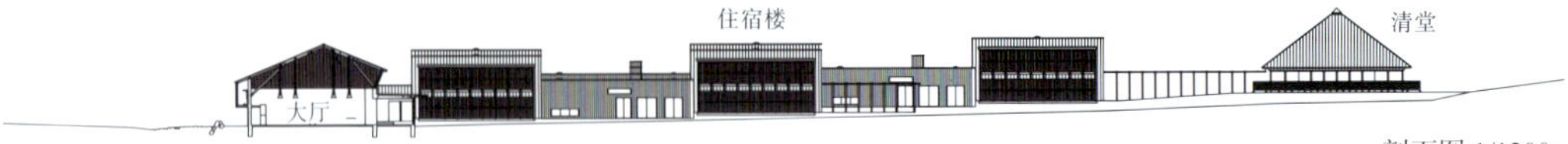

剖面图 1/1200

上图：从研修楼看住宿楼。照片右侧为清堂。设计者内藤广说：“牧野富太郎纪念馆（见78页）的设计，是从外观及整体效果出发的，而伦理研究所并不适合类似于牧野纪念馆那样动感的设计。我从事物构成的角度出发，采用了由具有统一性的几座建筑物组合构成整体的设计方案。”（内藤广）**下图**：东侧外观。“这座建筑物，由庄重的外观守护着温馨的内部空间，如同伦理研究所会员们的那种充满人性温情的内心以及有礼貌的举止。”（内藤广）

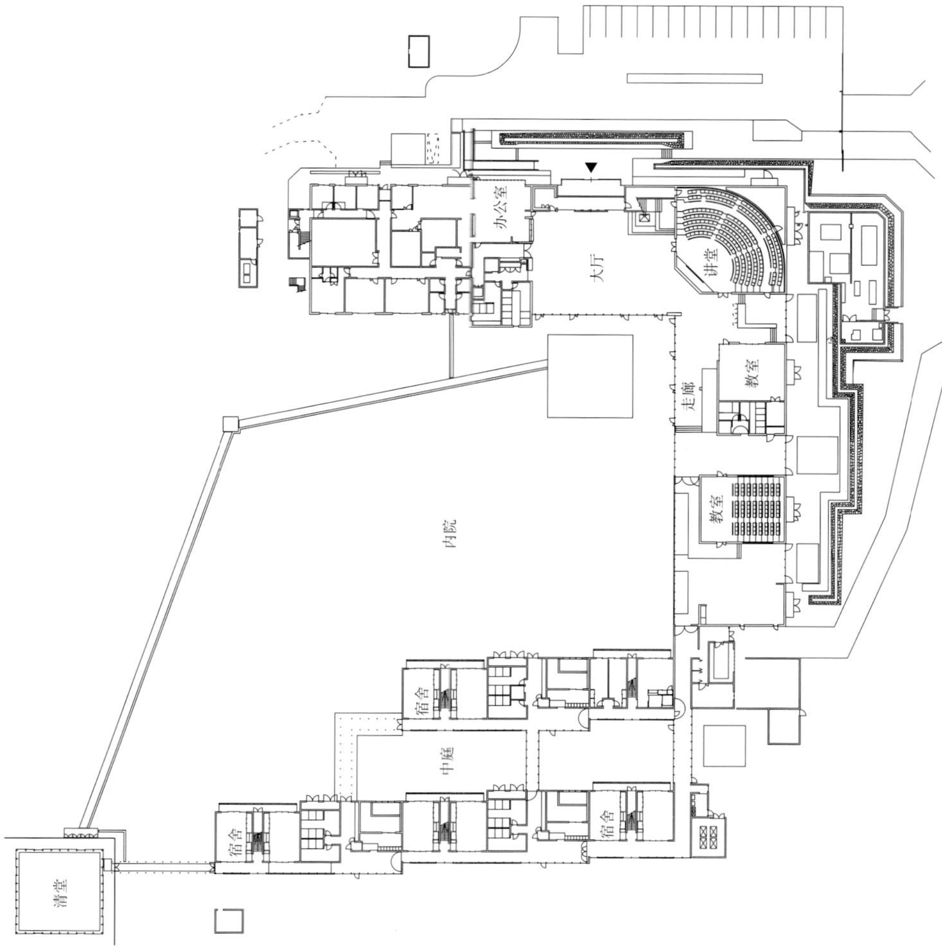

一层平面图 1/1200

建筑项目数据

所在地——静冈县御殿场市印野1383-9
主要用途——研修所
所在区域——城市化改造区
建蔽率26.61%（允许范围70%）、容积率29.61%（允许范围400%）
前方道路——南侧8.6米
停车场容量——21台
占地面积——19510.37平方米
建筑面积——5192.78平方米
使用面积——5777.19平方米
各层使用面积——一层4471.04平方米、二层1306.15平方米
结构、层数——RC结构・一部分小空间木质结构、地上二层
地基、桩基础——人工地基、桩基
层高——管理楼3.85米、宿舍楼3.0米
天花板高度——大厅天花板平均高度6.87米、宿舍2.35米
高度——最高檐高8.57米、建筑最高高度9.11米
委托方——伦理研究所
设计方——建筑：内藤广建筑设计事务所；结构：空间工学研究所；设备：明野设备研究所；指示牌：IsukeInc
监理——建筑：内藤广建筑设计事务所；结构：空间工学研究所；设备：明野设备研究所
施工方——建筑：鹿岛；设备：DAI-DAN；电气：关电工；外围：鹿岛道路；集成板材小空间架构：斋藤木材工业；热轧成型钢制作：NIKKO、新日铁光制作所、白山；教室桌椅：日本CASSINA家具（制造：户塚木材工艺）；特殊照明：Yamagiwa；发热玻璃：FIGURA
其他工程——电梯：Soundcraft；造园：岩城造园；家具：Euro Design；指示牌：寿Interior
设计期——1998年8月—1999年6月
施工期——1999年10月—2001年6月
总工程费——25亿5400万日元（建筑：21亿4000万日元；老旧建筑拆除：7600万日元；造园：9100万日元；家具、音响、备用品：1亿9500万日元；各种经费：5200万日元）

2001年

建筑作品 07

最上川故乡综合公园游客中心

山形县寒河江市

刊载于NA（2004年7月26日）

同时兼顾维护管理与景观的新月形设计

为2002年召开的第十九届全国城市绿化山形研讨会而建的、全玻璃幕墙式游客中心。（摄影：吉田诚）

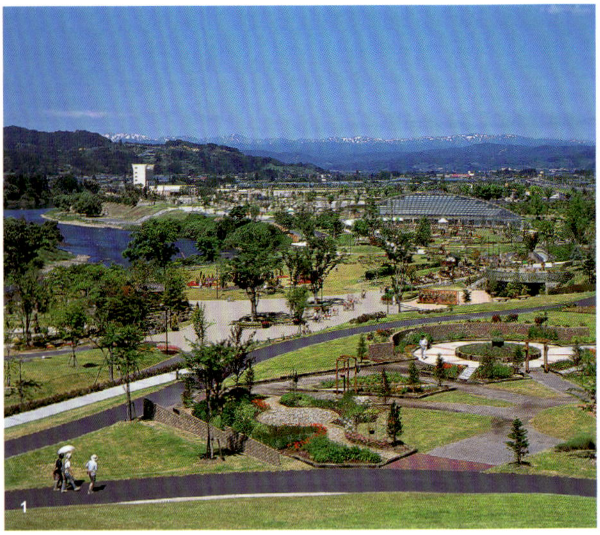

1. 从位于公园东侧的假山眺望游客中心（照片右侧）。照片左侧为最上川，里侧为朝日山脉。该公园由山形县开发，由寒河江市负责运营管理。
2. 开放式的内部空间。没有柱子，屋顶由钢筋梁、钢筋梁下方的张弦梁以及下悬拉索网共同支撑。跨距越长的地方张弦梁越开阔，整体上呈吊网结构。钢筋梁为倒梯形盒状，有露水时可兼做导流槽。

从公园东侧的假山望去，可以看到那座玻璃建筑的新月形轮廓，与远处山势平缓的月山、朝日山脉相互呼应。

并且，将那一轮新月拥入怀中的弯曲状水池，宛如近旁蜿蜒流过的最上川一般。

『在铺路等既有条件的基础上，从景观设计的角度出发，选取游客中心的位置及结构。』这座玻璃建筑的设计者内藤广这样说。

两年前（二〇〇二年），第十九届全国城市绿化山形研讨会在山形县寒河江市举行。最上川故乡综合公园为主会场之一。作为为研讨会召开而进行的公园修整工作的一环，建设了这座包括管理办公室、走廊等在内的玻璃幕墙式游客中心。

公园沿最上川而建，呈细长形，面积将近二十九公顷。内藤广接到的任务是公园游客中心的设计。但是，在游客设计中心设计开始前，内藤广先就公园的景观设计提了一些建议，包括东侧的假山、游客中心前方的水池，都是按照内藤广提出的方案建设的。

在这些调整工作完成之后，内藤广终于确定了游客中心的位置，开始着手于山形盆地的远近景设计。

追求易于管理的玻璃建筑

虽然迄今为止内藤广已经设计了非常多的建筑作品，但是还没有任何一座建筑如此大胆地运用了这么多的玻璃。提到山形盆地，人们都会联想到这里夏天的

2

酷暑难耐，冬天的大雪纷飞。在这样一个地方，是什么原因让内藤广初次挑战玻璃建筑呢？

答案有些出人意料：『山形研讨会主办方委托我将游客中心建成一座类似于温室的玻璃建筑。』

初次挑战玻璃建筑，内藤广追求的并不仅仅是单纯的由玻璃构成的空间设计。他追求的是与周围风景相协调的、在恶劣的气候条件下易于管理的、具有耐久性的玻璃建筑。

结合景观设计，在从工程学角度探讨玻璃清洁问题的基础上，他决定将屋顶设计为新月形的单坡屋顶。

竣工后的两年时间里，几乎没有清扫过玻璃屋顶，但它仍然非常干净，透过玻璃，远处连绵的山峰清晰可见。

不容易变脏的圆锥屋顶

游客中心的玻璃屋顶，基础形状为一个扁平的倒置圆锥。倒置圆锥由圆弧状的线垂直切下，构成靠近水池一侧的屋顶边缘，另一侧由椭圆形的线垂直切下构成外围屋顶边缘。

采取圆锥形状的原因，内藤广说，“是考虑到维护管理的便利性”。圆锥上截取的曲面，能使玻璃的污垢降到最低程度，并能保证玻璃接合部件的耐久性。原理很简单，从圆锥的顶点向底边引出多条直线，顶点的水由于重力作用会顺着直线流下，而不会流向旁边。

—

玻璃接合部完全平滑处理

—

玻璃的支撑材料沿着倒置圆锥的顶点向底边方向线状铺设，玻璃边框使用了密封胶，这样能够避免雪水或雨水沿着斜面向下流时受到阻隔。并且，屋顶斜面上的玻璃接缝，通过密封胶的接合，形成了一个完全平滑的面。

内藤广介绍说：“如果雪水或雨水在向下流的过程中受到阻隔，那么那里一定会积累污垢，屋顶的部件恐怕也会很快被腐蚀。为了减少维护管理的负担，保持玻璃透明，只有采用这个方法。”

“不过，玻璃框稍微有点粗。”内藤广笑着说。的确，玻璃墙面的框架非常醒目。这与最近流行的玻璃尽量大、边框尽量小、尽力营造纯粹的玻璃幕墙的建筑设计，形成了鲜明对比。

这其中隐藏着一场博弈，即在紧张的预算中如何应对严酷的气候条件。没有足够的费用为建筑物配备足够的空调暖气设备或者热反射玻璃。相比华丽的玻璃设计，内藤广追求的是使建筑物的功能保持得更为长久的设计方法。

—

功能比美观更重要

—

能够代替空调的是建筑物前方的水池。利用水的汽化热，夏天时会有凉风进入建筑物内。面临水池一侧的墙全部为开放式，后面设有一排排气窗。在反复模拟空气流向之后，确定了排气窗的位置，相对于玻璃面的美观，优先选择了功能的完善。拉门及排热窗使用的是边框较粗的铝合金门窗成品。

另外，作为密封胶断裂时防漏水、防结露的对策，钢筋梁的上部设计为可兼作导流槽的形状，解决了一般玻璃建筑所面临的难题。“坦诚地面对既有条件，从工程学角度反复探究，才能使设计工作不断向前推进。我想我解决了玻璃建筑所需要面对的雨、雪问题。”内藤广说。

没有配备能对整体空间起调节作用的冷气设备。日光照射强烈时，可打开窗户通风，拉开遮光幕。

1. 屋顶的形状为扁平圆锥表面一部分剪切而成的曲面。沿着斜面方向的密封胶边框支撑玻璃面，玻璃接合处使用密封胶，形成一个平滑的面。**2.** 玻璃屋顶倒映着天空的景色，随着阳光的强弱变化，对面连绵的山脉时而清晰可见。炎热的夏天，为了使因水的汽化热而产生的凉风进入建筑物内部，靠近水池的圆弧状墙面整面都采用了与玻璃屋顶不同的铝合金门窗。游客可以随时随处从开启的入口进入游客中心。

通过网状结构支撑大屋顶

从内部仰望玻璃屋顶，下悬拉索如同轻轻吊着的一张网。这就是能够满足玻璃屋顶建筑构想，同时也能够承受1.5米积雪重量的结构系统。

结构设计由空间工程学研究所的冈村仁担当。关于设计，他说："玻璃制的大屋顶，新月的两端脚踩大地。从景观设计角度出发的外观设计，在结构设计方面也十分合理。"

屋顶的压力，通过新月的两个拱形边缘转嫁至地面。如果能够通过拱形将水平方向的压力传导至地面，就不必在斜面设置支撑材料。这是一个适合于玻璃建筑的、简明扼要的结构形式。

—

两种张弦梁的组合

—

另外，也曾考虑过将玻璃屋顶自身建造成拥有高强度的独立面的设计。如前所述，沿着屋顶倒置圆锥的倾斜方向采用了密封胶边框。这样的话，基本的结构就是在密封胶边框下加入钢筋支撑屋顶。但是，如果采用这样的设计，"钢筋的宽度需要达到40~50毫米，这会影响玻璃屋顶的开放感。为了避免出现这种结果，最后考虑使用由细小部件组成的张弦梁减小钢筋的尺寸。"（冈村仁）

准备在钢筋下方架设张弦梁的冈村仁，注意到了一个问题——由于新月形屋顶两端部位与中央部位跨距相差较大，需要在跨距较长的部位使用较长的张弦梁，而跨距较短的部位则使用较短的张弦梁。屋顶下方架设的张弦梁的轮廓，呈凸出状。冈村说："再加上倾斜的拉索，变成一个网状结构，不是更有意思吗？"

架设两种张弦梁后，钢筋的宽度只需要20毫米即可。并且，倾斜交错的拉索将压力向水平方向传导，支撑新月形屋顶拱形边缘的钢管也可以合理地变细一些。

三组张弦梁的交叉接头为模制件，分三部分制作，安装于张弦梁上，以螺栓固定。

夜景。可以清楚地看到玻璃屋顶的曲面。

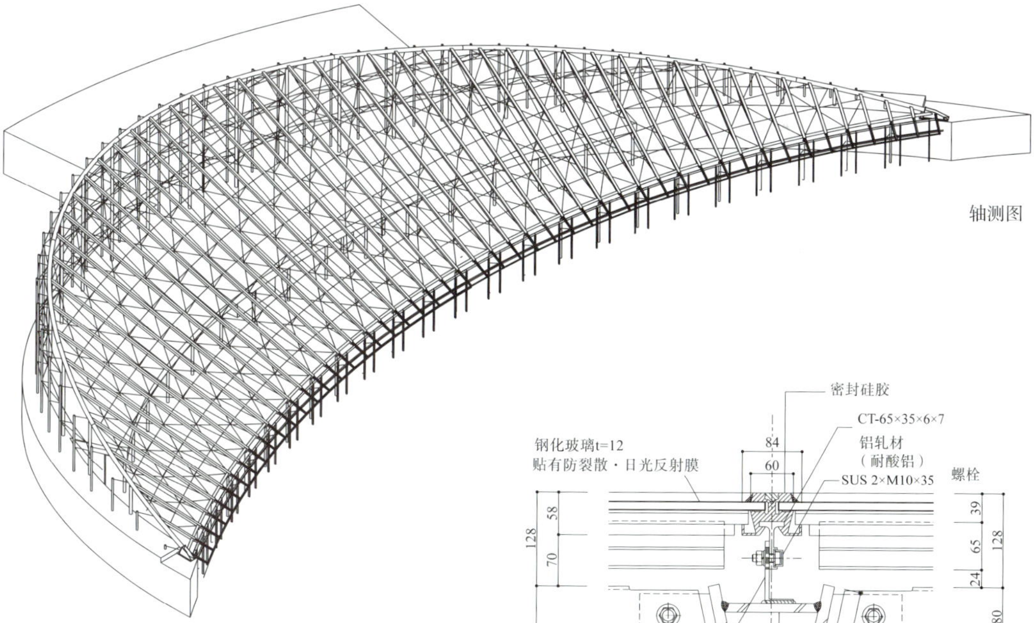

轴测图

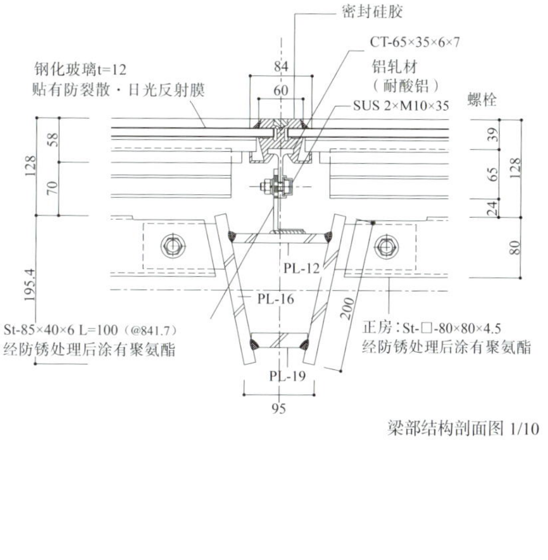

梁部结构剖面图 1/10

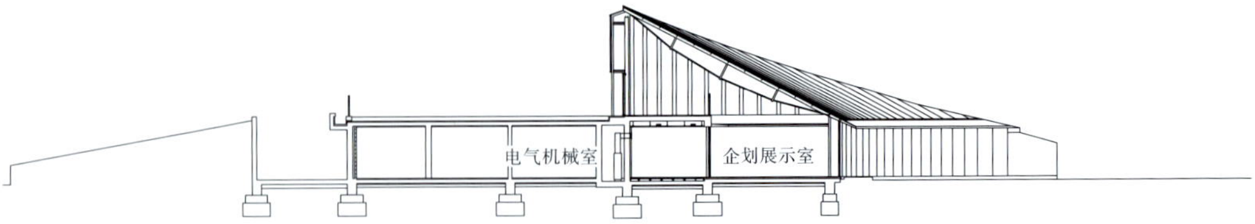

剖面图 1/700

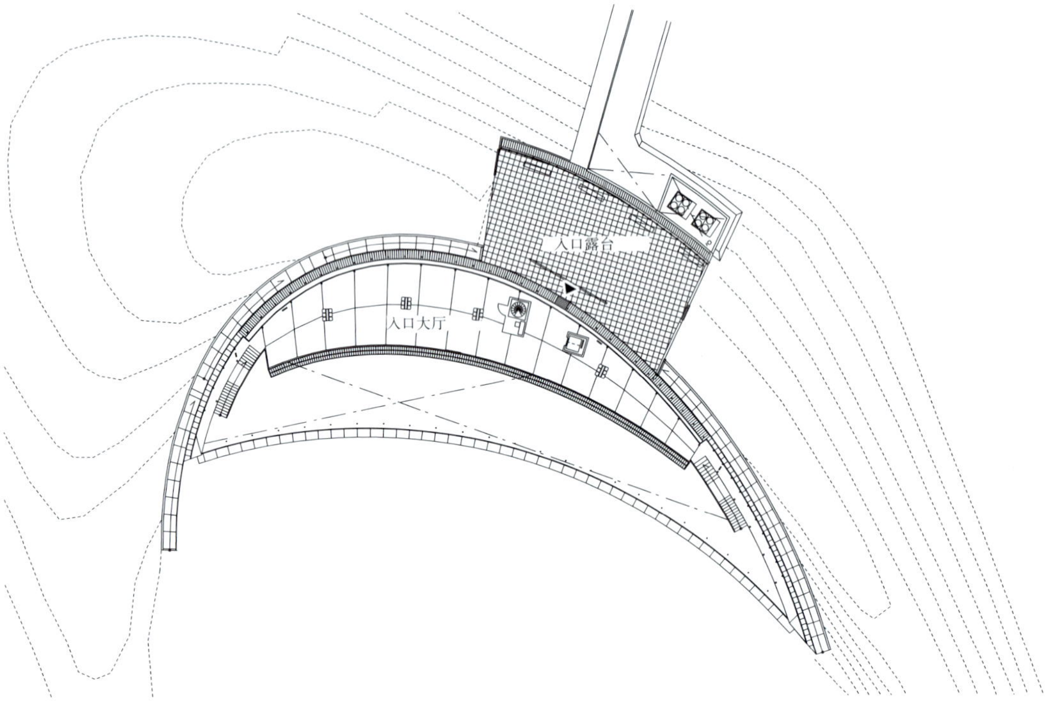

二层平面图 1/700

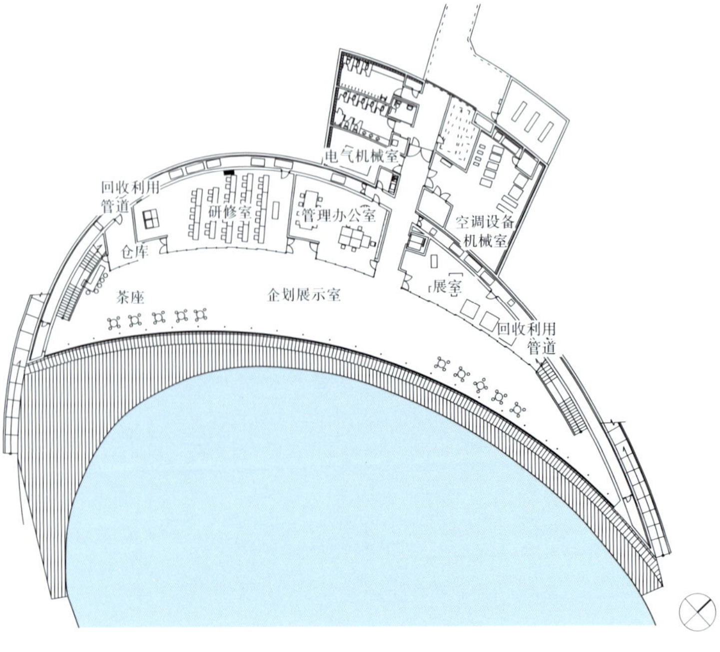

一层平面图 1/700

上图：西侧土地较多，二层有入口。模拟空气流向后设置的排烟窗整齐排列在玻璃幕墙上。**下图**：远景。

建筑项目数据

所在地——山形县寒河江市寒河江山西1269
所在区域——城市规划区外、城市公园
建蔽率1.49%、
容积率1.76%
占地面积——87900平方米（公园面积为28.9公顷）
建筑面积——1312.82平方米
使用面积——1546.50平方米
结构、层数——RC结构・钢结构、地上二层
各层使用面积——一层1144.95平方米、二层401.65平方米
地基、桩基础——无筋混凝土、天然地基
高度——最高檐高11.232米、建筑最高11.232米
层高——一层层高3.2米、天花板高2.6米
主跨距——最大跨距17.0米
委托方——山形县
设计方——建筑：内藤广建筑设计事务所
设计协同——公园整体修整：堀繁・东京大学亚洲生物资源环境研究中心教授；结构：空间工学研究所；设备：乡设计研究所；温度热量模拟：松下环境空调工程
监理——内藤广建筑设计事务所、山形县土木部营缮科
设备监理——明野设备研究所
施工方——升山建设
施工协同——空调・卫生：山形企业；电气・通信：谷地电工；成形，框架：柴田建设；钢筋：管铁筋工业；金属器材制作：多田钢业；幕墙：松下环境空调工程、北星胶工业、富国工业、岸田；钢结构：住友金属工业、田岛工业、宫地建设工业、神钢钢线工业、今泉铸造铁工所
设计期——2000年2—2000年8月
施工期——2000年10月—2001年12月
总工程费——6亿2120万日元
工程费构成——建筑：4亿8700万日元；机械设备：8140万日元；电气：5280万日元

2002年

建筑作品
08

东京知弘美术馆

东京都练马区

刊载于NA（2002年10月28日）

从东侧道路看过去。重建时保留了园区内原有的三棵榉树。
内藤广说：“安云野知弘博物馆的设计，景观是主题，而这一次，‘时间’是主题”。
东侧内院新建了D栋（照片左侧），虽然空间比以前小，但是两座建筑物前方呈“八”字形的道路，
反而使这里更具空间感。（摄影：吉田诚）

传递旧馆记忆的分栋布局

乍一看去，美术馆的布局有点像随意散落的碎纸片。看到设计图，有人会怀疑，『这真的是内藤广的设计吗？』但实地考察一番之后会发现，这是一个充满了内藤广特有的温暖质感的空间。

二〇〇二年九月七日，位于东京石神井、主要展示绘本画家岩崎知弘作品的『东京知弘美术馆』开馆运营。在一九九七年开始阶段性建设的旧馆基础上进行了重建。继安云野知弘美术馆（见四十八页）之后，本次设计工作，仍由内藤广担当。

保留了迷宫一样的氛围

安云野美术馆采用的是并排小房屋的建筑布局设计。为什么这一次却采用了分栋布局呢？内藤广说：『一开始的一年时间内，一直都向着保留原有建筑物的方向进行设计。原有建筑物进行了多次扩建，虽然空间拥挤，但是随着时间的积累反而拥有一种特别的味道。但是，如果仅是改建，就

1. 从南侧上空俯瞰。位于新青梅街道（照片右侧）沿线住宅区之中。不规则形状的场地四角分别布局A、B、C、D座，通过回廊连接。（摄影：三岛叡）**2.** 从二层大厅俯视多功能厅。二层以上的外墙，采用表层涂有氟树脂的不锈钢板（t=0.4）。让人联想起一般市民住宅区的镀锌板房顶，产生一种亲切感。内藤广说：“由于这里的地基不是很好，为了减轻外墙重量，所以使用了钢板。”

有很多功能方面的问题得不到解决，最后还是决定重建。但仍想保留以前的迷宫一样的氛围，因此采取了分栋布局。』

新美术馆包括四栋二三层小楼，相互之间通过玻璃回廊连接。在连接道路的东侧以及美术馆纵深的西侧分别设置了小小的内院。东侧内院里保留了从前的三棵榉树。虽然建筑物的形状及颜色发生了变化，但是位置及庭院的氛围与重建之前仍然相似。东侧的两座建筑在面向道路的方向呈『八』字形布局。结构方面，承重墙设在外围，内院一侧的一层部分尽量设为开口部。通过这样思虑周密的设计，可以在较小的庭院内给人一种宽敞的印象。

内藤广说：『当时也探讨过在庭院正中央只建一栋建筑的方案，考虑到怎样才能与人们的回忆产生关联，于是自然而然地采取了分栋的布局。说不定能够比以前更为轻松地进行建筑设计了。』对于钟情于『素空间』的内藤广来说，从这座美术馆，我们或许能够窥探到他的新的一面。

1. 从二层走廊透过玻璃看西侧内院。由左侧C座及右侧B座围成的外部空间，被命名为“知弘的院子”，再现了知弘生前庭院里的样子。1977年开馆时这里曾是从庭院西侧（照片左侧）通向里侧的路线。**2.** 从入口处看茶座区。清水混凝土墙表面留有杉木纹路。地板是重复利用了100年以前的美国建筑中使用过的枹栎木旧材料。同一楼层的地板表面没有高度差。**3.** 从一层大厅看东侧的露天平台（茶座）。面向内院一侧的开口部的十字截面钢柱为热轧成型钢材，只承受轴力。

1. B座一层展室1，为知弘作品常设展室。天花板上的托梁直接外露。平面接近于三角形。在此美术馆内，没有一个展室是正方形的。**2.** C座展室3，再现了知弘曾经的工作室，北侧是“知弘的院子”。

为了实现无障碍化，决定重建

松本由理子（东京知弘美术馆副馆长）

知弘美术馆建于知弘去世后的第三年即1977年，位于知弘故居一角（设计：早川洋-冈村建筑设计事务所）。使用面积仅有180平方米。之后，虽然经过两次扩建，建成了包括半地下室在内的三层建筑，但各座建筑物地板高低不一。作为知弘绘画创作之所长达22年的时间，考虑到这个地方的重要性，同时也为了实现无障碍化和增加多功能厅，开始了本次重建计划。

内藤广先生比我们更加钟情于保留原建筑物的改扩建方案。他希望在满足时代发展要求的同时，保留对过去的回忆。但是，仅仅改扩建无论如何都无法彻底实现无障碍化。因此，最后还是决定全面重建。

对于内藤广先生提出的分栋方案，以及“利用原先布局，勾起人们回忆”的提案，运营管理层一致表示同意。面对包括山田洋次（财团法人·岩崎知弘纪念事业团理事长）、黑柳彻子（东京知弘美术馆馆长）、松本猛（知弘之子，时任安云野知弘美术馆馆长）在内的各个委托方，在严峻的既有条件基础之上，内藤广先生仍然为我们设计了一个具有内藤广特色的惬意的建筑物。

参观者经常会说“好像是被树木包围着”，我们听了也很欣慰。混凝土墙表面的杉木纹路以及地板使用的旧木材，给人一种新建筑所没有的温暖感。开馆后大约1个月内，约有1.4万人来参观。虽然每天参观人数达800人，但总体上参观者的满意度很高。在展室参观累了，可以去内院，或者去茶座休息，度过一段悠闲的时光。

重建之前的美术馆（馆内西侧）（摄影：东京知弘美术馆）

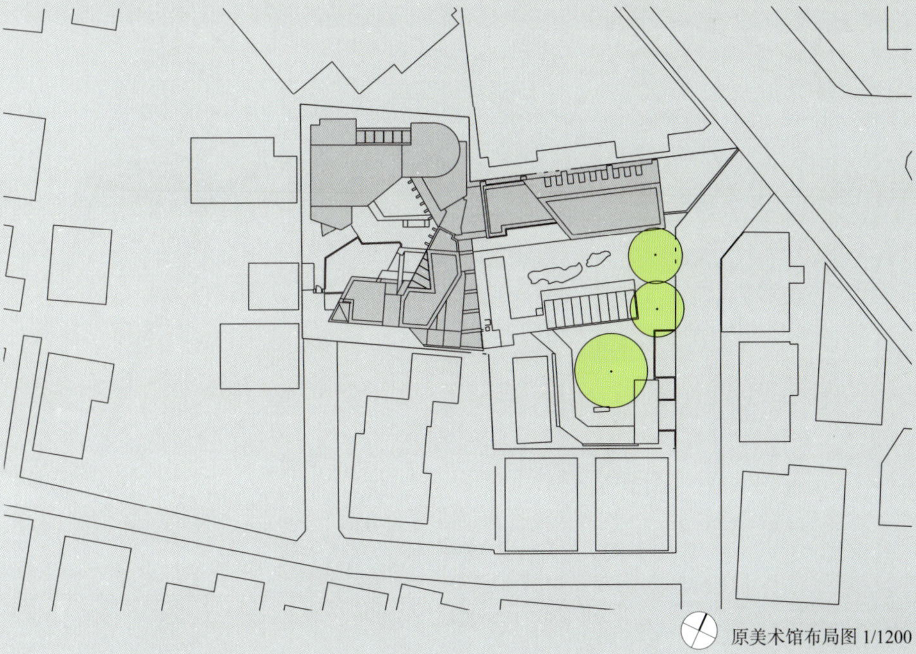

原美术馆布局图 1/1200

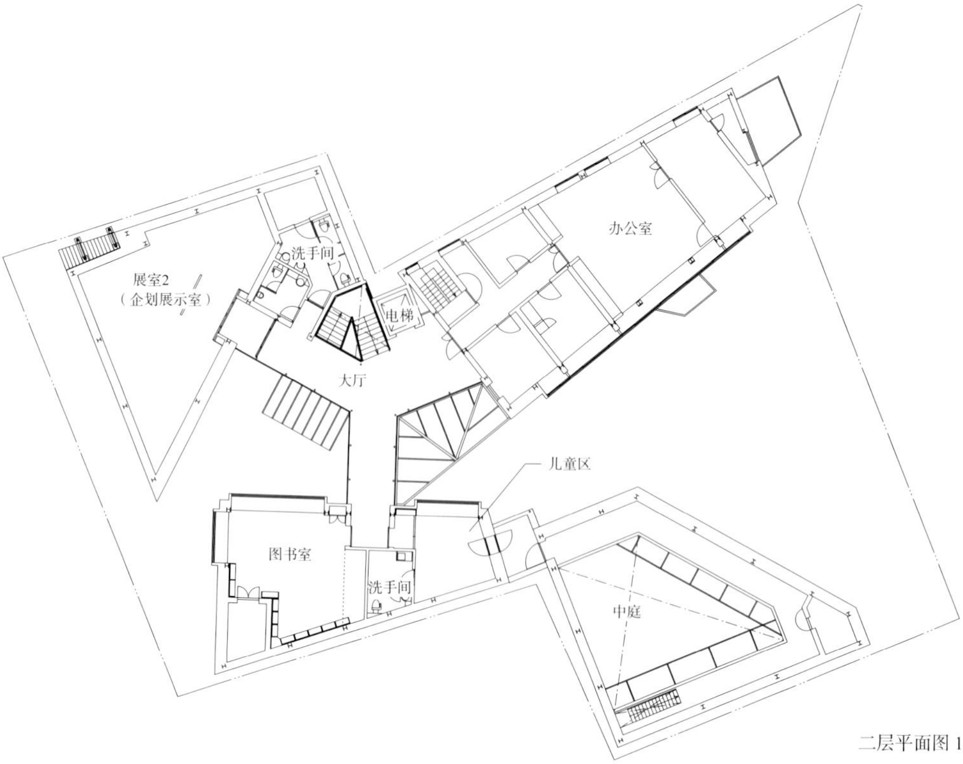

二层平面图 1/500

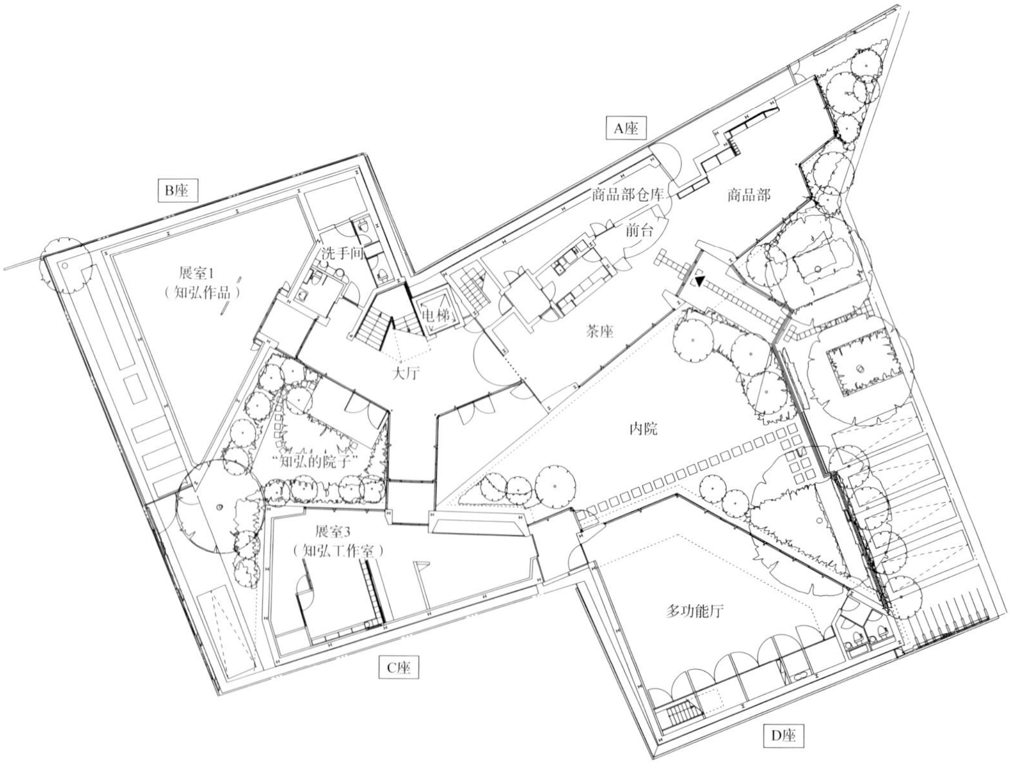

一层平面图 1/500

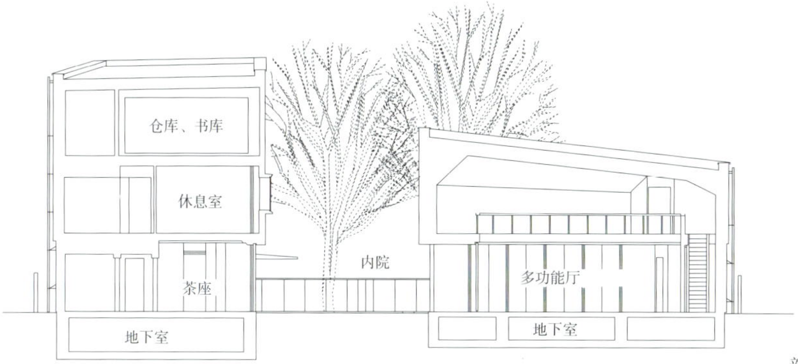

剖面图 1/300

建筑项目数据

所在地——东京都练马区下石神井4-7-2

主要用途——美术馆

所在区域——第一类低层住宅专用区域、第二类住宅区域

建蔽率51.76%（允许范围：55.42%）、容积率112.43%（允许范围：208.37%）

前方道路——东侧6米、西侧4米

停车场容量——4台

占地面积——1154.51平方米

建筑面积——551.04平方米

使用面积——1298.07平方米

各层面积——一层540.16平方米、二层513.78平方米、三层244.13平方米

结构、层数——S结构・一部分SRC结构、地上三层

地基、桩基础——天然地基

高度——最高9.95米（第二类住宅区域）

层高、天花板高——层高3.075米（一、二层）、层高3.155米（二、三层）、天花板高2.7米（主要展室）

委托方——财团法人岩崎知弘纪念事业团

设计、监理——建筑：内藤广建筑设计事务所；结构：空间工学研究所；设备：明野设备研究所

施工方——建筑：户田建设；空调・卫生・机械：共荣冷机工业；电气：弘电社

设计期——2000年10月—2001年7月

施工期——2001年9月—2002年6月

上图：D座多功能厅，用于主题展览、演讲。从展室能够直接看到内院的景色。座椅由建筑家中村好文设计。**下图**：楼梯间。一层为SRC结构，二、三层为S结构。一层主承重墙设于外围，面向内院的一侧尽量设为开口部。

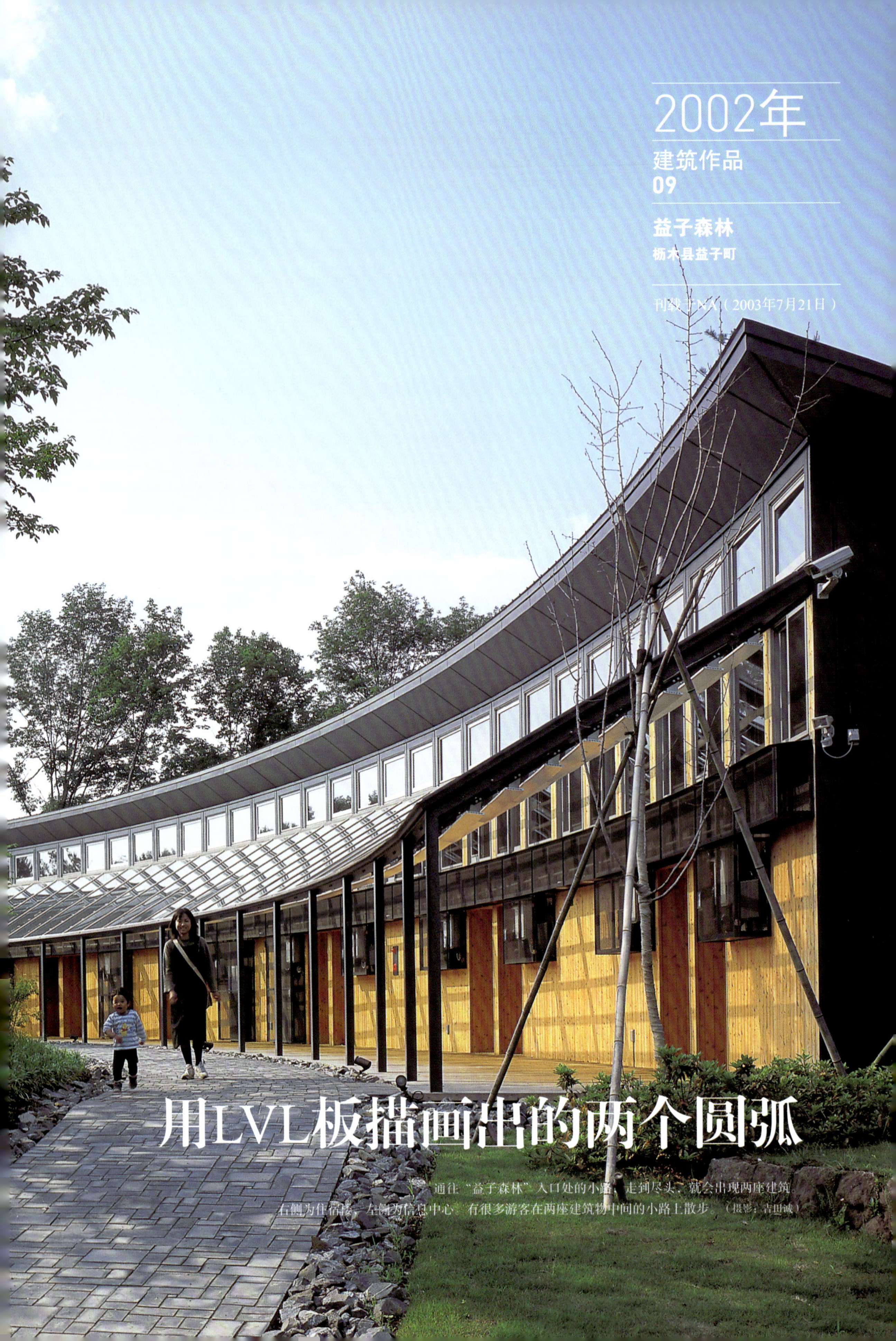

2002年

建筑作品
09

益子森林
栃木县益子町

刊载于NA（2003年7月21日）

用LVL板描画出的两个圆弧

通往"益子森林"入口处的小路，走到尽头，就会出现两座建筑。右侧为住宿楼，左侧为信息中心。有很多游客在两座建筑物中间的小路上散步。（摄影：吉田诚）

偶然到访的人，一定不知道这是一座住宿楼。它静静地伫立在县立自然公园『益子森林』的一角，宛若两段圆弧的平顶建筑，中间设有住宿设施、餐厅、信息中心。

它共有十间客室，从外观上看类似于独立的日式旅馆，而内部则是设计有阁楼的西洋风格，非常简洁。

这座建筑反映出了益子町町长（时任）平野和良的想法。『为热衷于陶瓷器的人或者想采购陶瓷器具的女性游客，以合理的价格提供简便的服务。』

如果建造住宿设施的话，难免对当地的旅馆产生影响。对此，平野町长说：『不存在竞争。其他旅馆的主营业务是宴会招待，我们想开发不需要这些服务的新型客户群。』

除此之外，町长还面临其他的挑战。来益子森林开餐厅的是在宇都宫市非常有名的法国料理店。这是益子在餐饮领域的一个突破。

另外，住宿设施的运营委托给了当地的NPO（非营利性机构）。他们将会毫无保留地向公众传达运营『益子森林』的经验。町长说：『建设公共建筑时，最重要的是建立它与普通民众的关联。』

采用了LVL木纹板

平野町长亲自指定由内藤广建筑事务所担当设计。他说：『我认为擅长木质结构设计的内藤广先生的建筑，非常适合这里的地形。』内藤广对町长的印象是『一个把切诺基作为公用车的人』。在了解到町长想要提供简便的住宿服务的想法之后，内藤广主要利用杉木LVL木纹板完成了建筑设计。内藤广说：『町长除了提出木质结构的要求外，其他的一切都交给了我处理。』

平野町长在二十世纪三十年代中期，于东京运营一家建筑设计事务所。以前父亲曾担任町长，那时他认为『那样的世界非常不适合自己』。然而，一九九四年，在他返回家乡、继承家族林木企业之后，提出『给益子的行政管理带来新风』的口号，进入年轻一辈领导团体，当选为町长。

『给致力于建筑的人，提供一个平台。』曾经从事过建筑设计工作的平野町长，认为建筑物不应该只是一个盒装物，而应富有生气。在思考理想状态的同时也亲自参与了建筑设施的制作，他笑着说道：『我乐此不疲。』为建筑家提供施展才华的平台，同时也考虑普通民众的接受程度，可以说他是一个富有创新精神的『守护人』。

在乘坐出租车到达益子车站附近时，司机告诉我，『这里是町长的家』。大门深处，是明治时代建造的木结构房屋。在这里长大的町长说：『这是当时的现代主义住宅。』我向司机询问町长是一个什么样的人，他说：『是一个平易近人、非常好的人。』

回廊。右侧为客房。玻璃屋檐上安装的白色天窗能够起到反射板的作用，将阳光从阁楼窗户反射进房间内。

俯视信息中心的屋顶。这里也是整座建筑的入口。
屋顶使用了镀锌钢板。
屋顶材料下方，填入了现场发泡的聚氨酯泡沫橡胶作为隔热材料

1. 信息中心内的休息室。整座建筑的墙壁及天花板使用的是组合式LVL板，此处天花板设计为折板结构。2. 法国料理店“LisBLanc”。在宇都宫市经营“Auberge”的音羽和纪料理师，利用益子周边的食材开设了“LisBLanc”作为“Auberge”的姊妹店。3. 客房。阳光通过回廊的反射板从南侧阁楼洒下来。北侧为树林。4. 傍晚时分信息中心的天花板。5. 从西侧俯瞰整座建筑。

4

1

5

设计者之声 | VOICE

利用场地自身的力量

内藤广

本次最大的挑战是装配工程。工厂制作好用于组装房顶及墙壁的杉木LVL板之后，在现场进行组装。在确定屋顶的形状时，反复研究了圆锥的组合，但是最后还是采取了简洁的设计。

建筑所在位置，是有着倾斜缓坡的复杂地形，但是我并未强硬地进行整改。虽然普遍认为"建筑应该被严格地规划"，但从1992年的"海洋博物馆"以来，我坚持认为应该利用、发挥建筑自身的力量。我想让人们知道，即便建筑建成后并不醒目，但是如果与周围的环境非常协调，仍然可以称得上是非常好的建筑。

信息中心屋顶的组合部件正在进行现场组装。负责结构设计的空间工程学研究所的冈村仁说："木质板材采用了折板结构，强化了其性能，支撑折板结构的是细且坚硬的钢管桁架。"（摄影：内藤广建筑设计事务所）

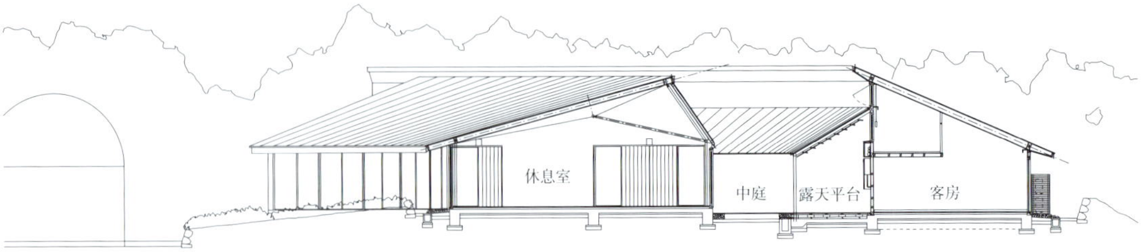

剖面图 1/300

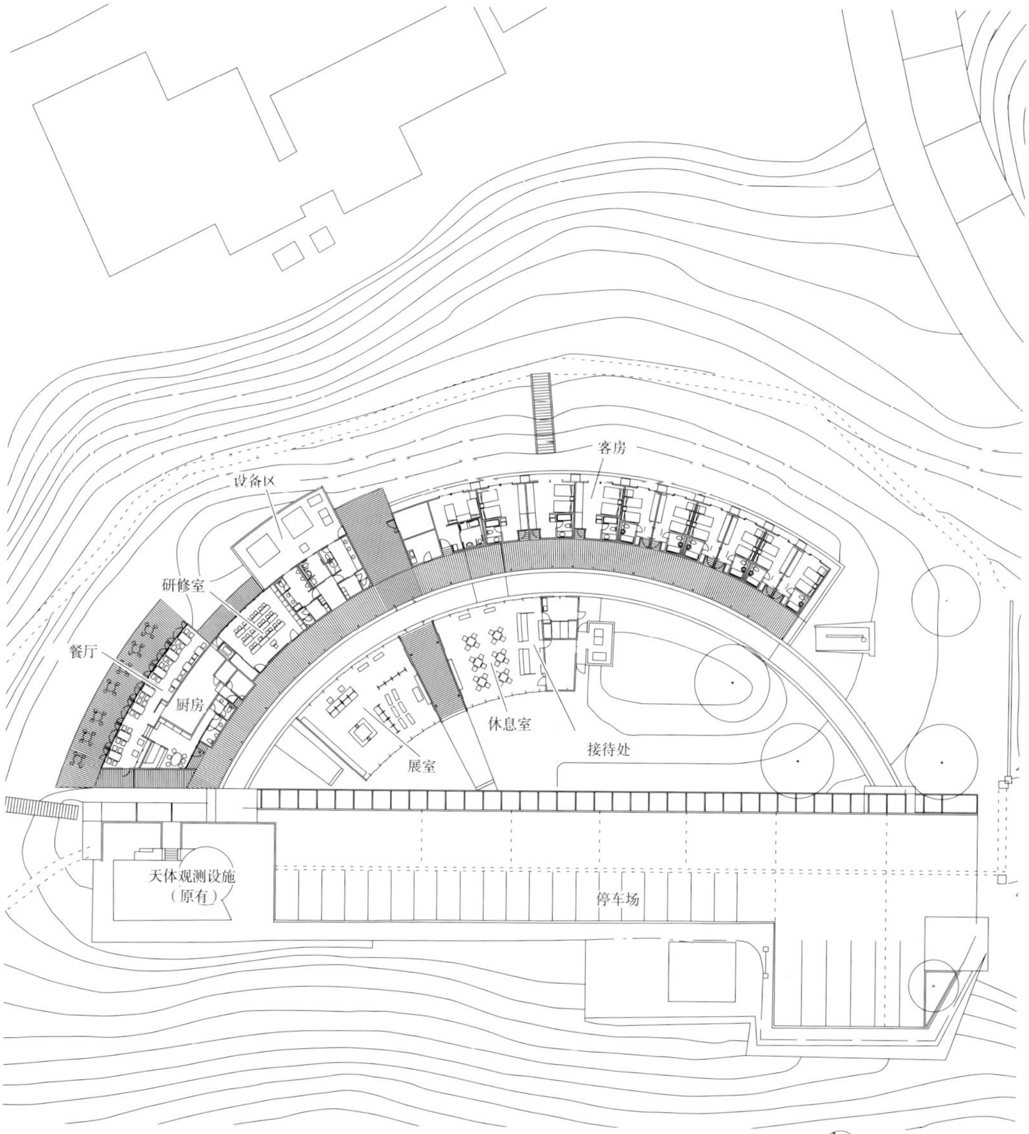

平面布局图 1/800

建筑项目数据

所在地——栃木县芳贺郡益子町大字益子4231

主要用途——步行街信息设施、餐厅、住宿设施

所在区域——城市规划区外

建蔽率25.79%（允许范围：70%）、容积率23.71%（允许范围：400%）

前方道路——东侧6米

停车场容量——20台

占地面积——4073平方米

建筑面积——1050平方米

使用面积——966平方米

各层面积——一层911平方米、二层54平方米

结构、层数——木质结构・S结构、地上二层

地基——天然地基

高度——最高高度5.53米、檐高4.89米

天花板高——展室最高高度4.62米、研修室最高高度4.52米、客房最高高度3.7米

委托方——益子町

设计方——建筑：内藤广建筑设计事务所；结构：空间工学研究所；设备：明野设备研究所；展示：内藤广建筑设计事务所；设计协同：南云设计事务所

监理——内藤广建筑设计事务所

施工方——建筑：石塚土建；设备：岩原产业；电气：明洸电设；展示：丹青社；外部陶板：藤原陶房；LVL板材：斋藤木材工业；板材隔热：KINGRUN；采光天窗：三和Shutter；木质隔板：Ars；固定家具：安藤家具制作所；家具：ERUODesign；电梯：映像System

设计期——2000年1月—2001年3月

施工期——2001年7月—2002年3月

总工程费——约4亿日元

2003年

建筑作品
10

港未来线马车道站

横滨市中区

刊载于NA（2004年3月8日）

史无前例的砖砌结构地铁站

地下二层的检票厅，是一个半径约24米、高约12米的别具一格的、具有象征性的中庭。正对面的墙壁，由明治时代的古砖砌成。（摄影：寺尾丰）

二〇〇四年二月一日开通运行的横滨市港未来二十一线（通称『港未来线』），以其空前的设计，引起了广泛的探讨。地下空间内建有中庭，空间设计起用了知名设计师。对于此次担当设计的伊东丰雄、早川邦彦、内藤广诸位设计师来说，都是初次接受土木工程项目。

关于设计方针，包括三人在内的设计委员会从一九九三年六月开始经过长达一年时间的研究，在地铁站建筑特有的体制下，实现了崭新的设计。

全长四点一千米的路线，在横滨新市中心『港未来地区』设置两站，在横滨开港以来的原市中心区域设置三站。开通运营后半个月内，平均乘降客数量（检票机通过人数）为平日十五万人以上，休息日十九万人以上，多于当初预计的十三万七千人。

墙壁一面由砖砌而成

内藤广担任设计的马车道

1. 地下二层东侧大厅。左手边的墙面上展示了原横滨银行的保险柜门、手动印刷机。**2.** 地下三层站台。一般而言地铁站的钢柱都会用某种装饰材料包裹上，但这里只是简单涂抹成红褐色。透明亚克力座椅也是由内藤广设计的。通过照片看不出柱子上设置的百叶窗轨道设计也别有韵味。

站，从车站到中央大厅，墙面一律由砖砌而成。站台近旁就是地铁列车通过的地方，而对面一整面墙壁全都用砖砌成，这样的地铁站从未有过。

当初设计时，游览过很多地方的地下空间的内藤广注意到了一个问题。『无论在哪个地下空间内，都尽量不让人们以为是在地下。』对此，内藤广决定在保持与外部关联性的同时把地下空间设计得像一个地下空间。最初他考虑过将地铁站的混凝土结构保持原样，但他明白地铁站需要一个能够防漏水的墙壁，『如果要保持原汁原味，那么只有使用砖了』。马车道站周边被保留下来的近代建筑有很多砖瓦设计。

与地铁站周边的规划改造相互呼应的马车道站的地下空间，在五个地铁站之中是容积最大的。检票处有宏大的中庭，中庭上方为由GRC板段状组合而成的穹顶，展现出了与该地区玄关口相匹配的风格。两侧的两座中庭，沿着砖砌墙，展示了已经拆除的原横滨银行总行的保险柜门、手动印刷机以及巨大的浮雕，再现了消失的近代建筑的断片，营造出了一种地下遗迹的氛围。

砖砌墙上有很多空白空间。内藤广说：『在横滨市，近代建筑很受重视，但是实际上绝大多数建筑都被拆除了。哪怕是其中的一些碎片，也应该被保留并展示出来。所以留出了这些空间。』

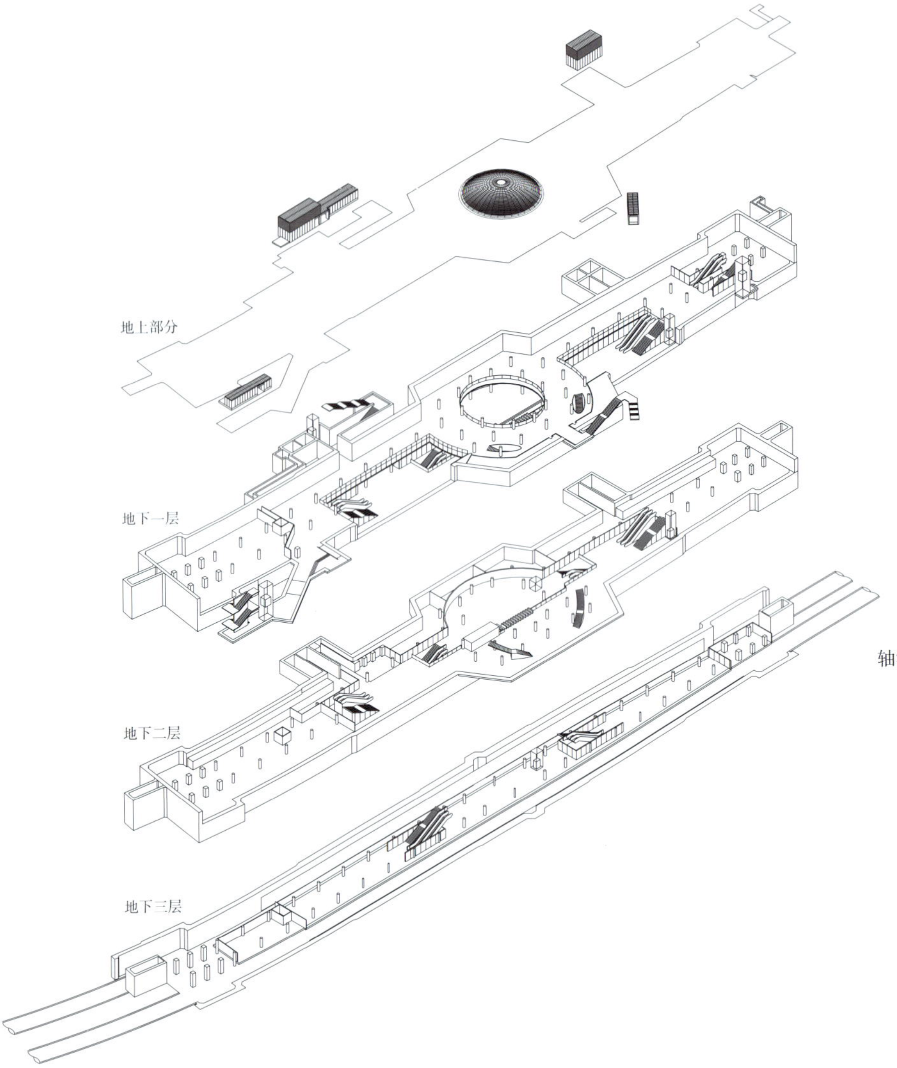

轴测图

1. 检票厅俯视图。为了与砖色相协调，电梯也被涂成红褐色。**2.** 地铁站入口。（摄影：内藤广建筑设计事务所）

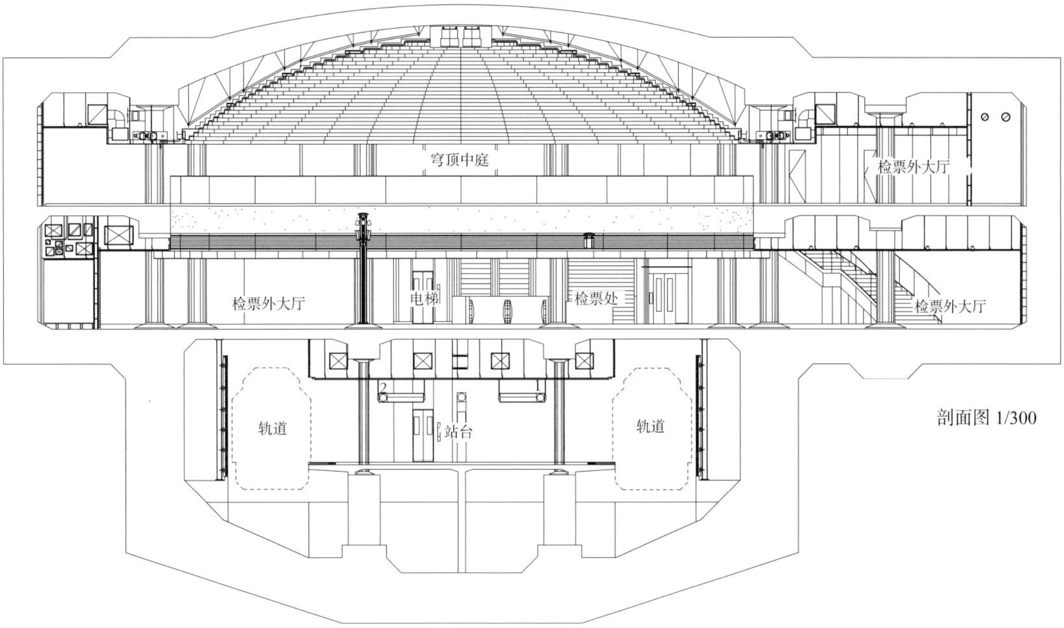

剖面图 1/300

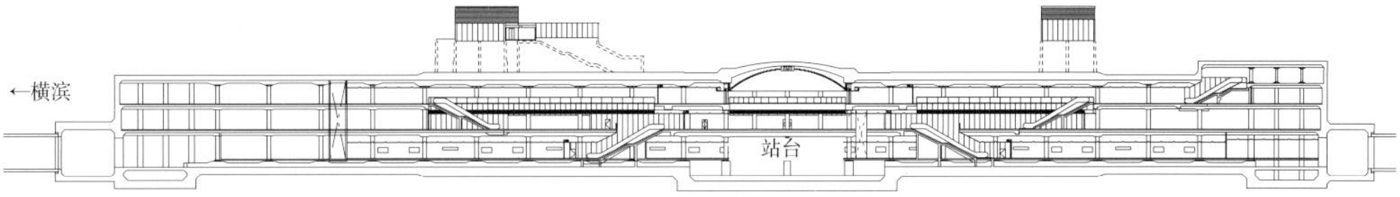

剖面图 1/2500

建筑项目数据

所在地——横滨市中区本町5-49附近
所在区域——商业区、防火区、第七类高度地区
建蔽率3.06%（允许范围：80%）、
容积率143.80%（允许范围：800%）
占地面积——7171.57平方米
建筑面积——219.66平方米
使用面积——10312.82平方米（申请面积）
13625.97平方米（包括未申请面积）
结构、层数——RC结构・一部分S结构、地下三层・地上一层
设计方——铁路建设运输设施整备支援机构
内藤广建筑设计事务所
设计监理——内藤广建筑设计事务所
设计协同——结构：空间工学研究所；给排水・卫生：明野设备研究所；电路・通信：铁路建设运输设施整备支援机构；空调・电梯：铁路建设运输设施整备支援机构；指示牌：黎设计综合计划研究所
施工方——Hazama・五洋建设・RINKAI日产建设JV
施工协同——空调：大金・朝日工业社JV
卫生：芝工业
电气・通信：新生Technos
总工程费——37亿5000万日元
工程费构成——建筑22亿8000万日元、
附带设备14亿7000万日元

2005年

建筑作品
11

春日温泉·雅乐俱酒店配楼

富山市

刊载于NA（2006年9月11日）

PCa预制混凝土构件垒砌而成的“特殊空间”

从南侧看前厅。深色阴影部分为PCa构件，既是混凝土的模子，也是外装修。
一层中部内侧为服务台，二层为客用图书馆。
前厅摆设的一系列布艺沙发以及云朵状茶几均源于内藤广建筑设计事务所的设计。（摄影：吉田诚）

春日温泉·雅乐俱酒店位于富山县中部、神通峡谷春日温泉一角，是一座紧邻河畔的治愈系酒店。

其配楼于二〇〇五年十一月开业。六年前已经开业运营的主馆原为企业疗养设施，实业家石崎由则购得后，将之彻底改建。他对负责设计主馆内美术馆及茶室的建筑家内藤广十分钦佩，因此将ANNEX配楼的设计也委托给了内藤广。

通过垒砌结构营造有力度的空间

配楼由服务台及前厅、八间各具风格的客房、日式怀石料理餐厅、多功能厅、香氛室、SPA室等组成，地下一层，地上二层。现代艺术作品在馆内随处可见，在以客人为中心的空间内，任意一个地方，都能够眺望雄伟奔腾的神通川。

技术方面的看点当属前厅及楼梯间。正对着河流的前厅，是一个高六点六米、开口部十二米

1. 酒店甬道一侧外观。顶棚下的红色大门为酒店入口。接受特别委托，外墙设计为风格柔和的白色条纹状墙面。右侧与原有的主馆相连。**2.** 进入前厅，透过厚重氛围的前厅，神通峡谷引人入胜的自然景色映入眼帘。柱子中间，为木制窗框、双层玻璃。**3.** 直面神通川的前厅外的露台。没有设置会阻挡视线的围栏，而是用一个水盘，作为建筑物与河流的分界。

的巨大空间。对于如何设计这个可以说是酒店门面的前厅，内藤广与担任结构设计的冈村仁（空间工程学研究所主任）进行了反复探讨。为了能够达到『让任何一个来到这里的人都觉得无可挑剔』的效果，他们最终采用了垒砌结构。由每块重达一两吨的预制混凝土构件（PCa），垒砌约六米至十四米高，构建出了一个独一无二的、强有力的空间。

庞杂的设计工作以及成本调整

石崎所追求的『此处独有的空间』，并不仅限于前厅及楼梯间。主要负责设计及工地监理的内藤广建筑设计事务所副所长川村宣元（时任）说：『我们分几个阶段，将空间的魅力逐步展现了出来。』

比如从前厅的厚重氛围直接转换为客房走廊的全白空间、与露天浴池组合为一体的充满开放感的香氛SPA室、各具特点的客房等，设计细节无所不在。当然，

1. 回廊与客房之间走道上的中庭里，陈列着现代作家的艺术作品。照片中为陶艺家内田钢一的作品。**2.** 以“木”为主题的一层客房。面积约150平方米，宽敞的空间内设有起居室、日式房间、露天浴池等。**3.** 以“土”为主题的一层客房。在狭长的榻榻米空间内，设置了几种不同风格的推拉门。客房整个房间都面朝神通川。**4.** PCa预制件环绕的楼梯间，从地下一层直达屋顶天台。富于变化的自然光线，透过柱子中间镶嵌的玻璃洒进来。

相应的工作量非常庞杂，在施工过程中仍然需要不断探讨。

更为困难的是成本的调整。石崎作为建筑家，对建筑工程的实际价格了如指掌，对预算进行了非常严苛的设定。内藤与川村两人都说：『这次学到了非常多的东西。』

探寻PCa的发展方向

关于本次的设计，内藤广说：『在二十世纪九十年代以来的诸多公共建筑中，这次久违地从正面回应了委托方的要求。与其说是酒店，不如说它更像是石崎先生个人的、一个招待客人的大房子。』

另外，对于初次尝试的PCa构造方式，他说：『现在的混凝土建筑过于注重设计，我想以一种新的思路或技术探寻更为广泛的可能性。』

4

上图：位于服务台垂直上方的图书馆。坐在沙发上，能看到前厅及神通川的河水，是一个能让心灵得到放松的地方。**下图**：地下一层的SPA室。面向河流的开放式空间，能够体验多种温泉浴。另有一间SPA室、三间带有专用露天浴池的香氛室、休息室等。

新手法——PCa构件的垒砌

关于这种特别的墙壁建造过程，负责结构设计的冈村仁说："为了保证宽敞的前厅以及面积达100~150平方米的客房都能看到神通川的景色，必须在结构方面下功夫。最初也考虑过使用斜撑，但因为是纵横线紧密交错的设计，所以没有采纳那个方案，而是在墙壁的结构上想办法。"

虽然对墙壁的刚性和强度要求很高，但是也不想仅为了功能的考虑，而设计成密闭的、黑暗的一面墙。如果使用便于透光的、大型的PCa构件的话，按照PCa垒砌、组合方法的不同，能够产生各种各样的变化。工厂生产的PCa构件，虽然质量高，但是不易接合。内藤广提议说，能不能使用现场浇筑混凝土的方式将各个PCa构件接合起来？按照他的建议，全部采用湿式RC一体化的施工工艺。

PCa构件大体分为墙壁用和柱子用两种。墙壁部分，将每块约3米的PCa构件相互垒砌以连接RC柱，前厅开口部的RC柱，每4段垒砌一个PCa构件。PCa构件虽然不是最主要的结构部件，但实际上能够承受水平方向的压力。

施工时，用塔吊车将PCa构件一块一块地吊起，从架好的钢筋上方穿过，中间浇筑混凝土。由于PCa不仅仅是模子，而且还要作为外装饰裸露出来，所以需要进行人工调整，工作必须谨慎仔细，是非常有难度的工程。冈村回忆说："构件的变化与组合的不同，能够形成无限广泛的表现手法。通过这个工程，我感受到了大型构件潜藏的无限可能。"

1

2

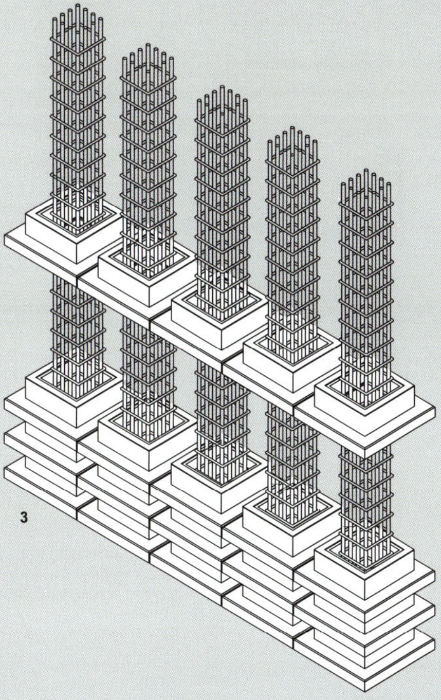
3

1. PCa构件下降至最靠下的部位。需要进行细微的调整，以保证位置不发生偏差。**2.** 塔吊车吊起的PCa构件穿过架好的钢筋，缓缓下降。（照片：以上两张均由内藤广建筑设计事务所提供）**3.** 轴测图。

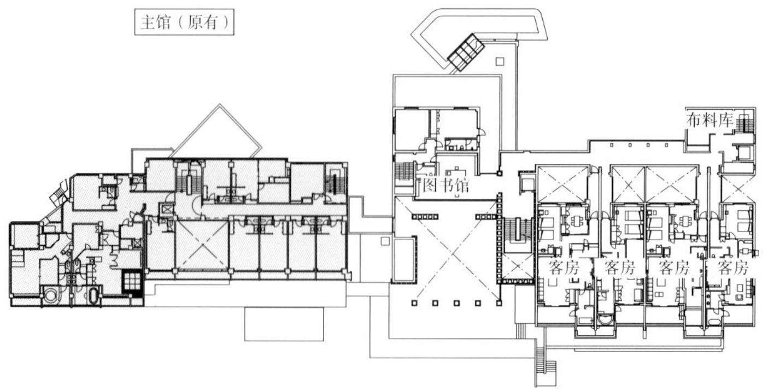

二层平面图 1/1200

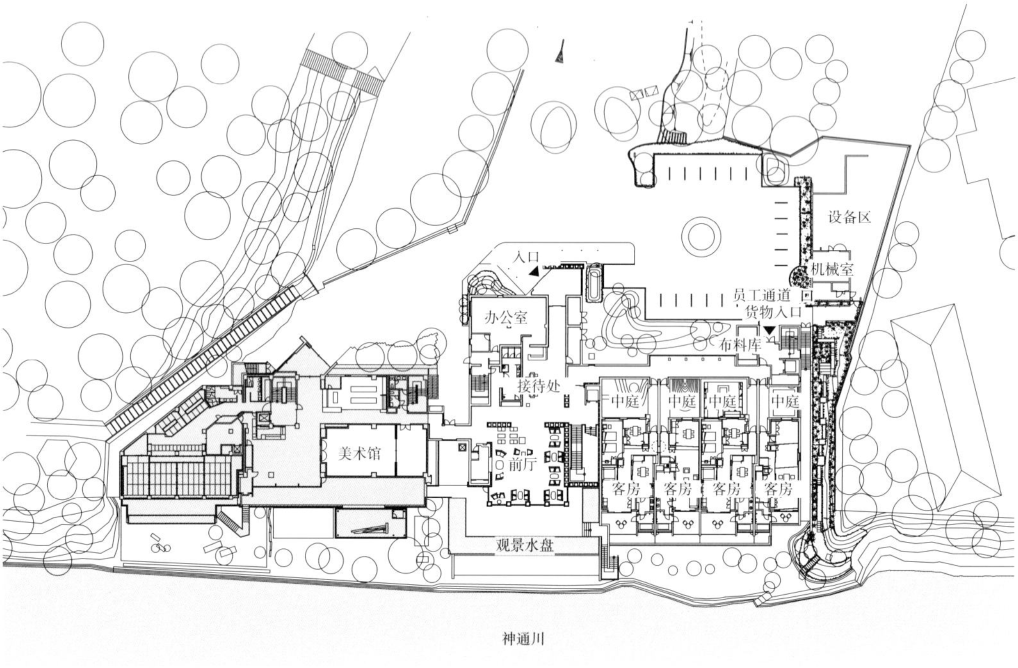

一层平面图 1/1200

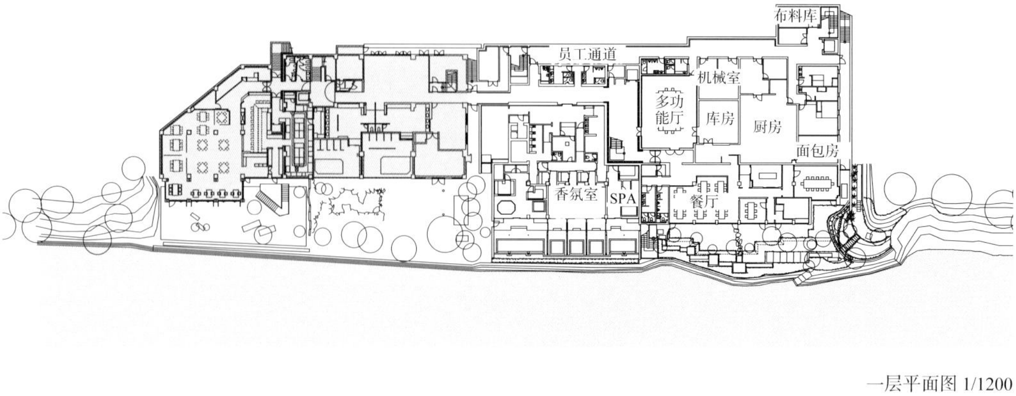

一层平面图 1/1200

建筑项目数据

所在地——富山市春日56-2
主要用途——酒店
所在区域——无指定
建蔽率39.37%（允许范围：60%）、
容积率114.25%（允许范围：200%）
占地面积——6860.25平方米
建筑面积——1570.93平方米
使用面积——4284.68平方米
结构、层数——RC结构、地下一层·地上二层

各层面积——地下一层：1772.47平方米、地上一层：1390.21平方米、
地上二层958.17平方米、设备栋48.67平方米
地基、桩基础+天然地基
高度——最高高度10.832米、檐高10.722米、
层高3.7~3.9米、天花板高2.4~6.6米
委托方——IS综合开发
设计、监理——建筑：内藤广建筑设计事务所
设计协同——结构：空间工学研究所；设备：明野设备研究所

施工方——建筑：鹿岛·大林组·清水建设JV；空调·卫生：大金；电气：北陆电气工事、柴田建设工事；PCa混凝土：A&A Material Corporation；建筑用具：AI.ZAK-U；木制建筑用具：HOKONOKI制作所；家具：Bows；电梯：东芝；净化槽：富山AMS；绿植：金冈造园、久乡一树园；指示牌：宝来社；主馆改建：千田建设
设计期——2003年4月—2004年10月
施工期——2004年11月—2005年11月

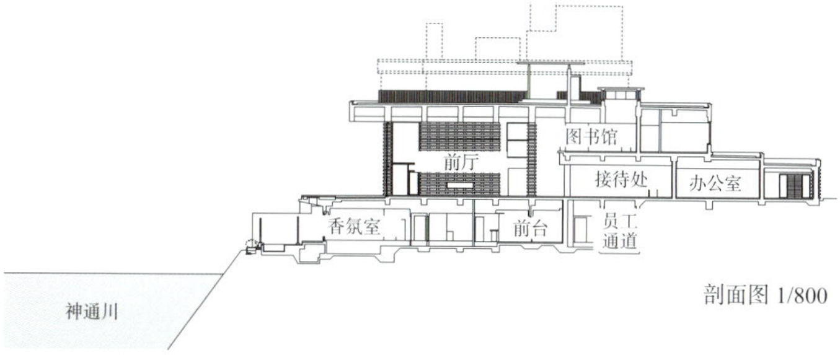

剖面图 1/800

上图：从南侧看到的全景。照片左侧为原有设施。（主馆）**下图**：流经酒店前方的神通川为风景名胜区神通峡谷的一角。下游是20世纪50年代修筑的神通川第三大坝。从酒店天台能够欣赏到大坝的威武雄壮。

2005年

建筑作品 12

岛根县艺术文化中心

岛根县益田市

刊载于NA（2005年11月4日）

回廊围绕着的内院广场。中间仅有一个边长25米的正方形水盘。各种功能性设施大体为平房建筑，由回廊连接。（摄影：吉田诚）

与街道融为一体的石州瓦及正方形内院

1

二〇〇五年十月八日开馆当日，为开馆纪念音乐会而来的人群，将回廊围了半圈。演员是岛根县的男高音歌手锦织健等。这是能容纳一千五百名观众的石见艺术剧场的落成首演。石见美术馆与剧场相邻，通过回廊连接，人们从这里来去穿梭。

岛根县地形东西狭长。相较于东部的县府所在地松江，西部的石见地区更适合于开发大型工程项目。作为振兴石见的重要项目，县政府投资一百六十八亿日元，建设了包括剧场及美术馆在内的综合设施，即岛根县艺术文化中心。

拥有强大向心力的内院广场

内藤建筑设计事务所通过公开投标，取得了该项目的设计工作。石见地区的地方产业为石州瓦。艺术文化中心整体采用石州瓦屋顶，场地正中央设置了一个边长四十五米的正方形内院，周围是回廊，回廊外分布着各种设施。

内藤广说：『我想把内院设计成一个拥有强大向心力的地方。』所在地益田市，是一个以诗人柿本人麻吕以及画家雪舟等杨而闻名的地方。然而内藤在提到投标时对益田的印象时却说，『从江户时代之后到现在为止，没有一个能使人们产生归宿感的地方』。如果大胆地跳出益田这个地方现有的文脉，建造一个没有特殊意义或功能的纯粹的空间，反而会产生一种向心力。从这个思路出发，使用与红色的石州瓦颜色相契合的陶瓷地砖，设计了一个由四周向中央小角度向下倾斜的正方形内院。注满水便形成了一个中央部水深十二厘米、边长二十五米的四方形水盘。

围绕内院设置的回廊，成为连接各种设施的主动脉。为了将美术馆与剧场放在相对等的位置，将占地最多的大礼堂放在了南面最里侧。两侧为美术馆及小礼堂，由回廊相互连接。

回廊和休息室是美术馆及剧场的共用空间。剧场里的隔音及共振问题，通过特别的结构设计

1. 从北侧正面入口处看全景。大礼堂在最里侧，房顶采用“人”字形结构，使大礼堂看起来不那么显眼。**2.** 开馆第二天，当地的草月流龟山社团正在内院广场制作“竹子插花”。根据需要，水盘中的水可以抽干。

得以够解决，但由于两个场馆的客群不同，在共用回廊和休息室可能会产生冲突，一开始时曾有人提出应该用玻璃将剧场的休息室隔离开来。内藤广说：『从单个的美术馆或剧场来看，全国有许多更大、更好的地方。之所以这里能够在全国的文化设施中脱颖而出，是因为这里将美术与音乐结合在一起，从而产生了新的价值。』岛根县政府最终接受了他的想法。

立体折板结构的大礼堂

建筑总体上为钢筋混凝土（RC）结构。能容纳一千五百名观众、没有柱子的大礼堂，也是RC结构。在考虑音效的基础上，大礼堂的内壁采用了复杂的折板结构。设计事务所将三维坐标数据交给施工方大成建设，大成建设使用三维CAD，完成了施工图的制作。模板及固定用构件，全部是在工厂一个一个制作出来的。

大礼堂共有两层客席，客席为单侧建筑，在架设好房顶之后才能稳固下来。脚手架直到开馆前一年，也就是去年十一月才被拆除掉。

将使用了杉木模板的清水混凝土直接外露作为外部装饰，是一项十分艰巨的任务。如果浇筑方法不当，就会出现蜂窝状缺陷等，需要重制，杉木纹路也会被破坏，甚至加入钢筋的精确度等，都有很高的要求。

另一个比较棘手的问题是瓦。飞鸟时代之后瓦只被使用于屋顶，而这座建筑，首次正式将瓦用作墙壁材料。关于墙面瓦，中间还发生了一个小插曲。

使工地士气大振的墙面瓦

二〇〇二年十一月，在工地土质检测中，测出砷元素超标。虽然砷元素是天然元素，但为找出其处理方法，工程暂停了，而项目整体的发展形势也变得不太明朗。就在那个时候，墙面瓦给了人们勇气。

常驻工地的同事告诉内藤，墙面瓦的模型已经送到了，请你快来看一下，内藤急忙赶往益田工地现场。在工地办公室前，已经建好了一个两层的墙面瓦模型。天空的颜色映在釉面上，不断发生微妙的变化，可以说迄今为止谁都没看到过这般景致。这个模型使得工地凝滞的气氛焕然一新，使人们对工程重拾信心。

与此同时，为了筹措土壤处理费，我们将县政府负责人邀请至东京，参加商讨降低成本方案的『集训』。在这个过程中，从上至下的行政部门意见一致，深入了对设计的理解。在工程复工后，沟通变得更为顺畅，从外构、回廊、栏杆材质到礼堂坐席位置，关于现场设计变更，形成了一套更为灵活的体制。内藤回顾说：『一般而言公共建筑都是按照图纸施工，能像这样在现场追求细节的，实在少见。』

通过竣工前的参观会，建筑与当地人们的关系更为密切

根据县政府的预测，剧场及美术馆二十万名观众能够带来每年二十七亿日元的经济收入。益田市人口约为五万四千人。虽然

大礼堂，一层设有1000个坐席；二层设有500个坐席。前四排凹下作为乐池，能够进行全乐团演奏。出于音效及美观的考虑，采用了复杂的三维钢筋混凝土折板结构。空调排风口设置在座椅靠背上，提高了温度调节的效率。

应该不断地吸引新游客到来，但是如何让当地的人们成为剧场及美术馆的常客，才是最为重要。

对于这方面的尝试，时任县艺术文化中心总务部科长的早弓太介绍说：『竣工前，从二〇〇五年四月开始，每月举行两次现场参观会，总共有五千人参加。人们多久来一次这里，是胜败关键所在。内院广场的租赁费控制在每日两万日元，希望当地的人们都能够轻松地使用这块场地。』

开馆当日，似乎要下雨，但是下午天气放晴了。孩子们在水盘周围奔跑嬉戏，溅起朵朵水花。内藤希望当这些孩子们长大成人后，这座建筑物能够成为一个能让他们产生归属感的地方。

1

2

3

1. 大礼堂休息区。杉木模板清水混凝土作外装饰。大礼堂的复杂的三维立体结构直接通往休息区。2. 与回廊相连接的美术馆前厅。承担整个艺术文化中心的接待导引功能。在清水混凝土天花板直接外露的大空间里，配备有书架和电脑等。正面右侧通往展室入口。3. 以红色为基调的展室A。面积约400平方米，天花板高约4.5米。除展室A外另有三个展室。展室C天花板高约7米，设有天窗，可用于时尚展示或现代美术展。最大的展室为展室D，面积约有1100平方米。4. 设有400个座位的小礼堂，通过两侧木板及格子的开合，控制回音的持续时间。照片中为全开状态。可用于戏剧、音乐会、电影上映等。

4

启用当地出产的石州瓦作为墙面材料

“一般用于屋顶的石州瓦，能不能用作墙面材料呢？”2001年春，建筑设计师内藤广的这个想法，通过县政府传达到了石州瓦工业协会。负责墙面瓦开发、制造、施工的益田窑业的宫本秀郎常务（时任）回忆说：“在工程进展过程中，对出现的问题，都一个一个地想办法解决了。”

需要解决的最大的问题是墙面瓦安装的方法。在垂直墙面上安装瓦，安装方法完全不同于屋顶。2003年3月，在考虑耐候性及破损瓦片更换便利性的基础之上，完成了在瓦片上安装金属紧固件的结构设计。

对每一片瓦的精确度的管理也是一个难题。屋顶瓦的重叠部分会被遮盖起来，但是墙面瓦由于是呈直线状相邻接合，与房顶相比近在人们眼前，因此对精确度要求更高。宫本常务说：“屋顶瓦的成品率为90%以上，而墙面瓦的成品率只有60%。”墙面瓦大约使用了16.5万片，加上屋顶及拐角使用的瓦片，总共约使用了28万片。负责制作瓦片的木村窑业所、SHIBAO、益田窑业三个公司，花费了10个月的时间才烧制完毕。宫本常务说：“在完成墙面瓦检修工作，撤掉脚手架之后，建筑物展现在眼前时的那份感动，令我无法忘怀。”

—

瓦片拉近了人们与建筑物的距离

—

关于使用瓦作为墙面材料的原因，内藤解释说：“石州瓦的烧制温度比普通瓦片高将近500℃，质地接近于瓷器，具有较高的耐候性和耐久性。将瓦片以开放式连接结构安装在墙面上，能够起到保护建筑物的作用。”“我希望能挖掘石州瓦这种人们司空见惯的建筑材料的潜在可能性，建设一座让当地的人们引以为傲的建筑物。”

开馆之前，2004年11月，举行了发动人们在屋顶使用的瓦片背面签名以作纪念的“签名会”，收集了当地居民约5000人的签名。提出这个活动方案的是当地建筑设计事务所协会设立的“益田城市建设学堂”。为了深化已落成的建筑物与所在地区之间的关系，益田城市建设学堂事务局长增野元泰的建议层出不穷：“下次我们举行一个有偿活动，征集瓦片绘画，如何？”

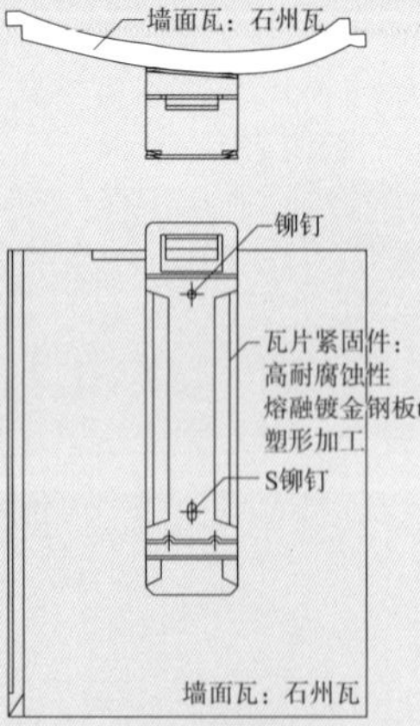

墙面瓦详细图 1/8

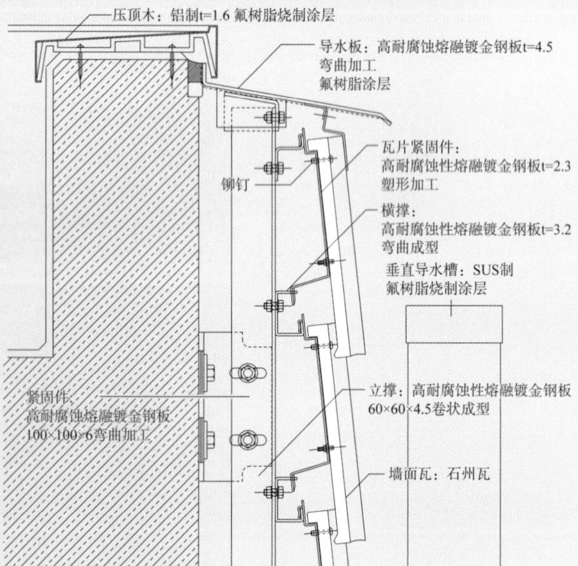

墙面瓦围墙剖面详细图 1/10

1. 瓦片即便破损也能更换，为了实现这一设计，在金属紧固件及瓦片形状方面下了很多功夫。照片中手捧瓦片的是宫本常务（时任）。（摄影：本刊）**2.** 2004年11月，在施工中的工地举行的瓦片签名活动。收集的约5000片签名瓦被用作屋顶瓦。（摄影：益田城市建设中心）**3.** 西侧入口，直接通往主要街道拐进来的一条路上，是为当地居民而设的“便民入口”。这条路沿线分布着与益田车站相通的居酒屋街、政府办公楼、图书馆等主功能区。

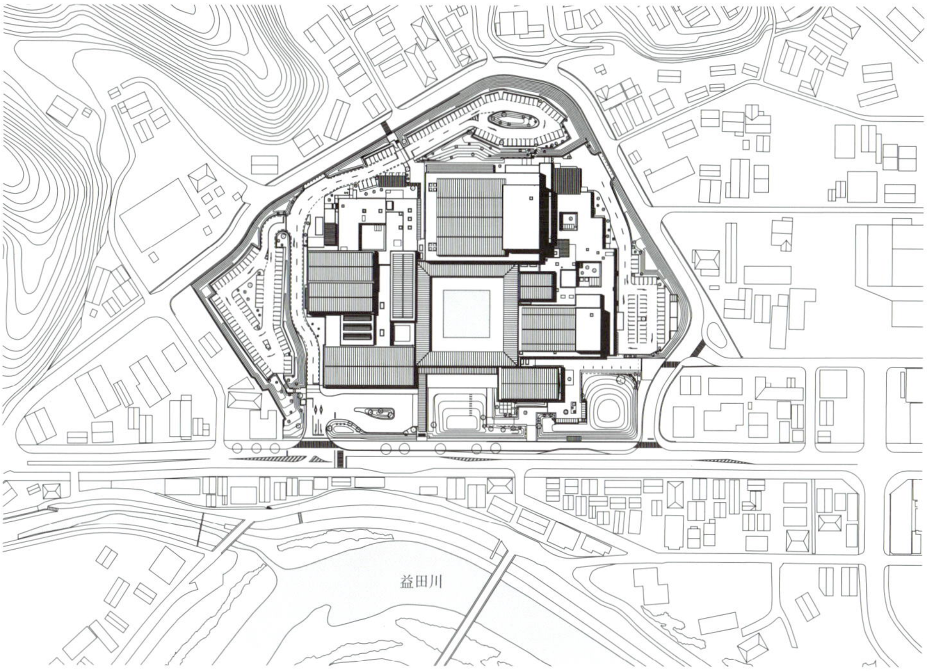

布局图 1/4000

屋顶瓦、“人”字形墙面瓷砖、墙面瓦交相辉映。瓷砖的颜色也与瓦片颜色相统一。
虽然屋顶瓦和墙面瓦的瓦面都是由6种釉料烧制，但是垂直张贴的墙面瓦的颜色变幻更多。

从位于东侧的神社内远眺这一带周边地区。作为地方特产，石州瓦已经融入平常百姓家。

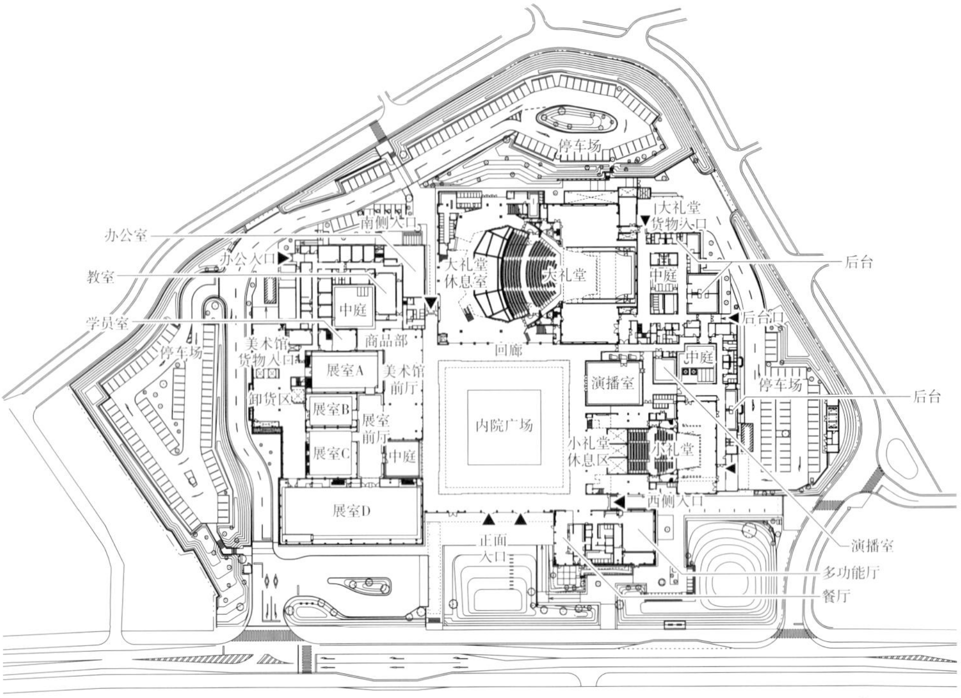

平面图 1/2500

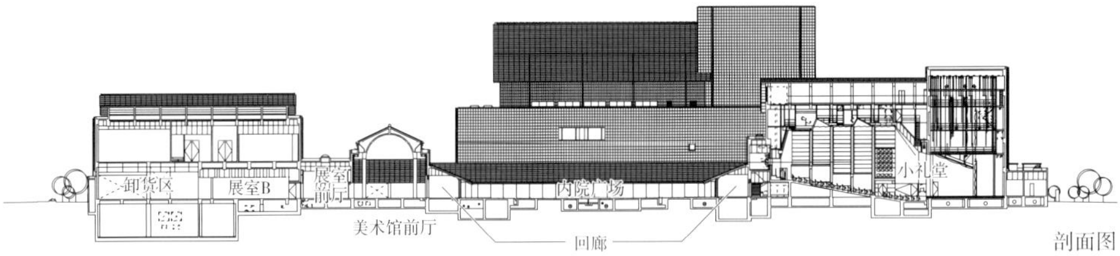

剖面图 1/1500

建筑项目数据

所在地——岛根县益田市有明町5-15
主要用途——美术馆、剧场
所在区域——准工业区域、商业区域
建蔽率38.4%（允许范围：60%）、
容积率52.6%（允许范围：200%）
前方道路——西侧10米、南侧10米、北侧19米
停车场容量——200台
占地面积——36564.16平方米
建筑面积——14068.15平方米
使用面积——19252.45平方米
结构、层数——RC结构（一部分PC混凝土结构・S结构）、
地下一层・地上二层
高度——最高高度32.24米、
檐高19.80米、
层高3.90—32.24米、
天花板高2.34—27.60米
委托方——岛根县
设计方——内藤广建筑设计事务所
设计协同——建筑：江角彰宣・瑞穗设计；结构：空间工学研究所；设备：明野设备研究所；舞台设备：TheatreWorkShop；舞台音响：唐泽诚建筑音响设计事务所；指示牌：矢萩喜从郎
监理——岛根县益田土木建设事务所、内藤广建筑设计事务所
施工方——大成建设・大畑建设・日兴建设JV
设计期——2001年4月—2002年7月
施工期——2002年11月—2005年9月
总工程费——约168亿日元

“最重要的是：建筑物是由人建造的”

内藤广
× 加贺田正实（“岛根县艺术文化中心”施工现场所长①、照片中央）
× 大川郁夫（“东京知弘美术馆”施工现场所长、照片左侧）
Hiroshi Naito × Masami Kagata × Ikuo Okawa

（摄影：铃木爱子）

译注：①施工现场所长是指负责建筑施工现场管理的技术人员。

建筑的精髓在于施工现场。在复杂的、精巧的、充满空间感的内藤建筑的背后，离不开一群优秀的施工现场所长以及工匠的支持。对于这一点，内藤比其他任何人都更加清楚。让我们聆听一下『东京知弘美术馆』（二〇〇二年，详见一百二十页）及『岛根县艺术文化中心』（二〇〇五年，详见一百五十四页）两项工程的施工现场所长口中的施工现场的过去、现在，以及未来。

——首先，请内藤广先生对两位施工现场所长作一下①介绍。

内藤：加贺田先生是『岛根县艺术文化中心』的施工现场所长，项目总工程费高达一百六十八亿日元。可以说，那样庞大的施工现场是前所未有的，这是非常辛苦的一个项目，但是加贺田先生却若无其事，不管什么时候都能稳如泰山（笑）。由他负责这个项目，让我非常有底气。对于我来说，这也是一个性命攸关的项目。甚至走错一步，就有可能丢掉建筑师这个饭碗。危机接二连三，但最后都和加贺田先生一起安然渡过了这些危机。这就是人格的力量。可能就是因为他具备超凡的『前哨处理』能力，最后才转做营业了吧（笑）。对于他的离开，我觉得很遗憾。

加贺田正实（KAGATA Masami），大成建设中国分店鸟取营业所所长，生于一九五三年，一九七二年进入大成建设，被分配在广岛分店（现为中国分店）建筑部，在负责了『广岛国际大学大学会馆・纪念讲堂建设工程』等项目后，担任『岛根县艺术文化中心』施工现场所长，二〇〇五年调任营业部，二〇一〇年开始担任现任职务。

加贺田：哪里哪里。和内藤广先生好久不见了，我非常期待今天的见面。

内藤：对面的大川先生，是规模相对较小的『东京知弘美术馆』的施工现场所长。那个项目看似简单，但实际上非常有难度。无论如何，项目关系到山田洋次先生（财团法人岩崎知弘纪念事业团理事长）、黑柳彻子女士（东京知弘美术馆馆长）、已故的饭泽匡先生、松本善名先生等几位有卓越见识的人士。大川先生非常出色地协调了这些人士以及周围其他人的意见。那个项目之后，我们也常有交往。

大川：在遇到内藤广先生之前、遇到内藤广先生时以及遇到内藤广先生之后，我的人生观都发生了很大的变化。即便现在，还是在不断『追赶』他的脚步（笑）。

——以施工现场所长的『人格力量』为标准选择施工方

内藤：我在选择施工方时，一般和委托方共同对候选者进行面试。『东京知弘美术馆』这个项目，当时来了两个精力充沛的人，就是大川先生以及当时的东京分店店长户田守道先生（现任户田建设常任监事）。

大川：面试的时候我特别紧张。在公司演练了很多遍，最后甚至有人对我说，拜托你别练了。

内藤：当时我提了什么问题来着？

大川：是『你的兴趣是什么』。

内藤：对，当时大川先生回答说，『是津

译注：①前哨处理，指相扑力士在起身交手的攻防中，巧妙地将手插进对方腋下，使自己处于有利地位而采取的动作或技巧。

轻三味弦[1]』。他可是半个职业选手。而且开始学是因为想要发展近邻关系，这一点很厉害。

大川：以前，施工现场的旁边是一个小呗[2]练习场。我想，如果我去学习小呗，应该能够同周围的人建立起良好的关系。之后，就从都都逸[3]开始学起，一直学到了津轻三味弦。

内藤：『东京知弘美术馆』竣工后，最后要在多功能厅进行音效试验，我去了就看到大川先生抱着三味弦坐在那儿（笑）。

大川郁夫（OKAWA Ikuo），户田建设东京分店重建工程部工程科长，生于一九五一年，一九七四年东海大学工学部建筑学专业毕业，进入户田建设，除担任『东京知弘美术馆』项目施工现场所长外，也负责了内井昭藏遗作『日本基督教团信浓町教会』（二〇〇四年）以及由野泽正光、山下设计JV担当设计的『立川市政府大楼』等项目，自二〇一〇年九月起担任现任职务。

加贺田：在面试益田项目（岛根县艺术文化中心）的时候，我也非常紧张。我记得我是一边紧张着一边来到九段坂（内藤广建筑设计事务所位于九段坂）这里的。那个时候，非常抱歉的是我不知道内藤广先生的名字。同样，他也问了我『兴趣是什么』之类的问题（笑）。当被问到『我的建筑，你都见过哪些？』的时候，一瞬间松了口气。啊，幸亏我刚刚看到过。正好在前一天，我去看过『海洋博物馆』（一九九二年）。是在来东京的路上，顺便去了趟伊势。

——为什么要通过面试选择施工方呢？

内藤：通过招投标了解到的情况毕竟有限，并且我也不愿意仅通过金额决定一切。在此之前，我与很多优秀的施工现场所长共事过，但是，他们中的大多数并不被建设公司所看好。虽然工作非常出色，但是在全国施工现场所长协会销售排行榜上，他们一般都位列末席。当然，销售额也很重要，但是，建设公司不应该只看重这一点。如果仅仅看重销售额，那么有很多更有效率的赚钱方法。

我仍然认为，懂得建筑的人才才是建筑公司的财产所在。因此，如果不能很好地评价优秀的施工现场所长，那么这个建设公司的做法就是错误的。对于大额资金的运转来说，组织是必需的，但是，建造一座建筑物，资金与现场管理都是必要的，也就是说，公司的作用占一半，人的作用占一半。因此，我都是通过面试来选择施工方。

加贺田：面试时主要考察什么？

内藤：主要还是人格力量吧。如果知识和经验都具备，但是会让周围的人不安，这样的人是不行的。所谓所长，需要对包括成本在内的各种事务进行严格的管理，如果是一个令人讨厌的人，工匠们是不会听他的话的。任何时候，相互之间的信任是最重要的。建立信任的方法因公司而异，因所长的个性而异。主要就是考察这个。

大川：和内藤广先生一起工作，一开始时最让我吃惊的，是他一边亲手抚摸着混凝土，一边认真地和现场的工匠交谈。我真切地感受到了他对待建筑的那种谦逊的态度。

『东京知弘美术馆』施工开始时，我去参观了『安云野知弘博物馆』（一九九七年）以及位于御殿场的『伦理研究所富士高原研修所』（二〇〇一年）。听说，在安云野知弘博

译注：①津轻三味弦，发源于日本本州北部津轻地区的一种拨弦乐器，系中国的三弦琴经琉球传入日本后改造而成。
译注：②小呗，日本音乐种类名，用三味弦伴奏的声乐曲。
译注：③都都逸，日本俗曲的一种，娱乐性三味弦歌曲。

物馆建设之前，内藤广先生在看到白马山脉时就曾对自己说，『在这里建造一座建筑物，如何？』我想，真的存在有这样想法的建筑家吗？

内藤：的确很想在如此美丽的地方，建造一座建筑物。

大川：在『东京知弘美术馆』的项目上，内藤广先生就体现出一种聚精会神的态度，比如保留原有的风景、在某些地方再现对知弘的回忆等。在那个项目的施工现场，我才明白了建筑是一件如此令人乐此不疲的事情。必须承认，在那之前，我脑子里的建筑，只是把圆的做成方的，仅限于一个简单的制造过程而已。

“东京知弘美术馆”施工现场。（摄影：内藤广建筑设计事务所）

加贺田：工期大概是多长时间？

大川：从二〇〇一年九月开始到二〇〇二年六月。

内藤：从剖面看来它非常简单，但实际上是一个非常棘手的项目。先建好钢结构，然后浇筑混凝土。所以一层为SRC结构。

大川：一共有四座建筑，但是没有一个地方是直角。内藤广先生追求一种深入三维空间的建筑，建造方法很有意思，可以说，如果对建筑没有一种执着的热情，是不可能做到的。

内藤：一开始本来想将原先的建筑保留下来。但是，在做了混凝土强度测试之后，发现混凝土的荷重能力只有原先的三分之一。如果通过改建加强耐震度，则改建的部分会比原先的结构更重。另外，由于地基不好，也不能承受改建工程。因此，最后只能很无奈地选择了在尽量保留人们对原先建筑物印象的基础上进行重建。最后就有了那个比较有意思的方案。

大川：那个项目，没有一座建筑物的屋顶是直角。外墙使用的镀金板以及内藤广先生擅长使用的热轧成型钢材，都是很有难度的配置，并且一个九十度的地方都没有。这简直是一个前所未见的项目。

加贺田：墨线很难画吧？

内藤：是啊。现场所长说，『如果能把墨线画好，其他的问题都不能算是问题了』。是我做的设计，那个项目墨线部分确实很难。

一与县政府工作人员共同集中讨论了一周一

——岛根县立艺术文化中心施工中出现了意外状况，当时具体是怎样一种情况？

内藤：在地下设计了一个巨大的机械室，在向地下挖掘的时候，施工人员闻到一种气味，经过调查发现是一种重金属。那时刚好是土壤污染对策法（二〇〇二年颁布）颁布一年之后。县政府很久之前就取得了那块地，所以只能说运气比较差。可能县里当时也没有注意。

实际上，在因此停工之前，县政府采取财政紧缩政策，已经将项目预算削减了一成左右。在检出重金属之后，议会的决定是土壤污染治理费用也从项目工程费里面扣除。这个决定给我们带来了非常大的困扰。设计内容已经做了很大压缩，工程费还是无论如何都不够。县政府方面对此也束手无策，因此在我的事务所大家共同集中讨论了一周的时间。

加贺田：由于县政府是委托方，当时县知事向我们表达了强烈的意愿，说工程不能停工，一定要想办法继续下去。大家在这里研究，如何重新安排各部分的支出，以使工程能够顺利进行。我记得那是夏天最炎热的时候。

内藤：如果没有这次集中讨论，可能那个项目就中止了。

加贺田：当然都是大家群策群力的结果。但是我想最痛心的应该是内藤广先生吧。已经设计好的东西，不得不更改或者中止。游客中心最后就被取消了，正面的布局也不得不随之改变，当然，正面图也要改。我想那都是非常痛苦的选择吧。

内藤：配套设施必须修改，另外就是外观结构。现在这里还留有回填土，一开始布局并不是这样设计的。那是没有来得及处理留下的残土。当时是无可奈何的办法，但是现在看来那样的处理效果还不错。为了减少土量，将一层提高了三十厘米。关于提高二十厘米还是提高三十厘米，如果提高三十厘米能减少多少土量，加贺田先生当时进行了非常周密的计算。

加贺田：是的，那时多亏了您。最初我在内藤广建筑设计事务所看到图纸及模型时，我心里想，这真的能建造出来吗？为什么这样设计呢？但是之后我慢慢理解了。如果态度不认真，是不可能完成这个工程的。为了削减项目的预算，内藤广先生大刀阔斧地修改了设计，再加上我们的努力，如果没有这些，我们无论如何都无法按期完工。可以说，团结就是力量。

内藤：后来就顺利多了。大家并肩作战，渡过了这些难关。最终依靠的还是人格力量和团队协作。

加贺田：其中，难度最高的当属于大礼堂的三维立体墙面。混凝土浇筑完成，直到硬化，中间一刻也不能放松。为了达到更好的音响效果，越往上墙面越向大礼堂内侧倾斜，所以支撑结构与普通建筑完全不同。此外，直到将高二十三米的楼板混凝土浇筑好之后，建筑整体结构才算完成了。那个项目最后能取得令人满意的成果，与各部门、专业技术人员的支持和努力是分不开的。

内藤：制造模板的工厂非常出色。县政府负责人曾对我说：『很多人说益田的混凝土不怎么好，这是一件让我们面上无光的事情，所

岛根县艺术文化中心施工现场（摄影：内藤广建筑设计事务所）

以我们在哪里跌倒就要在哪里爬起来，一定要做出最好的混凝土给别人看。』后来我们使用的混凝土质量非常好。我之所以这么说，是因为如果钢筋和模板不好的话工程是无法进行的。这就是施工现场所长的能力。

泡沫经济之后变质的建筑精神

——内藤广的事务所的图纸与其他事务所的图纸有什么不同吗？

大川：非常细致。精确度非常高。

内藤：岛根那个项目，图纸有四百多张，如果加上设备和结构的图纸，应该有一千多张。可能有点太多了。

加贺田：建设大礼堂的立体墙面时，正是因为有包括建材表在内的图纸，最后才能建造出那么精美的空间。

大川：有很多图纸甚至可以直接作为施工图使用。

内藤：如果不与施工现场同步，建筑是完不成的。所以我会尽量多画图纸。但是，不知为何，包括建筑家和大型建筑公司在内，对施工现场并不那么看重。现在存在一种『大型建筑公司质量恶劣论』。不管怎样看起来它们都是赚钱的。作为公司，利润的确是重要的，但这并不应该是公司唯一的着眼点。令人吃惊的是最近甚至连大型建筑公司也出现了轻视施工现场的现象。

大川：是啊。

内藤：从两位进入建设公司之后直到现在，公司一定发生了很多变化。能给我们介绍一下具体情况吗？

加贺田：电脑就是一个很好的例子，从很多方面实现了机械化。现在在施工现场，很多从前必须亲自过目的业务，多多少少被省略掉了，为了节约时间，有些事务不能做得十分到位，这逐渐成为主流做法。恐怕难免会出现一些问题或失败。我想这与使用电脑的时间增加、管理方式改变以及公司员工数量增减等因素不无关联。

我们当初进入公司时，很多事务必须亲力亲为，但是现在业务分工越来越细，我们感觉很多内容逐渐被淘汰了。当然，这也并不是一无是处，也有好的方面，比如施工方法和技术得到了飞跃性的进步。

内藤：加贺田先生的说法很老到啊

（笑）。大型建筑公司现在看起来很风光，但是在过去，曾经强制工人劳动，而现场施工所长就是工头。在近代化过程中，他们意识到，应该逐渐正规起来，所以改为公司形式，从战后到现在已经存在了六十多年。为了使公司发展壮大，他们拼命地追赶时代的潮流，接受了TQC、ISO认证等。

在泡沫时代之前，这也无可厚非。但在泡沫经济破灭之后，由于订单急剧减少，公司需要整顿，不计其数的优秀的现场所长被裁员。可能这是无可奈何之下的选择，但是如果说得极端一点，就是牺牲了施工现场。我担心的是，施工现场原本所拥有的建筑精神已经变质。虽然这个说法可能有点过激。大川先生，你认为呢？

大川：我在学生时代，光顾着参加学生运动，建筑专业方面只学了一些制图和结构方面的知识，毕业后就进了公司。进入公司那一年是昭和四十九年。在石油危机发生之前被录用，石油危机之后举行了入社仪式。之后，因为我想去地方上，就被分配到了仙台分店（现为东北分店）。

相较于东京分店，去了仙台分店之后，能够看到一个比东京落后二十年的世界。现在看来那是一笔很大的财富。在东京，有关木结构，所有的材料价格都是包工包料的报价。而在仙台，木材全部是现场订货，由木匠师傅按照图纸确定所需木材的数量及价格。当然，图纸也都是手绘的。我甚至曾经画过茶室的建筑图纸。这对我今后的职业生涯是非常有帮助的。

当时每天都要画两幅图纸。如果所画的部分是整体的二分之一，那么很快就能画好，但如果所画的部分是整体的五十分之一，比如结构图，就画不出来了。那时我才明白，画图的过程其实是边思考边画图的过程。但是现在，都是使用CAD作图，是先思考后画图。甚至连有没有自己的想法都成了一个问题。所以有很多东西都消失了。特别是木质结构，现在有很多人已经不了解木质结构了。

内藤：那时的图纸用的是手抄纸吗？

加贺田：不，是誊写纸。我想大川先生可能也一样，白天需要管理施工现场，施工图纸一般都是在晚上画。如果没有施工图，工程就很难进行下去。大川先生刚才说他一天能画两张图纸，我就做不到，可能根据项目不同，有时候能够做到。现在一般都使用CAD作图，效率非常高。

内藤：工匠的品质有什么变化吗？

岛根县艺术文化中心施工现场。（摄影：内藤广建筑设计事务所）

加贺田：有变化，这可能是时代的变化引起的。最明显的是泥瓦匠。以前的泥瓦匠，按照自己的经验，结合土质和结构材料计算出加水的量，再加以调和。那个时候有人专门收徒教习这方面的知识。最近的建筑物，别说灰浆了，土墙都很少了。没有施展一技之长的平台，这些技艺可能要逐渐失传了。

内藤：泥瓦匠的工钱很低。有一段时期跟喷涂工的工钱差不多。在泡沫经济时代，随便一个没有任何经验的人都在做喷涂工作，专业的泥瓦匠能拿到的工钱与他们不相上下，所以他们开始转行做轻松的工作了。

大川：我们面对的现状就是，时代在进步，而技艺却在退步。

内藤：建筑物的外观越来越现代化，但是真正能够保证建筑物的质量的人却越来越少，敷衍逐渐演变成常态，这就是现状。我想这是一个大问题。

归根到底，还是人格的力量在提供支撑

内藤：如果我看到地基梁的钢筋做得非常美观，我一定会赞扬那个工匠。在浇筑混凝土之后，钢筋是不会露出来的。正因如此，如果钢筋做得漂亮，那么甚至连施工现场的氛围都会发生改变。负责后续工程的工匠，在看到这么漂亮的钢筋之后，他会想，『我也不能偷工减料』，整体的出发点就变了，也就是说，大家的目标变了。因此，如果地基梁的钢筋做得漂亮，应该带领委托方到现场，让他们看到地基梁的钢筋都这么好。情况允许的话我都会这样做。施工现场所长应该最清楚，支撑着施工现场的，归根到底是人格的力量。我们建筑师去施工现场的时间很少，但每次去我都会说这些话。

大川：在经济上，虽然过去比现在贫穷，但是却不像现在这样在工程价格方面承受很大压力，大家都能在更为快乐的氛围中工作。

内藤：可能不同的公司情况不尽相同，与施

能够窥探原来的世界，是我的一笔大财富。（大川）

工现场所长的经费裁夺有关吧。

加贺田、大川：是的。

大川：因为现在变成了集中采购。过去都是各施工现场按照所长的要求分别进行采购。

内藤：现场所长的裁夺范围变小了。不过，我还是希望能够由了解施工现场文化的人来做施工现场所长。不然的话，现场所长就只顾拼命地向所在公司写报告、只顾着计算金额。

了解施工现场文化，这一点是很重要的。为了保护建筑文化，有时现场所长甚至要与所在公司斗智斗勇。当然，在我们任意妄为时需要规劝，无能为力时也需要帮助，公司也不是完美无缺的，也会犯错。这时，必须存在一个能与之斗争的人。

加贺田：现在，日本即将迎来团块世代①的交替期。在技术方面引领公司发展至今的骨干人物将在同一时期离开公司。但是，在后备力量无法担起重任的现状之下，仍然需要这些人的力量。现在，六十岁不是一个应该退休的年龄，最重要的是，能让他们所掌握的技术得到传承。

内藤：又到了一个重新审视施工现场的时代。大型建筑公司也出现了制度疲劳。仅依靠

施工现场的人际关系最重要，不了解这一点的公司会逐渐被淘汰。（内藤广）

团块世代交替时期即将到来，技术将如何被传承呢？（加贺田）

译注：①团块世代，指日本在1947—1949年、第二次世界大战后第一次婴儿潮之间出生的一代人。在日本“团块世代”被看作是20世纪60年代中期推动经济腾飞的主力，是日本经济的脊梁。人数约700万人，大部分拥有坚实的经济基础，将于2007年开始陆续退休。

着组织和金钱的力量以及日本人特有的团队合作，已经不足以成事。活跃在建筑最前线、也就是施工现场的人们，对工匠后继无人的情况感触最为深刻。

一直以来能够保证精准度的人们即将离开。那么，在他们离开之后，我们要做哪些改变呢？从我自己来说，我认为首先应该把建筑本身看得更单纯。比如如果是木质结构，就把它的容积扩大两成，混凝土建筑也进行结构计算，把它的骨架结构扩大一成等。建筑本身有必要回归这种单纯的方式。而同时相对地，浇筑方法要改变，设计也需要更下功夫。

最重要的是要让在施工现场工作的人们抱有一种荣誉感。要让人们觉得，工匠是很棒的、赚钱很多的、或者很受女孩子欢迎的工作，但是目前看来任意一点都不符合。如果做工匠没有一点好处，那么以后没有人会愿意做这个工作。如果工匠们对工作不负责任，一定会在某个地方发生大事故。

——是否可以说，建筑就是一种文化？——

——年轻的建筑师们不像内藤广先生这样对施工现场抱有兴趣，是不是因为施工现场过于复杂，他们弄不明白？

内藤：我认为不是这样。我想他们可能认为，做设计才是最伟大的工作。实际上，如果你态度谦虚，施工现场所长和工匠会教给你很多东西。施工现场的人，往往能在一瞬之间洞察建筑师的禀性。这一点很可怕。因此你必须谦虚。应该做一个大家都愿意教给你知识的人，而不要做一个不懂装懂的人。我也是从他们那里学到了很多。

大川：像内藤广先生这样的建筑家非常少见。

内藤：年轻时因为觉得建筑有趣而投身建筑业，这能够理解，但是，一旦承担较大规模的建筑，就会产生相应的社会责任，这时，如果还只是凭着兴趣去做，就会出问题，一定会受到材料或者施工现场的反击，建筑师必须越过这道坎。如果不能与其他部门并肩作战，就难以建造出能够流于后世的建筑。必须认识到，建筑师并不是一个可以突发奇想创造特别之物的人，而只是建筑建设团队中的一员。

加贺田：内藤广先生也有过类似的经历吗？

内藤：现在想来，三十岁到三十五岁的时候，我也很自以为是。虽然从内心并不想那样做。海洋博物馆・收藏库是我的转机。那个项目是一个转折点。鹿岛工地的施工现场所长是已故的小林能史先生。那时正好是泡沫经济全盛时期——一九八七年。大型建筑公司全都得去地方上招募工匠，因为东京人手不够，所以只能花重金从各地聘请工匠。当时，为什么我们这个每坪单价只有四十万日元的小项目，能召集到那么多优秀的人才呢？我百思不得其解，便去问小林先生。

他没有讲得非常详细，但是我了解到，那些工匠在完成一个工程的工作之后，便会去另一个工程，有可能都没有亲眼见过自己建造的建筑物。因此，他在每个工程竣工之后，都会将印有竣工建筑物照片的座钟寄送给每一个参与工程建设的人。他一直坚持这样做。因此，只要他开口，很多工匠即便只能得到一半的工钱，也愿意过来。我恍然大悟，原来施工现场是由这些人在支撑着。在那之前，我完全没有这么想过。

大川：现在都是集中采购，认为这样更便

宜。已经很少有人会对采购人员说，『这个不行，必须用哪个哪个材料』了。

加贺田：可能是因为人脉已经成为历史了吧。关键时刻，如果没有这些可信赖的人物，夸张一点地说，我们甚至连一颗钉子都钉不好。

内藤：就是说，在你遇到困难的时候，有没有一些人愿意帮助你。建筑施工现场，实际上是人与人之间的关系在起作用。今后，在建设规模逐渐精简的时代，工钱会慢慢减少。那些不重视人与人之间的关系的公司，会逐渐被淘汰。

有一段时期，一说到韩国现代将要进军日本建筑行业，人们就会惊慌失措。今后，中国的建筑公司也有可能来到日本。但是，所谓建筑，并不是只要价格低就可以的。而是说，建筑是一种文化。这是我们的终极目标。

加贺田：是啊。

内藤：『能按照所提供的图纸做出来，给个价格吧』，如果都变成这样，价格说不定能够降低一半。但实际上并没有这么简单。图纸仅是图纸，抛开图纸，能做出什么，才是关键所在。正因为人们不再追求这些，所以大型建筑公司不再是建造建筑物的公司，而是正在逐渐变成一个商贸公司，甚至有可能变成一个物流公司。

加贺田：这种状况很令人担心啊。

内藤：大型建筑公司只在形式上接受项目，之后将具体工作抛出去。他们是否明白，『建筑是由人建造的，建筑也是为人而建造的』。

大川：这么简单的道理，却有很多人不明白。

内藤：很想与两位一起建造一座木质结构建筑。在大公司很少有机会做木质结构的项目吧。

加贺田：是啊，很少。

大川：户田建设这边也是，几乎没有。

内藤：现在，越是大公司，项目承接方式及资材采购方面的分工越是细化，很多人并不了解施工现场的整体运转。设计、预算、资材采购，全部都是相互独立的。木质结构项目，如果做不到全面统筹兼顾，是无法施工的。为了我们的未来，日本的建筑界必须回归原点，从木质结构开始重新学起。

“结构工程师的真正作用并不仅仅是结构分析”

内藤广 × 冈村仁（空间工程学研究所主任）
Hiroshi Naito × Satoshi Okamura

内藤广的建筑形式中，结构占有很大比重。但是，对于结构工程师必须具备的素质，他看重的并不是所谓的大胆的想象力、结构分析的速度等，而是『能被施工现场所信赖的品质』。能被有这样要求的内藤广信任的结构工程师，就是冈村仁。他曾凭借『伦理研究所富士高原研修所』斩获日本建筑构造技术者协会新人奖，并且担当了很多其他项目的结构设计。让我们听一听在他的印象中，内藤广对结构的思考。

冈村：与内藤广先生初识，是一九九一年春天，那时我刚刚进入SDG结构设计事务所没多久。现在我仍然清楚地记得，那时事务所里摆放着一个正处在设计阶段的『海洋博物馆展馆』的模型，看到那个模型，我觉得特别好。但当时完全没有想到我会负责那个项目的结构设计。

在我进入事务所还不到一个月的时候，海博项目突然启动，那时正是泡沫经济时期，事务所其他同事手里工作都已排满，无奈之下只好由我接手。SDG的主任渡边邦夫先生对我说：『有我盯着，没问题的。』之后我就很突然地被派去了施工现场。

内藤：是这样啊。多不靠谱啊（笑）。我那时知道从SDG过来一个年轻人，在施工现场很努力地工作着。是从展馆进入施工阶段之后开始参与那个项目的吗？

冈村：对，从施工阶段开始。现在回想起来，就是在那儿，我开始从头学习一切有关建筑的知识。我埋头于施工现场，暗下决心一定要干点什么。因为那时才刚开始工作，对于施工现场如何运转毫无了解。

开始时，觉得只要按照画好的图纸施工就可以了，后来发现不是这样。内藤广建筑设计事务所项目负责人渡边仁先生就曾对我说过，『图纸不可信』（笑）。他说，那些图纸都是假想图，还需要修改。所以我把之前的结构分析全部推倒重来，从零开始研究木质结构。

内藤：SDG的渡边先生迟迟不启动那个项目。他的性格有点像驴，能背很重的货物，但是有点驴脾气，因为我很厉害，即使我不开工你们都拿我没办法（笑）。我们想激他一下，所以我们自己做了个模型。当然，那边肯定把我们做的东西看作小儿科，会说『你们懂什么呀』。通过那个模型，开始了与结构事务所的对话。但是没多久，又停滞了。于是我们又做了一个模型。这次，SDG终于做出模型，启动了项目。之后做了将近一百个模型，进入施工阶段之后还一直在做。

冈村：在海洋博物馆施工现场，我和担任木匠的大西胜洋先生交谈之后，才对木质结构有了理解。海洋博物馆的项目，即便一个接头，都很有难度。桁架的一个部位，需要用到十一个部件。我需要在没有图纸可用的情况下把这些部件组合起来，花了非常多的心血。当时还没有CAD，需要手绘三维结构图。把每个部位用笔一张一张地画出来之后，才明白了木质结构的逻辑。即便一个接头部位的细节，也要考虑很多，那次的经历对我日后的项目也非常有帮助。

内藤：实际上我认为那个龙骨桁架也并不是完美无缺的。木质结构的话，桁架应该是完全无法解体的。就从榫眼来说，细部与木结构整体之间应有几个断层，这不是简单能做到的。钢结构的话，只要从结构整体的力学系出

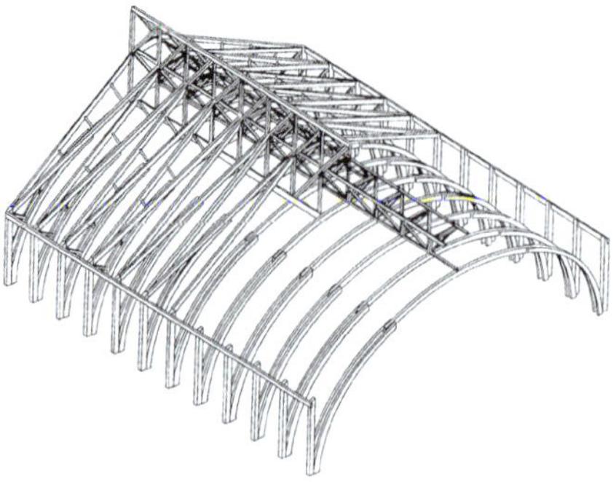

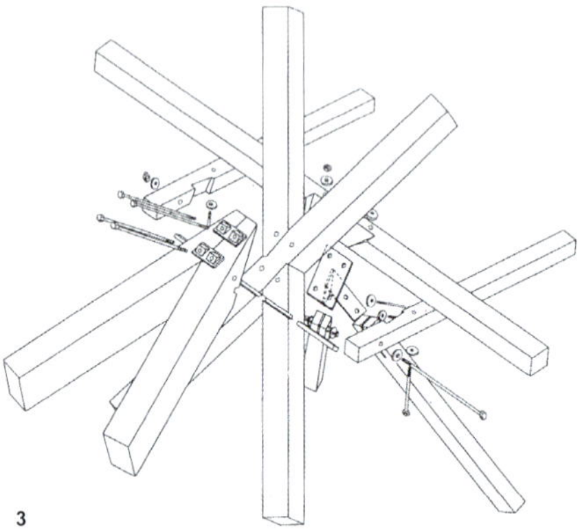

3

1. 施工中的海洋博物馆展馆（摄影：内藤广建筑设计事务所）

2. 展馆龙骨桁架仰视图（摄影：吉田诚）

3. 海洋博物馆展馆架构图

发按顺序确定力的走向即可，但木质结构如果也采用同样的做法，到最后某个部分一定会出现问题。因此，对整体与局部必须反复进行验证。这也是我和冈村先生在海博项目中学到的东西。

冈村：原以为不管比例尺是多少，只要把钢结构的理论套用到木质结构上就可以，后来发现是不行的。对于木质结构来说，即便整体上看来是弹性材质，用到局部时也有可能导致损坏。因此在海洋博物馆项目上，细节部分使用了金属部件，而整体上则采用木构件之间相互咬合的结构方式。

正因为有了海博项目的经验，在后来的『伦理研究所富士高原研修所』项目中，才会尽力缩小整体与局部之间的差距。

通过结构分析简化建筑构造

内藤：对结构指手画脚的建筑师是不是很让人讨厌（笑）？一般建筑师不会说这么多吧？

冈村：现在这个时代，设计与结构之间的关系越来越紧密，正处于逐渐一体化的过程之中，而大多数建筑师对结构的考虑仍然只停留在造型上，只有极少数的建筑师，会关心、讨论结构的安全性这个最根本性的问题。

内藤广先生经常画很多图纸，看到这些图纸，就能明白他对结构最在意什么。

内藤：如果不能让自己满意心里就会不舒服。

冈村仁（OKAMURA Satoshi）：一九六四年生于琦玉县，一九八九年京都大学理学部物理学专业毕业，一九九一年从千叶大学工学部建筑学专业毕业后，先后进入结构设计集团SDG、Dewhurst Macfarlane and Partners Ltd.NY工作，一九九九年创立空间工学研究所。二〇〇二年凭借『伦理研究所富士高原研修所』获得日本构造技术者协会第十三届JSCA新人奖。

冈村：比如伦理研究所清堂的架构图。作为结构方面的专业人员，我们按照自己的想法设计了力的流向，但是内藤广先生有他自己的想法，且与我们不太相同。

内藤：归根到底还是我错了吧（笑）？

冈村：不，不是的（笑）。结构的要素，包括组合方式、架构方式、与建筑物之间的关系等各个方面，因要素的不同，可以产生多种多样的方案。其中，有些方案在力学角度是正确的，而有些可能是错误的。

内藤：可能与我在西班牙的工作经历有很大的关系。从根本上讲，有时候我并不完全相信结构分析。西班牙结构工程师Eduardo Torroja就是这样，而瑞士结构工程师Heinz Isler更是从来不做分析。刚知道这些时我也很吃惊。

冈村：我们作为结构工程师，当然结构分析还是要做的。通过结构分析，能够使事物变得更加单纯化。不过，由于过于单纯化，也会舍弃一些东西。

越来越多的人认为，结构分析是不适用于木质结构的。但是实际上，钢筋和混凝土也一样有难度，无论分析得多么精确，都会有与现实不符合的地方。尽管如此，作为一个结构工程师，必须对结构分析抱有信念。在这方面得到内藤广先生的指正，我们受益匪浅。

内藤：现在，由于近代科学技术的发展，人们将力从自然中割裂出来并对其进行重新架构，形成了所谓的结构。但是，除了那些边界明确的力之外，应该还存在边界不明确的力。近代人们将力看作一种不连贯的东西，但实际上自然界的力并不是不连贯的。一切事物都是连贯并且有机地结合在一起，因此我一直认为，无论分析技术多么先进，都做不到完美无缺。可能这就是我和别人不同的一个地方。

—

将『海博』的经验用于『伦理研究所』

—

冈村：伦理研究所采用非对称的『人』字形屋顶结构，下面是结实的混凝土，上面是木质结构穹顶，力的走向非常流畅。我们的设想是采用均衡、匀称的结构，尽量减小应力。但是，内藤广先生注意到了接合部，多

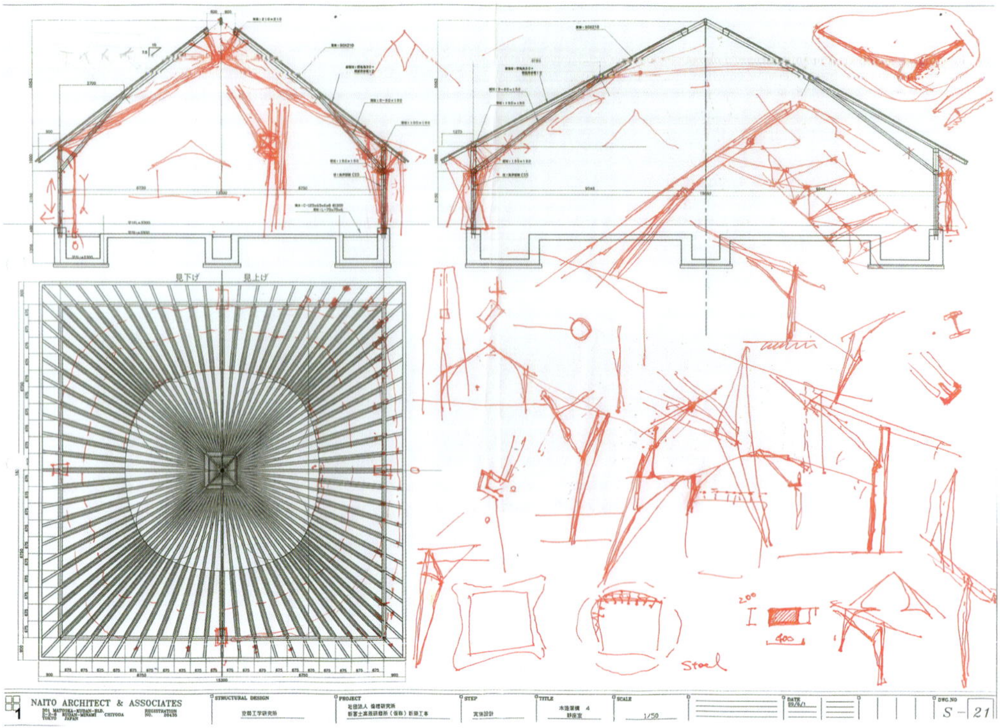

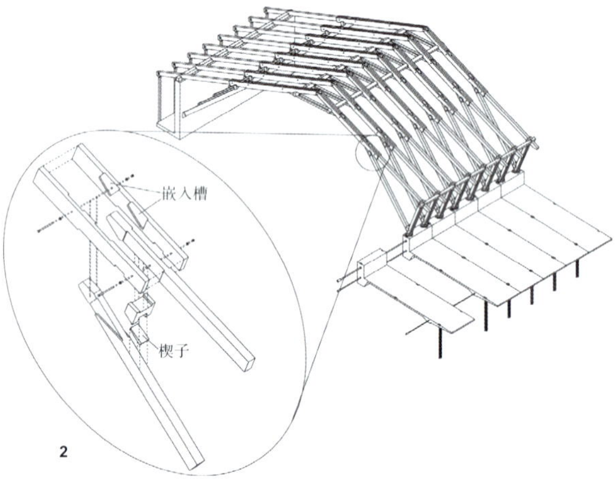

1. 内藤广先生用红笔标注的图纸。**2.** 伦理研究所富士高原研修所的结构图。**3.** 伦理研究所富士高原研修所室内。（摄影：内藤广建筑设计事务所）

次对我们说：『这里如果采用刚性接合的话是不是更好一些？』图纸上，内藤广先生在这个接合部也做了醒目的红色标注。

当时我们认为，对于桁架结构来说，接合部改为刚性接合没有特别的意义，但是又不能直说，只好对内藤广先生说：『让我们回去考虑一下』（笑）。经过反复思考后发现，如果在接合部加入一个部件，便能将很多部件同时固定。

内藤：最后是用一个楔子固定的，对吧？

海洋博物馆展馆木质结构中使用了咬合部件的部位。（摄影：内藤广建筑设计事务所）

冈村：是的。加了一个楔子，将交叉点整体固定。通过这个楔子，使得原先分散的部件一下固定起来。对我们来说，那个楔子如同画龙点睛之笔。如果仅将各个部件松散地组合在一起，就达不到共同传导力的目的。为了将部件连接在一起，通常的办法是采用螺栓固定，但是内藤广先生希望尽量不使用金属部件，而是采用榫眼的方式固定部件。内藤广先生的建议无论在结构方面，还是在建筑方面，都给我们指出了一条更为光明的道路。如果与内藤广先生认真交谈，会发现有很多类似于这样的事情。

内藤：最大的亮点是工程的最后加入的咬合部件。实际上，海洋博物馆项目也采用了同样的结构。穹顶与柱子的接合处不稳定，因此在接合处使用了尺寸较小的咬合部件加以固定。有了这个小部件，穹顶与柱子的固定工作变得很轻松。当然，这只是一个微不足道的辅助材料，但是，那时我意识到，所谓木结构不就应该是这样吗？通过一个小细节，便能决定结构整体的走向。

冈村：在做结构设计时，需要考虑结构上是否具有合理性，然而合理性却并不仅仅是由结构原理决定的。在与内藤广先生共事的过程中，我对这一点有深刻的体会。合理性是理所应当具备的，但同时必须也符合除结构以外的其他原理。

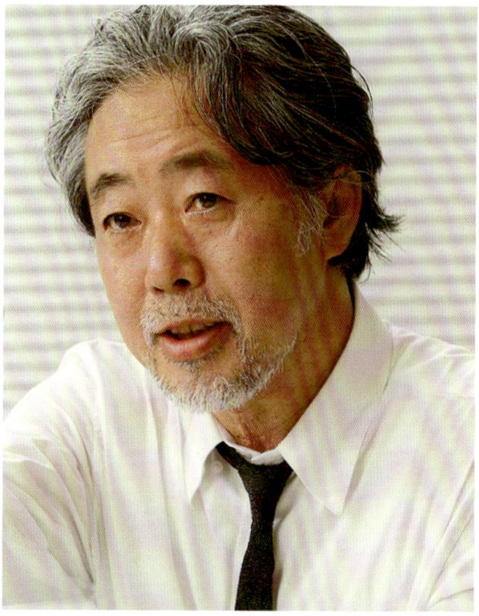

经过岁月洗礼之后展现出的美

冈村：关于新造型，内藤广先生曾经说过『不愿随波逐流』这样的话。看起来内藤广先生您似乎对新的造型不是很关心……

内藤：表面装作不关心，实际上可是非常关

蒙古包、蒙古游牧民族使用的移动住所。（摄影：内藤建筑设计事务所）

心的（笑）。不过，是不是要去尝试这样的新造型就是另外一回事了。我认为我对新知识了解不少，好奇心也比一般人强很多。另外，在探求建筑领域对人类的意义方面，我也比一般人更加执着。

现在有些学生的毕业设计中甚至出现了云朵造型，动辄摆出一副最前卫的架势，其实完全没有任何新意。这恐怕是一种错误的做法。

冈村：是的，『没有新意』是重点。我们偶尔在建筑杂志上看到一些特别的建筑物，会觉得『有趣』，但是这样的建筑能存续多长时间呢？就像毒品一样，药力起作用时尚可，一旦人们的热情退去，那时会怎样呢？这是很令人担心的一件事情。

内藤：总之，还是不能让人们心动啊（笑）。

冈村：内藤广先生会对什么心动呢？

内藤：漂亮的女性（笑）。蒙古的『蒙古包』，不管看多少次都觉得令人惊叹。那是将近两千年经验的累积，才能编制出的结构，多漂亮的女性都无法与之匹敌（笑）。

最近我注意到的是『BORO①』。第一次看到BORO时，我非常激动。当时我甚至想，这不正是二十一世纪新的价值之所在吗？类似于下北半岛农家自制的便衣棉袍，较重的重量能达到二百千克，厚度有五厘米左右。老奶奶把麻布边角料攒起来，重叠几层，缝在一起，甚至能传给好几代人。虽然看起来破旧，但却散发出一种非同寻常的美。这样一种凝聚了时光流逝的美，已经逐渐从我们身边消失了。它让我产生了触及生命本源的感觉。

如果说BORO之中蕴含着一种美，那么我认为这就是二十一世纪的价值取向所在。二十世纪的建筑和城市中丢失的不正是这个吗？建筑原本不就应该是这样的吗？海洋博物馆·收藏库中的木质结构船舶、渔猎用具，虽然在外形上与BORO不同，但是同样有着岁月的烙印，有我们失去的某种东西。虽然是很早以前的东西，但其中包含着极其先锐的价值，甚至可以说，其中孕育着新时代的思想及哲学。意识到这一点时，我很兴奋。

译注：①BORO，日本的一种古老的手工拼布缝纫艺术。

BORO。缝缝补补，流传了好几代人的便衣棉袍。
（摄影：内藤广建筑设计事务所）

不断更新的结构

冈村：对于结构来说时间也是一个非常重要的因素。设计一座能够存续三百年时间的建筑或许是有可能的，但如果有人要你设计一座能够存续五百年、一千年的建筑，就是一件极其困难的事情。现代的最新技术都不一定能够做到。

内藤：砖石结构或许有可能。可能又回到罗马时代了。

冈村：但是，如今已经不可能建造出与罗马时代相同的砖石结构建筑了。内藤广先生您认为，与现代的砖石结构相近的是什么呢？

内藤：欧洲的话，向类似于砖石结构以及高迪的抛物线拱等压缩系的方向发展的可能性较高。但是至于日本是否也是这样，我想答案是否定的。如果是像瑞典那样在岩盘上建造建筑物，那还比较容易，但是实际上我们需要在不可预测的脆弱地基上建造建筑物，无论地上部分如何坚固，建筑物终究还像是被放置在如同牙签一样脆弱的地基之上。

因此，日本建筑师不得不另谋他法。通过持续不断地翻修重建才能使寿命延长。或者说，就像刚才提到的BORO一样，经常性地缝缝补补，才能够用得更久。这样的方法也是可取的。

如果想要做得漂亮，也可以像伊势神宫一样，仅保留方法论，其他的事物都可以替换。这就是我现在正在考虑的时间的价值。

『结构永存』是一种自以为是的想法

内藤：回到结构的话题上来，让结构体本身永远存在，从某种意义上来说，这或许可以说是一种过于自以为是的想法。结构可能在某个时间点毁坏，但是通过维修能使其继续存续下去，或者干脆拆毁重建，但是技术会被保留下来，或者会有很多新的方法。

冈村：这是思维模式的一种很大转变。我们脑子里有一种强制性的观念，认为必须以永远不坏为目的进行结构设计。现在的建筑界，虽

然已经出现了『毁坏也没关系』『以毁坏为目的而设计』『建造应该被毁坏』这样的说法，但是尚未彻底。

比如我们现在想要控制很多东西。举个例子，热环境。环境本身并不消耗热量，但是我们却变得非常有防御性，衣服穿得很厚。结构也是同样的道理。想要保护眼前的环境及结构的性能，反而漏洞百出。不如采取更为轻松的态度，从长远角度考虑，结果会更好。

内藤：冈村先生讲的是冗余性（Redundancy）的问题。在近代合理主义中存在一种难以克服的弊病，即冗余性的逐渐减少，过度追求完美。而越接近于完美，局部毁坏越容易引起整体毁坏。这就是所谓的伟大的自我矛盾。所以，我认为是时候需要转换思维了，宁愿多去建造一些不那么完美的建筑物。

—

人品是建筑物的另一层安全网

—

冈村：作为结构工程师，或许不应该有

“内藤广先生对新造型不是很关心啊？”（冈村）
“表面不关心，实际可是非常关心的。”（内藤）

这样的想法。从根本上说，如果没有毁坏，那便不需要结构分析了。古代的罗马神殿也都没有做过什么结构分析，都是由有才华的工程师确定结构。从现代人的角度来看，那似乎是不能接受的，但从结果看来，那些建筑物的结构并没有毁坏。从现代工程师的技术看来，这似乎是不可能做到的事情，但在某种意义上，那却是我的理想。

内藤：我有同感。虽然很难。和冈村先生这样的交流让我非常兴奋啊（笑）。

在施工现场，内藤广先生也给了我很多的帮助。在岛根县艺术文化中心的施工现场，由于经费缩减，混凝土大梁的落脚处做了简化处理，这种情况下，稍有不慎就会出问题。事实是，在眼看着就要出问题时，冈村先生认真地考虑对策，最后把问题解决掉了。这让我非常感激。

冈村：岛根县艺术文化中心的项目上，混凝土预制件框架需要架设到下面的混凝土之上，由于山形框架呈开口状，为了避免开叉，于是制作了挡块加以固定。但

冈村负责结构设计的几个主要项目，从上到下分别为最上川故乡综合公园（2001年）、益子森林（2002年）、春日温泉·雅乐俱酒店配楼（2005年）。（照片：均由吉田诚提供）

是，有一天我接到施工现场打来的电话询问说：『这样做没问题吗？』我回答说：『没问题，就是这样设计的。』对方却说：『和预想的不一样。』

看了图纸，我注意到，安装挡块的地方，由于设置了有一定倾斜度的导水槽，呈逐渐下沉的走向，到了后边就没有挡块了。施工过程中谁都没有注意到这个细节。最后是施工现场的一位PC专

岛根县艺术文化中心混凝土预制件结构施工现场。由于出现了文中所讲的问题，之后在梁端周围重新浇筑了挡块，解决了隐患。
（摄影：空间工程学研究所）

业人员意识到不妥之处，对我说：『和以往常见的固定方法不太一样，不会有什么问题吧？』我才能迅速应对，顺利地解决了这个问题。

内藤：其实还是冈村先生的人品好。如果施工现场的工作人员不喜欢那个工程师的话，这些事是不会告诉他的。冈村先生是能够让人信赖的，所以工作人员才会把发现的问题告诉他。这就是我们用肉眼看不到的一张安全网。结构工程师是否能与施工现场站在一条战线上，对我来说也是非常重要的。因此我很愿意与冈村先生一起工作。

虽然这种力量是无形的，但却是最重要的一种力量。特别是最近，我认为带着这种力量工作的人是非常强大的。所谓建筑，归根到底是人做的工作，而不是机械、机器人做的工作。是否具备从整体上把握建筑这一过程的能力，是衡量一个工程师是否具有从业资格的标准。结构分析谁都能做，但能做多少别人永远学不来的事情，才是衡量你是否是一个真正的专业人员的标准。

没有美感的建筑物是不易被公众理解的

冈村：内藤广先生您似乎从没认真地说过『要创造美的东西』这样的话。但您一直都非常具有逻辑性地从周围环境、所处时代之中将无用之物剔除，致力于追求能够实现的东西。但是另外，我感到您也非常重视建造出的建筑是否包含美。

内藤：我自己总是希望能创造一种新的价值，但我也坚信，新的价值中必须包含美。

冈村：但是，并不是一味追求美，对吗？

内藤：是的，不是一味追求，而是自然而然地包含其中。为什么这样说呢？因为如果新的价值中不包含美，那么建筑物很难被公众所理解。所谓建筑，不能封闭起来自我满足，而需要打开心胸接纳别人的眼光。这里的别人，大部分情况下都是普通民众，需要考虑他们的直观感受，因此必须包含美感。如果人们觉得『啊，真漂亮』，他们就会敞开胸怀。

因此，美可以说是建筑物的一种资质，应该包含在建筑物之中，但是绝对不可以为

了追求美而建造建筑物。结构也是同样的道理。可以说，最为理想的境界是，在过程中没有一门心思地追求美，但是在呈现出的结果中自然而然地包含了美。结构师坪井善胜（一九〇七—一九九〇年）曾说过：『美就在真理的近旁。』我觉得这真是至理名言，美就在结构合理性的近旁，但是并不是一开始就在近旁寻求美。这就是最难的地方。美近在身旁，包含其中，这是一种难以言喻的、奇妙的感觉。

冈村：最近有一种言论，说结构很美，我不知道这种言论是否正确。『结构设计』是否真正存在呢？认真想想，仅仅结构合理，并不能带来美，还是需要从整体上作出判断。结构的好坏，也并不能单纯地从数量上作判断，也不能说只要是合理的结构，就是好的。结构工程师正在逐渐放弃他们原有的工作，但是，仅凭结构作出判断的确是很难的。最近我常考虑这些事情。

内藤：这是当然的，虽然结构属于力学领域，但是工学与人类社会关系最为密切，实际上其中包括了法规、时间、经济等。结构的合理性并不仅仅是力学方面的合理性，还包括复杂的多元化的合理性。虽然有人会认为这样的思维方式降低了结构的单纯度，但是从更为广阔的视角来看，这样的思维方式更具高度，或者说是一种更高层次的合理性。

土木工作是做什么的呢？我认为答案应该是，将经济与安全性放在最优先的位置，从中谋求合理性。但是由于一直在做这样的工作，慢慢失去了与普通人交流沟通的渠道，其中可能有一定时代的必然性，但是这样的时代已经逐渐结束了。这样就会出现新的合理性。举例说，是否能让一般民众认为，『那就是我们的桥』。这是一种融入了人类情感因素的更高层次的合理性。土木将逐渐进入这样的时代。

岛根县艺术文化中心是一座很大的建筑物，当地的老婆婆却说，『好像已经建成很久了』。这是最高的赞美，我非常欣慰。那是一座能让住在那里的人们觉得『属于自己』的建筑物。我认为那座建筑在很大意义上具备了合理性。这么说有点自卖自夸了（笑）。当然其中结构的合理性也必不可少。

"住宅设计是与他人的对决，所有建筑师都需要自我修炼"

内藤广 × 太田理加（原内藤广建筑设计事务所设计师）
Hiroshi Naito × Rika Ota

住宅设计耗费大量精力，设计费却并不高。在工作转入正轨之后，很多建筑师都不再承接住宅设计项目。但内藤广直到现在每年仍然会接手几个住宅设计项目。并且会在住宅设计上花费等同于公共建筑的精力。这是为什么呢？让我们听一听内藤与曾在事务所担当『伊东织之家』以及『金泽之家』设计工作的太田理加（太田理加设计室）之间，有关住宅设计的对话。

—

内藤：为了保持作为一个建筑家的能力，我会担当一些大型的建筑设计项目，但同时，我也希望能把住宅设计一直做下去。公共建筑面对的是抽象的受众群体，而住宅的委托方却是具体的每个人。用的是自己赚来的钱，房主都希望达到最好的效果。如果不能满足房主的要求，作为建筑师我觉得是有所欠缺的。虽然逐一应对这些要求，是一件很辛苦的事情。

大多数时候面对的都是一些住宅设计的常见问题，如果光是满足房主的要求，就没什么意义了，多少总想加入一些本质性的东西，可能是我有这样一种情结吧。虽然这么说，但是住宅设计，即便收取设计费，结果也都是赤字啊（笑）。

太田女士负责的『伊东・织之家』以及『金泽之家』，都是让我印象深刻的住宅项目。接受委托的时候，正好是『海洋博物馆』刚刚完工。两个项目都是在一九九五—一九九六年左右竣工的吧。那段时间，事务所承接的『安云野知弘美术馆』『茨城县天心纪念五浦美术馆』『十日町情报馆』等项目同时进行，我的脑子处于爆炸边缘，不，应该是已经爆炸了（笑）。就在那时，出现了一个个性鲜明的房主。如果没有太田女士，我们是无论如何也无法应付的。

太田：『伊东・织之家』的男主人在大学时代的专业是建筑学，毕业后进入政府工作，最初他们计划由男主人自己设计。但后来，身为织物艺术家的女主人提出应该委托专业的设计师进行设计，因此寻访了很多建筑师，最后找到了内藤广先生。

夫妻两人都有过海外生活的经历，谈吐思路清晰，对细节也有明确的偏好。在杂志上看到喜欢的设计样式，就会复印下来，收集了厚厚的一本，一开始就交给了我们。

内藤：女主人平泽惠美子可以说是织物世界的第一人，非常有创造性。她最初给我写的信里面，甚至描述了自己期待的生活方式等。

（摄影：花井智子）

首先要确定地基，之后才是整体设计方案

太田：那里的地理位置给我留下了深刻的印象。倾斜度三十度以上的坡地，是一个连站都站不稳的地方。

内藤：一开始看到这个地方，我心想该怎么办呢？如果不扶着树，很有可能会滑落到下面去。但是房主却如获至宝地说，『终于找到了一块平地』（笑）。据说之前房产中介曾经带他们看过更加倾斜的地方。

太田：所以，内藤广先生对我说，『首先着手设计地基吧』。

内藤：那时伊豆海域的群发地震刚刚过去，即便是倾斜的坡地，只要地基能够做好，其他的都有办法解决。

太田：不仅倾斜坡地是问题，整个地方几乎不通道路。因此，如果不能创造出一个能够建造建筑物的地方，那么所有一切都无从开始。通过反复地与结构设计师商谈、去政府咨询法律与法规、调查土质、研究倾斜太田理加（OTA Lika）：生于东京，一九八七年毕业于东京女子大学文理学部心理学专业，一九八七—一九九〇年就职于Raymond设计事务所，一九九三年早稻田大学专科学校建筑设计专业毕业，一九九三—二〇〇二年就职于内藤广建筑设计事务所，二〇〇三年开设太田理加设计室，兼任早稻田大学艺术学校讲师。

面应该削除哪些部分等，地基的设计逐渐确定下来。

内藤：地基所需的费用如果不能确定的话，地上建筑所需要的费用就无法确定。

太田：最后只有一台车能勉强出入那里，材料搬运、施工方法等问题也都必须考虑。就这样，在进入实质建设阶段之前将问题逐一解决掉了，同时，就每一个地基设计方案是否满足房主对空间的要求，以及应对应什么样的建筑设计方案，都一一进行了研究。

内藤广先生并没有在一开始的讨论中就给我一个既成的方案，让我按照方案去实施。首先，我解决了空间及其相关法律、法规的问题，之后才提出了几十种设计方案。一般来说都是从建筑物的可能性入手。之后，基本设计方案终于确定下来，就在即将进入实质性设计阶段的时候……内藤广先生爆发了（笑）。

内藤：有一天，房主自己制作了一个模型。那时我想，这个工作是干不下去了。因为我们自己就是建筑师，这关系建筑师的尊严。后来过了几天，我们去见房主夫妇，对他们说：『非常抱歉，希望能中止这个项目。』

作为专业的设计人员，对于房主提出的每一个要求，我们都要从法规、结构、经济因素等方面综合加以考虑。再加上所处地理位置的复杂性，要实现他们所期待的生活是非常有难度的。即便这样，我们仍然竭尽全力达到他们的期望，而房主的这种做法让我感觉很气愤。

1.“伊东·织之家”开工之前的状况，面北的急坡。**2.** 地基施工过程中。（摄影：太田理加）

太田：房主对我们提出的方案十分认可，十分高兴地做了模型。很少看到内藤广先生那么生气，我很吃惊，因为内藤广先生平时是一个极富忍耐力的人。

内藤：现在想来，那时的做法非常不妥。结果将近一年的时间，我完全失去了作这个项目的动力，项目也就被搁置了（笑）。虽然中间有过这样的事情，但从结果来看，那是个非常棒的住宅。

每次去那里，都会发现它比以前更美了。与建筑物相比，住在里面的人更为强大，不是吗？那所住宅被一片葱郁的绿色所掩盖，周围种着熏衣草、蔬菜等，内部空间也保持得非常整洁。看到这些，我会庆幸自己当初没有半途而废，没有终止这个项目。

—

将『红鬼』封印的设计师

—

太田：包括住宅在内，内藤广先生从不完全按照委托方的要求展开设计工作。住宅与大型公共建筑在建造方式上并无大的差别，设计完住宅之后，接下来再去设计公共建筑，也不会出现不适应的感觉。

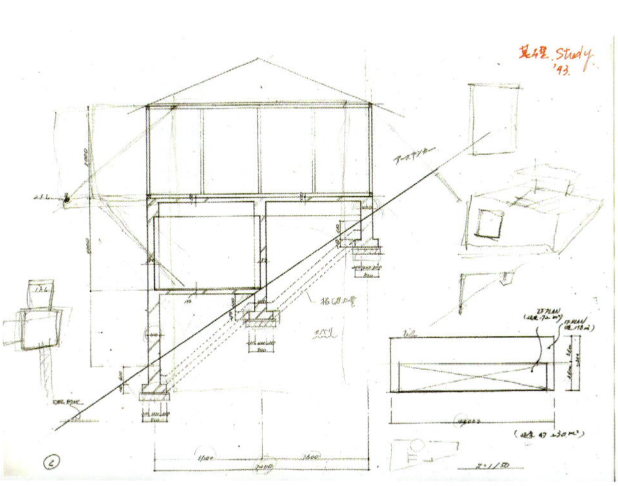

“伊东·织之家”地基设计阶段的图纸，铅笔画的内容为内藤广先生所作。

内藤：即便是大型建筑，也不会事先确定怎么做。

太田：如果您事先说了，作为员工我们就很轻松了（笑）。类似于要做成怎样的造型、一定要使用这个材料之类的话，您从来不说。

内藤：我也不知道自己为什么会这样。

太田：您把我提案中的想法一一否决。因此设计的过程，就像一段修行，把自己的邪念或者说杂念一一消除（笑），寻找自己前进的方向。内藤广先生不会直接告诉你，向这个方向前进是正确的，但是，他会提示你向哪个方向走，然后让我们自己去考虑这个方向是否正确。

内藤：承蒙大家关照我啊（笑）。

太田：在不断寻找的过程中，逐渐向内藤广先生瞄准的方向接近，最终会到达那个对的终点。

内藤：逐渐接近那个地点的时候，就会产生一种只有这样才对的感觉。我从来不会把自己的主观意识作为设计的标准。自己的想法，也就是『我自己』，是会不断变化的。如果以此为标准的话，就会变成，这个住宅是多少岁时的作品，而那个住宅又是多少岁时的作品，不同时间段的作品完全不同。这对于住宅的委托方来说是不能接受的。我也尽力把这种差异控制到最小程度。接这个项目时我多少岁来着？

太田：四十五岁吧。

内藤：这所住宅的外立面并不讨巧，一眼看上去会觉得是一所十分普通的房子。但是如果让我重新设计，也会选择这样的造型。我在设计『GalleryTom』（一九八四年）的时候，因为过于偏重造型而导致失败。之后我就再也不想建造那样的建筑物了。

设计分为两种，一种是依靠逻辑上的不断修正；另一种是依靠对造型的主观意识。我把这两者看作『蓝鬼』与『红鬼』①，逻辑为『蓝鬼』，造型为『红鬼』。在『GalleryTom』项目之后，我一直坚持『让红鬼暂时退下』的状态。后来的『海洋博物馆』，将成本降至最低，造型方面基本不作过多考虑。

之后一直都是『蓝鬼』占据主导，但事

译注：①红鬼与蓝鬼，来自日本寓言故事，意为红脸小妖怪与蓝脸小妖怪。

PROJECT

『伊东·织之家』

（一九九五年）

1

2

4

3

1. 从露台看起居室，露台上南北方向设有天窗。（摄影：内藤广建筑设计事务所）**2.** 从起居室看露台（西），房屋南侧设有天窗。**3.** 二层的书斋与一层的卧室。**4.** 房屋西侧的走道。

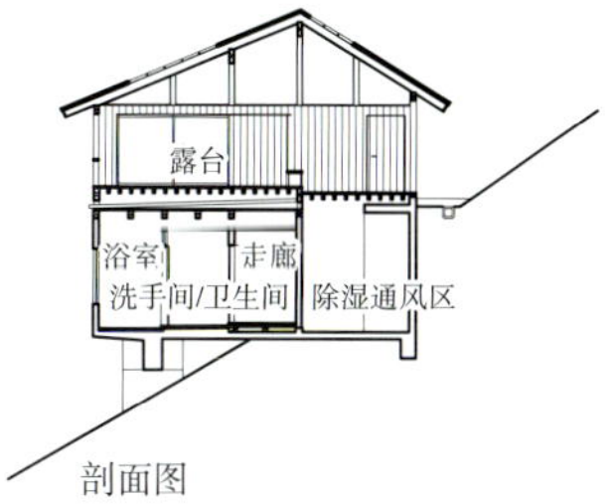

剖面图

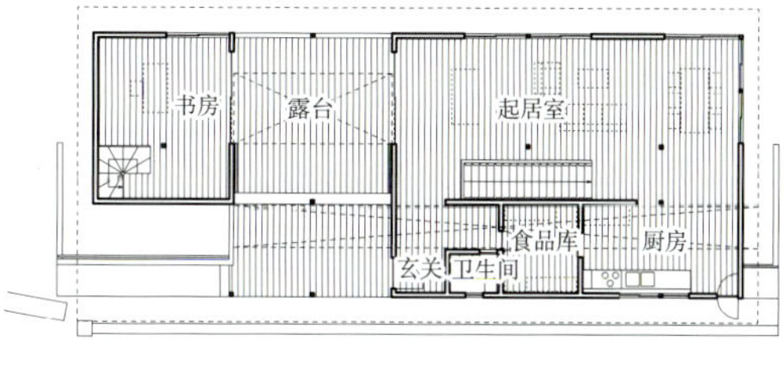

二层平面图

建筑项目数据

所在地——静冈县伊东市
所在区域——无指定、法二十二条区域
占地面积——852.24平方米
建筑面积——151.74平方米
使用面积——239.22平方米
结构、层数——木结构・一部分RC结构、地上二层
设计方——内藤广建筑设计事务所；结构：Study建筑事务所
施工方——石井工务店；设备：绿设备；电气：山田电工社
施工期——1995年1月—1995年9月
总工程费——6650万日元

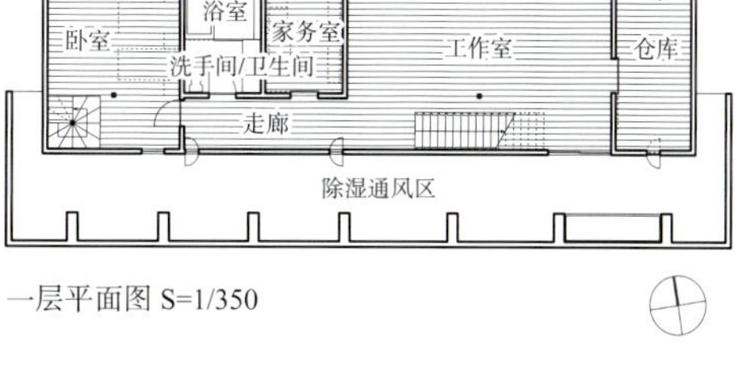

一层平面图 S=1/350

实上红鬼也顽固地存在着，因此或许某个时间点我的设计会发生改变。（二〇一一年春）辞去大学的职务，重新专注于建筑之后，我认为也应该听听『红鬼』的想法。因为如果过于固执，会给别人带来困扰。虽然后来还是又一次放弃了『红鬼』（笑）。

太田：在内藤广先生的意识里，其实造型的要素原本是非常强烈的。正因为过于强烈，才不得不将其封印起来，是这样吗？

内藤：嗯。实际上我的意识里，造型占据很大的部分。反过来说，如果没有这个部分，就会变成纯粹的逻辑性建筑。怎样把握各自的比例，正是有趣之处，经验因为『红鬼』悄悄地潜藏在某个地方。

太田：人们称内藤广先生为『山形屋顶建筑家』『木质结构建筑家』。

内藤：不准瞎说（笑）。实际上并不是那么简单，我这个人比较奇怪，很难得到别人的理解。

—

仅靠投标不能传达出内藤建筑的内涵

—

太田：要将这么高水平的造型能力压抑下去，内心会产生矛盾吗？

内藤：会的。特别是在招标不断失败时。在招投标这样的场合，很多方案摆在眼前，粗略一看就要作出判断，这种时候我的做法是没有优势的。这时如果让『红鬼』全面复出的话效果会比较好。但是，如果平时从不这么做的话，即便忽然决定『这次要走「红鬼」路线』，也是不可能的。如果没有平时的积累是不行的。即使偶尔在一开始画草图时尽力与平时不同，但接下来又会逐渐回归到与平时相近似的风格。最后还是会失败。我可以十分『骄傲』地说，对于这种招标失败我是很有经验的（笑）。

太田：因为光看招标方案的话，是感受不到内藤广先生建造的空间所拥有的力度及平衡感的。建筑物完工之后，会感觉到其中似乎融入了生命，生机勃发，为达到这个目的从绘制图纸阶段开始就要对细节孜孜不倦，但这些都无法体现在招标方案中，也很少有审查委员能够领悟到这么深的层次。

内藤：因为都是些无聊之物（边说边翻看桌面上的图纸册）。

太田：大多数建筑设计师都是先确定设计方案之后，按照既定方案作各种细节取舍，但内藤广先生却不是这样，他会依据各种条件和状况，将实际问题逐个解决，在解决问题的过程中寻求最合适的设计方案。在朦胧之中探索前行，而结果就是建成的建筑物之中融合了非常多的东西。因此，内藤广先生的建筑不是能用一两句话就描述清楚的，其内涵仅通过照片也无法全部传达出来，只有亲自去看那些建筑物，你才能明白各种要素是怎样巧妙地组合在一起，才能明白他通过诸多的建筑物想要表达的建筑的本质。我认为这与空间的力度也是息息相关的。

—

与房主的难忘的经历

—

太田：『金泽之家』与『伊东·织之家』几乎同时进行，在一块地上要建四座建筑，房主也是非常厉害的人物。

内藤：『金泽之家』的房主是被称为陶艺第一人的中村梅山先生以及他的三个儿子。梅山先生当时已经将近九十岁，他的儿子也都比我年长。他们是陶艺世家，长子锦平先生被称为前卫陶艺第一人，与建筑界也很有

“人们都说您是山形屋顶的首席建筑师。”（太田）

“不要瞎说。”（内藤）

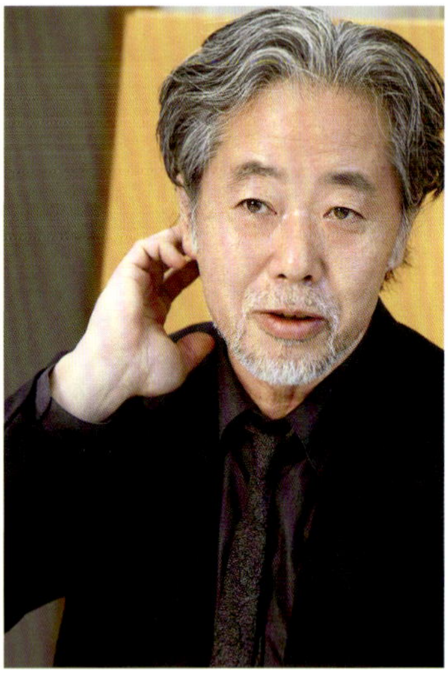

渊源，之前我们已经认识，忽然有一天他对我说：『我们要重建金泽老家，拜托您来设计吧。』我心里多少有些忐忑，觉得任务艰巨。我首先去拜访了梅山先生一趟。是和太田设计师一起去的。在踏进茶室的一瞬间，我产生了一种不可思议的感觉。虽然茶室没有什么特别之处，也并不奢华，却给人一种压倒一切的气势。

太田：可以说每一个地方都体现了主人的高雅情趣。每一种材料的使用方式和比例，都恰到好处。

内藤：我们喝到了用梅山先生亲自制作的茶碗盛的抹茶。那时是夏天，使用的是浅平的茶碗，看上去外形很普通，但是端起茶碗送到嘴边时，却令人感触非凡。当时的感受至今仍然记忆犹新。那么出色的人物，却非常平易近人。我和太田设计师都非常喜欢那位可敬可爱的老人。

太田：一位非常好的邻家大叔。

内藤：我后来才知道，梅山先生年轻时历经磨难，为将金泽的茶叶推向世界，还曾经走街串巷卖过自制的茶碗。正因如此，他了解茶室、庭院等金泽文化的精髓。梅山先生的次子卓夫先生说过，『父亲已将金泽文化的精髓集于一身了』。那时我才明白了茶室的那种氛围。那不是炫耀，而是梅山先生将自己心中的金泽文化通过一个房间表达出来。受到那个房间的鼓舞，我内心涌起一股干劲。但是，这个项目着实不易。因为对方是四位陶艺家，且性格迥异。

太田：方案非常复杂。茶室作为供常住东京的长子锦平回来时使用的客房，围绕茶室，北侧为次子卓夫一家的住所，南侧为三子康平一家及父母双亲也就是梅山夫妇的共同住所，东侧为康平先生的工作室，也需要重建，院子里的三棵大松树要保留，这些都要融合在一块地上。另外，卓夫先生和康平先生在不同时间申请了住宅金融贷款，贷款划拨时间马上就要到了，摆在眼前的问题就是，必须尽早拿出方案。

首先要研究地块的分割以及布局设计。我记得一开始的时候一直在计算面积。为了设计出能够同时满足各方要求和条件的方案，花费了很多的精力。

房主制作的『把手』令人叹服

内藤：这里与伊东不同，地形平坦，一开始我还以为很简单（笑）。我按照他们的要求提出了很多方案。后来卓夫先生告诉我，梅山先生曾对三个儿子说，与建筑师一起工作的机会很少，要与建筑师一起坚持到底，把过程中的经验作为自己陶艺创作的食粮。

太田：的确，我们也很期待与内藤广先生一起工作的过程中，能够看到很多不一样的东西，吸取各种经验。

内藤：特别是卓夫先生，他的求知欲非常旺盛，为什么采用这种材料？这里为什么是这样的形状？每一个问题他都要问。我有点像被拷问的感觉（笑）。卓夫先生曾经在公司工作过一段时间，后来才走上从事陶艺的道路，所以可能求知欲望比别人强烈很多。但我并不是一个事先计划好再实施的人，所以有时很难简明扼

PROJECT

『金泽之家』

（一九九六年）

1

2

4

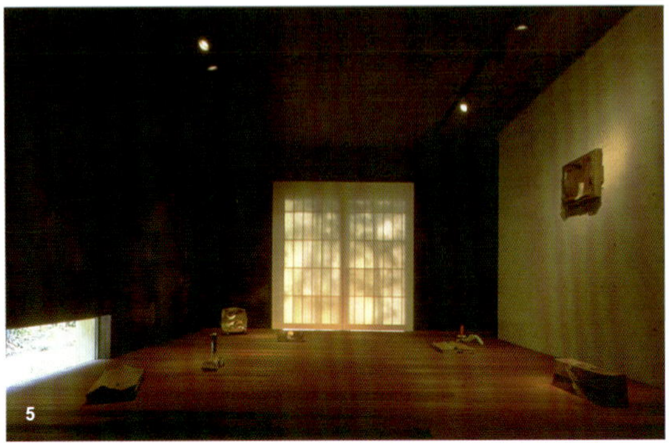
5

3

1. 从B座客厅看前厅。拉门上的把手为房主中村梅山先生的作品，客厅一侧为“福”字，外面一侧为狼牙棒形状，意为“福在内，鬼在外”。**2.** 西侧外观。从左至右为A座、B座、C座。**3.** 从东南方向俯瞰。近前为D座（工作室），右里侧设有天窗的建筑物为A座，照片中央为复原保留的B座（茶室）及C座。**4.** 复原保留的B座茶室客厅。**5.** A座接待室。

要地回答他的问题。

太田：内藤广先生曾说，要将关系到实际生活的必要环节，例如如何应对积雪问题等关键点把握好，其他的就由房主的喜好来决定就可以了。

内藤：但是，即便是按照房主的喜好来，他们也会因为不放心而不断询问。有时我能给出恰当的答案，有时难免败下阵来（笑）。他们提出的一些问题很尖锐，能够一下子抓住要点，令人意外。

太田：在项目实施过程中，让我又一次感受到梅山先生非凡之处的，是在确定前厅与客厅之间的拉门的高度的时候。当时决定利用原先放在玄关的屏风，屏风本身的高度有点低，所以在屏风的下方用钢板制作了一个底托，用来增加高度。请梅山先生决定屏风高度的时候，他一言不发地站起身，轻轻地将手抬至额头处。那是一个让客人稍微俯身即可进入客厅的高度。

内藤：最后效果非常好。

太田：梅山先生专门为拉门烧制了一个拉手，把手的客厅一侧是一个『福』字，外侧是狼牙棒形状，寓意『福在内，鬼在外』。

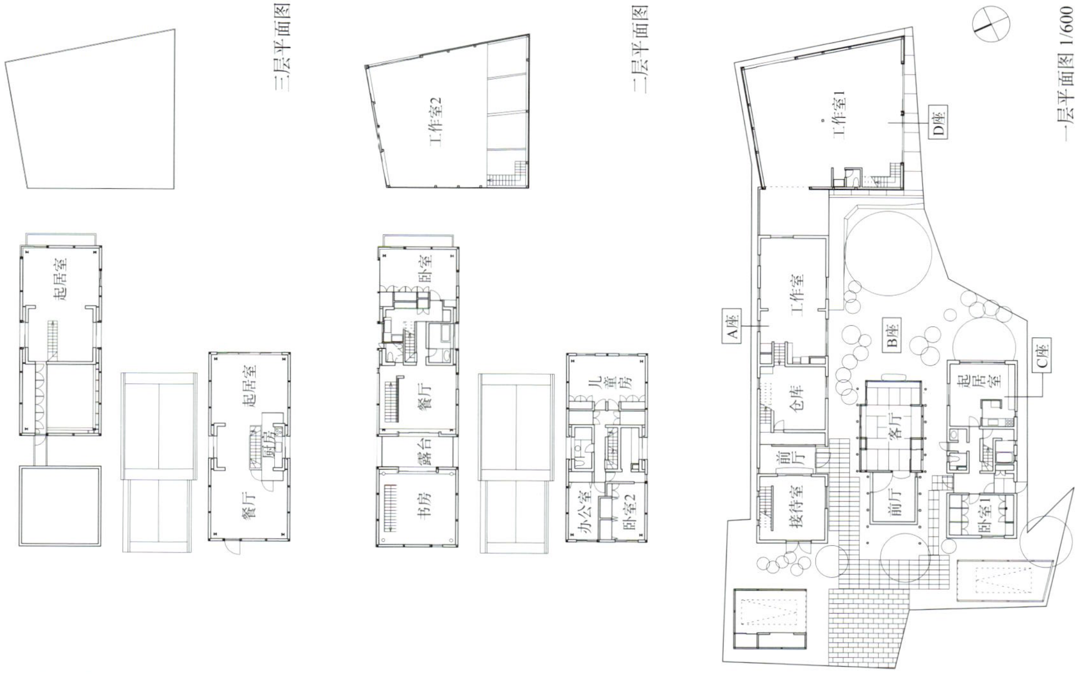

三层平面图

二层平面图

一层平面图 1/600

建筑项目数据

所在地——金泽市
所在区域——住宅区、准防火区域、传统环境保留区域
设计方——内藤广建筑设计事务所；结构：Study建筑事务所
施工方——竹中工务店；设备：斋久工业；电气：寺泽电工；外构·造园：一正造园；木工·装修工程：Takaha工业；家具：田口木工制作所
施工期——1995年1月—1996年3月

A座
占地面积—315.23平方米；建筑面积：158.76平方米
使用面积—328.51平方米；结构、层数：RC结构·S结构、地上三层

B座
占地面积—148.79平方米；建筑面积：63.81平方米
使用面积—51.03平方米；结构、层数：S结构·木结构、平房

C座
占地面积—493.36平方米；建筑面积：94.77平方米
使用面积—226.49平方米；结构、层数：RC结构·S结构、地上三层

D座
占地面积—493.36平方米；建筑面积：134.90平方米
使用面积—232.51平方米；结构、层数：S结构、地上二层

住宅设计比公共建筑更有难度

内藤：看到那个把手，真是令人叹服。有这样出色的房主存在，住宅设计可以说是一种修炼。把住宅设计作为建筑设计的入门是一个极大的错误，向刚开始学习建筑的学生们，提出住宅设计的课题，是一种错误的做法。住宅设计是一个无边无际的深奥的世界，比公共建筑更具挑战性。

说到建筑教育，我认为大学并没有教给学生们建筑的本质，而是交给他们要拥有建筑的梦想，以及拥有梦想的重要性。这与建筑的本质是大相径庭的，完全是痴人说梦。我看到年轻人，就会有这样的感受。当然，年轻人应该怀揣梦想，但是，完全不教授本质的内容即现实中发生的东西，而只评论设计本身的好坏，这种教育理念我认为是不可取的。

太田：没有接受现实生活教育的学生，在遇到像『伊东·织之家』以及『金泽之家』这样的强有力的房主时，该怎么面对啊。

内藤：有一次，在为某个建筑奖审查几个住宅项目时，有一位四十岁左右的建筑师说：『今天要接受审查，把纱窗拆下来吧』（笑）。这是个大大的错误。到底建筑设计是干什么的呢？住宅就是一个生活的场所，设计一个有纱窗的住宅是没有任何错误的。放了暖炉的房间，不是也很有生活气息吗？

太田：内藤广先生经常这样告诫我们，房主的生活、他们使用的家具比房子本身更有力量，所以我们要创造出一个不输给这些东西的空间。

内藤：从这个意义上来说，住宅设计能够让人回到原点。不论对什么样的建筑，我都希望按照我自己原本的性格、想法去设计，但是面对公共建筑这样大规模的建筑时，却不能这样做，必须披着资历、身份等无聊之物铸成的盔甲。

但是住宅设计不同，对手都很厉害，这完全是人与人之间的对决，即使你是建筑师或者大学教授也没有用。那时，我才是真正的我。因此，对我来说，住宅设计是作为一个真正的建筑设计师生存下去的一种不可或缺的修炼。

第四章

走向“土木”

（2006年至今）

从2001年起，内藤广站上了东京大学的讲坛。
教授的内容是“社会基础学”，属于土木领域。
内藤广在土木与建筑的往来行走之中，完成了3所车站的设计。

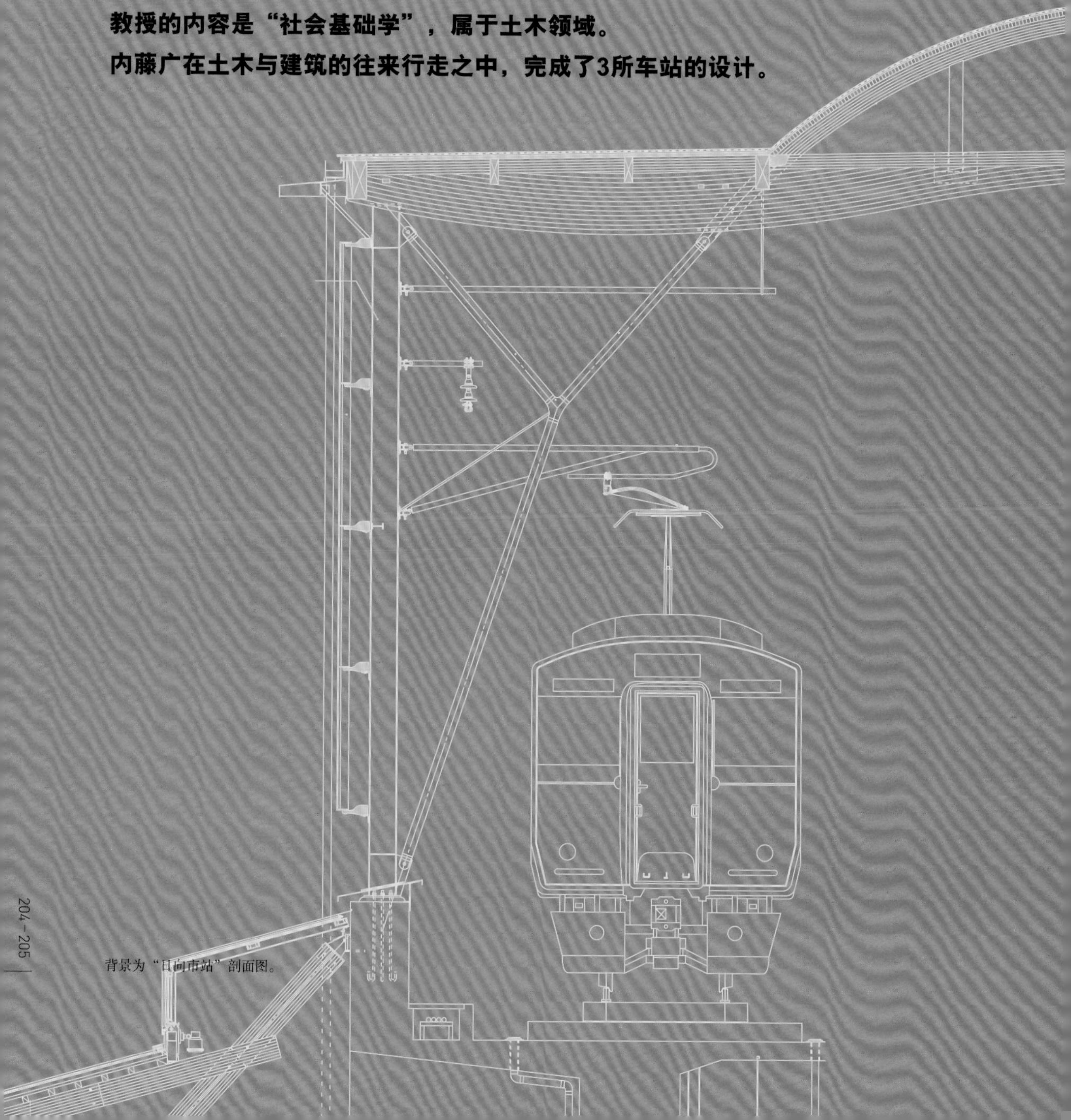

背景为“日向市站”剖面图。

2006年

访谈
05

『虚拟化的建筑将告别历史的舞台』

——创刊三十周年纪念访谈：畅谈建筑师与社会的变化（藤森照信×内藤广）

刊载于NA（2006年4月10日）

在过去的三十年之中，建筑设计为社会带来了怎样的影响？产生了什么样的作用呢？让我们听一听，建筑史学家兼建筑设计师藤森照信以及一直着眼于挖掘社会与建筑间内在联系的内藤广是怎样看待建筑设计的过去、现在及未来的。此访谈为NA创刊三十周年（二〇〇六年）纪念特别策划。

——**建筑设计今后应如何发挥它在社会中的作用呢？**

内藤：说到今后建筑设计的目标，很难给出明确的答案。虽然应该十分确定地说『要怎样怎样』，但是我内心之中的确没有这样的答案。实际上，每一个项目都是在痛苦的煎熬之中完成的。工作的百分之九十九是琐

藤森照信（摄影：山田慎二）

碎、繁杂的事情，我关心的是怎样找出支撑这百分之九十九的繁重工作的、有价值的那百分之一的希望。

另外，我也很看重技术。包括我在内，从事设计工作的人如果只用大脑考虑事情，其结果往往不太可信，今天认为是确定的事情，明天就会有不同的想法。技术作为强大的后盾不会反复无常，所以掌握技术也是很重要的。

很多时候，百分之一的希望，就是在对技术的不懈追求之中得来的，就像一个寻宝的过程。在感觉敏锐的探测仪正常工作时，通常能将不慎失落的宝物探测到。我偏向于这样的行为方式，因此从不在一开始时就画好草图，宣称『我要这样设计』。

藤森：至于我，我的脑子分成两部分，一部分是撰写文章的评论家的头脑；另一部分是设计建筑物的建筑师的头脑。

设计建筑物时，我会拼尽全力追求自己想做的东西，基本不会刻意考虑设计的事情。不过，我一直对建筑抱有明确的信念。现在这种信念比以前更加强烈。年轻时我曾怀疑，建筑到底为何而存在，到现在，即便从理论上，我也能够明白建筑是多么的重要。

内藤：以前的建筑家，有可能明确地说出『这就是日本建筑发展的方向』，而现在，已经不是一个能够单纯地对未来的发展方向抱有信念的时代了。

藤森：的确是这样。比如在辰野金吾等明治时代，国家的发展与建筑家的命运息息相关。之后的现代主义时期的丹下健三、前川国男等建筑家，对社会的改革抱有强烈的使命感。也就是说，建筑家们在明治时期与国家紧密相关，昭和时期与社会有着紧密的关联，抱着明

内藤广

确的信念从事着他们的建筑设计工作。

但是，在丹下健三时代之后，这种现象便消失了。现代主义之后，又迎来了后现代主义，包括后现代主义时期在内的三十年时间之中，以往的那种明确的信念，在建筑界销声匿迹了。

内藤：发生安保斗争及学生运动的一九七〇年，我认为是日本文化的一个岔路口。一九七〇年的大阪世博会（日本万国博览会）对于建筑文化来说，是一块『试金石』。不管怎样，普通市民大为欢喜，蜂拥而至。遗憾的是，就是从那一年开始，日本明确转舵，确定了『今后向商业国家发展』的方向。『经济越发达，国家才越强大』，建筑也被这种思潮所影响。从那之后，建筑应有的价值，便消失不见了。

藤森：我也去了大阪世博会。展示内容十分无聊。但一定被当时的小学生所接受，并因此出现了『御宅族』①。大阪世博园至今仍是御宅族的圣地。大阪世博园之父丹下健三先生，也被御宅族奉为英雄。

内藤：御宅族这一代对应的应该是现在四十岁左右的建筑师，他们对待建筑的态度与我们这一代明显不同。就拿我来说，总是觉得有很

大阪世博园中心区的纪念广场，由丹下健三团队设计，宽大的屋顶使用了立体桁架结构，此结构之后被用作中庭等设计。大屋顶组装时使用的浮升架梁法被梅田摩天大厦等采用。看到纪念广场建筑方案的冈本太郎先生，设计制作了穿过大屋顶的太阳之塔。1970年3月至9月举办的大阪世博会，共迎来了6421万名游客。（摄影：村井修）

译注：①御宅族，原指热衷及博精于动画、漫画及电脑游戏（ACG）的人，现在一般泛指热衷于某领域，并对该领域文化有极深入了解的人。除指动漫画与游戏的爱好者以外，有时也用于其他方面的狂热爱好者，例如军事。

多事情没有做完，有一种未尽之感，总觉得『如果当初那样做的话效果就会更好了』，这种压力不断累积，也会反映到建筑中，空间必须具有开放性。但是他们那一代建筑师不会有这种感觉，我们这一代与他们的风格完全不同。

藤森：确实是这样。不过，是不是轻逸？是否偏好具有开放性的空间？这是否是一个致命的弱点？这些问题都需要经过一段时间才能作出判断。

——一般民众也会看到这种『不具有开放性的空间』吗？

内藤：不是经常被Brutus杂志这样的媒体发表出来吗？

藤森：是吗？总觉得Brutus多数会发表安腾忠雄这样的建筑师的作品。安腾先生的建筑一点也不属于轻逸、开放性的风格。

以前，我看到大学研究室的学生们总会大吃一惊。他们现在都不满四十岁，对安藤先生的建筑非常向往。可是自己设计的建筑却与安藤先生的风格完全不同。

御宅族一代的建筑师设计的空间存在“遗漏”（内藤）

内藤：从易懂这一点来说，年轻设计师的建筑与安藤先生现在的清水混凝土倒是一样的。安腾先生早期作品『住吉长屋』（一九七六年）里面弥漫着一种迷惘、恐怖的气氛，这种气氛恰恰给建筑物注入了强度，深奥的内涵正是其独特之处。但是，这样的特点在后来慢慢消失了，安藤先生的受欢迎程度反而大大增加。

藤森：年轻建筑师对安藤先生的清水混凝土的看法，与我们是完全不同的。我们将安藤先生的清水混凝土与勒·柯布西耶（Le Corbusier）①、吉阪隆正看作一类。如同安东尼·雷蒙（Antonin Raymond）②的那句名言：『混凝土是大地的延伸』，不仅要看混凝土的表面，还要了解它背后所包含的东西。

但是，如今的年轻建筑师们，仅将混凝土的表面看作某种记号，或者一张膜。结果就是，混凝土被当作一种很轻的材料。

同样是对混凝土，隔代人之间看法不同（藤森）

内藤：把清水混凝土看作建筑物的『丝质表皮』，对吧？但是只注重表面也是无可厚非的吧？

藤森：以前，林昌二先生说过，『现代主义建筑师们说他们想要通过清水混凝土来展现一种技术，我一开始就认为那是谎言，其实想要展现的是模板』。

也就是说，混凝土本身实际上拥有很复杂的性质。一面是模板，一面是实体。我们看到的是实体，而年轻建筑师们看到的却是模板。

同样面对安藤先生的清水混凝土，年轻建筑师与我们的感受完全不同，不论从哪个角度，对安藤先生的评价都很高。从中，或许能够看到『表皮』的两面性。

内藤：但另一方面，可以说表皮仅仅是表面的几微米的世界。但是如果加入时间这个概念，表皮作为建筑的要素，其地位可以说微乎其微的。注重表皮的想法很早以前就有了，这也是近代建筑的一个特

译注：①勒·柯布西耶，生于瑞士，20世纪最著名的建筑大师、城市规划家和作家，是现代建筑运动的激进分子和主将，被称为“现代建筑的旗手”。

译注：②安东尼·雷蒙，出生于捷克的美籍建筑师。

征。萨伏伊别墅（勒·柯布西耶作品，一九三一年）以及范斯沃斯住宅（密斯·凡德罗作品，一九五一年），都采用了纯白色粉刷墙面，将时间维度设置为零，这意味着它从完工后的一瞬间就开始被时间消磨。在近代，时间被逐渐微分化，最终走向虚拟的影像空间。

这种潮流即将到达一个临界点，如果不加以控制，就无法发现新的建筑的价值。因为建筑与城市是真实存在的，而不是虚拟的。我想我们马上就能看到转折或回归了。

藤森：一九二〇年之后的现代主义，无论从哪方面，都看不到『时间』与『自然』。但是，人类是无法抛开历史和时间而存活的。现代主义建筑家们都无视了历史和自然。

这之后的建筑家们有一种很强烈的倾向，那就是，『虽然看到历史性的建筑会被感动，但却不把这种感动带来的影响体现在建筑作品中』。以往的建筑家，一旦被什么东西所感动，画出的图纸就会有所改变，会如实地将感动带来的影响表现出来。而如今日本的年轻建筑师们，虽然会不厌其烦地参观各种历史性的建筑，他们的作品却不会受到任何影响。不知道这些历史性的建筑有没有真正地成为他们创作的养料。

建筑及城市是真实存在的，而不是虚拟的（内藤）

——年轻建筑师们怎样看待与社会之间的关系呢？

内藤：对最近的年轻建筑师，我们不作好或坏的评论，他们形成了一种非常有意思的独特的文化现象。原因可能在于，他们从直觉上认为现代社会是令人难以应付的。社会制度、社会状况逐渐变得困难起来，在这样的大背景之中，御宅族以他们特有的方式寻找挽救建筑价值的方法。这种想法是可以理解的。

藤森：这可能是社会体制的顽固性所带来的结果。

内藤：我看过一篇文章中说，『如果说过去是差异的后现代主义，那么现在便是管理的后现代主义』（出自下一页的书籍）。现在的社会，逐渐通过吸纳差异的方式来

1. 勒·柯布西耶基于现代建筑无原则建造的萨伏伊别墅，该建筑面临毁拆的危机时，国家出面将其收购并进行了修复。（摄影：细谷阳二郎）**2.** 在2004年举行的第九届BiennaleVenezia国际建筑展上展出的森川嘉一郎的“御宅族的房间”等作品。2006年同一展览中，藤森担任日本馆负责人。（照片：BiennaleVenezia）

藤森照信（FUJIMORI Terunobu），一九四六年生于长野县，一九七一年东北大学建筑专业毕业，一九七八年东京大学大学院博士课程毕业。一九九八—二〇一〇年任东京大学教授，现为工学院大学教授、东京大学名誉教授，凭借《日本近代建筑及城市研究》获得日本建筑学会奖（论文），主要作品包括蒲公英之家、韭菜之家、熊本县立农业大学学生宿舍等。

实现社会管理。

藤森：为了保证社会整体的均衡，内部存在小的差异是必要的。但如果这样的话，建筑之中只能允许存在一些微小的个性差异，那些出格的个性是无法令人接受的。

内藤：巧妙管理之下的差异形成了文化。但是，如果找不到打破它的方法的话，建筑本身的价值就会在高度管理的社会中逐渐被抛弃。即便能够营造一些虚幻的空间，这样的建筑物也不会具备打动人心的力量。

藤森：可能现在的年轻建筑师并没有考虑过要打动别人。

内藤：但是，不论建筑还是文化，其本质不就在于打动人心吗？

藤森：听您这么说我想起最近举办的前川先生、吉村顺三先生的展览，连对建筑不怎么了解的人们都纷至沓来，盛况空前啊。

内藤：现代主义建筑家之中，丹下先生可以说是首屈一指的人物。前川先生等人都无法与丹下先生匹敌，虽然这么比较并不好。丹下先生实际上有非常复杂的一面，但他的作品却

出格的个性无法被理解的时代（藤森）

非常易懂。然而前川先生或吉村先生的作品却晦涩难懂。可能是因为一直以来对人的关注多过对建筑的关注吧。

不过，看到最近一些展览的盛况，感觉之前无法与丹下健三先生匹敌的那些建筑师们开始大规模地发力了。已经出现了从某个角度去理解他们作品的潮流。

从建筑的现实情况来看，最近的三十年可以说是『空洞化的三十年』。也就是说，先辈们花费很长时间积累的建筑文化已经被消耗殆尽，现在已经来到

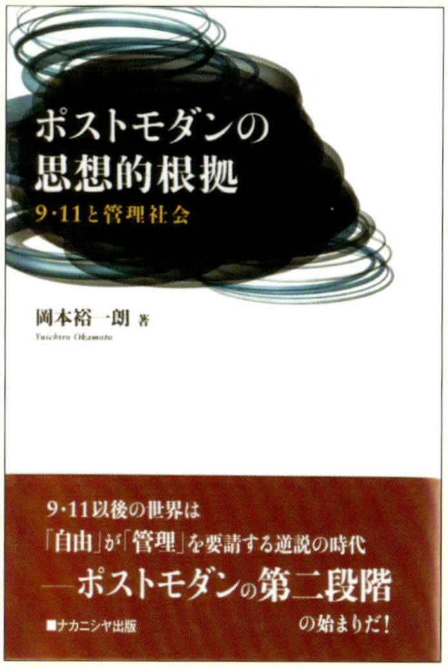

Nakanishiya出版社于二〇〇五年七月发行的《后现代主义的思想根源——九·十一与社会管理》，作者为玉川大学文学部教授冈本裕一朗，书中对复杂、难以理解的『社会管理』进行了阐释。

了崩溃的边缘。二十世纪八十年代，在施工现场，还能感受到一点江户时代遗留下来的文化。那种精神在困苦之中仍能传承三代。也就是说在那时仍有江户时代的工匠的子孙在施工现场工作，他们仍然残留着些许江户时代遗留下来的对建筑持有的情结和精神。然而，泡沫经济为此画上了休止符。无论什么领域都是经济优先，世人也鄙夷地将施工现场以及工匠的工作归结为3K（危险、肮脏、辛苦）的工作，下一辈都不再继承家业。

藤森：特别是建造住宅的工匠们，他们的技术已经后继无人了。

优先经济效率及法律制度导致了空洞化（内藤）

内藤：无论大型建筑集团还是大型的设计事务所，都把工程分包出去，主体已经空洞化。建筑产业的重复转包体制，更进一步促进了空洞化。由接受第四层、第五层转包的工匠在施工现场工作，变成了理所当然的事情。其结果就是，比起实际工作的工匠，管理人员要多出很多。泡沫经济崩坏之后，受到不良债权处理的影响，整个社会更加强调经济效率的优先。

国土交通部将建筑按照设计、结构、设备的划分采取纵向管理，并且设置了设计、监理等横向管理体制。制定这些制度的人们，并没有在施工现场工作或从事设计实务的经验，只是从管理的角度出发做了细分。这可能使得空洞化进一步加剧。管理机构应该从小型建筑开始，哪怕只是在室内做一些简单的设计工作，对实际情况加以了解。这样做，制定出来的制度才能更加贴近实际情况。

今后，通过法律制度的调整，表面看上去社会制度可能会更加优化。但是，如

1. 2005年11月—2005年12月，东京艺术大学大学美术馆举办吉村顺三建筑展，共计39721人前来参观。**2.** 2005年12月—2006年3月，东京Station Gallery举办前川国男建筑展，共计34074人前来参观。（照片：右图为东京艺术大学大学艺术馆，左图为mosaki）

果现状无法得到改善的话，即便想要建造高品质的建筑，一直以来为建筑的品质提供保证的建筑从业人员却会越来越少。

藤森：危机不仅仅限于工匠，还有濒临消失的传统技术。石山修武先生使灰浆复活。他在『伊豆长八美术馆』（一九八四年）项目中使用了土佐灰浆，使土佐灰浆第一次走出了四国地区。之后，大家都开始使用灰浆。再之后，由于『Sick House①』问题，灰浆在普通民众之中得到很高评价，至今仍然经常被用作公寓外墙的涂墙材料。

某一位建筑家的一个发现，能与社会产生这么大的关联，使濒临消失的传统技术起死回生。处于类似境地的技术还有很多，正等待着某个人的拯救。

内藤：我想，现在已经到了一个必须尽快将传统技术中蕴含的建筑精神找回来的时候。抛却非主流的差异，即管理的后现代主义，建筑的真正的价值，就在克服现状之后的不远的前方。

3. 石山修武设计、1984年完工的伊豆长八美术馆。照片中通道部分采用了土佐灰浆及生铁壁。（照片：三岛叡）**4.** 内藤广设计、2005年9月完工的岛根县艺术文化中心。用于墙面材料的石州瓦倒映着天空的颜色，根据光线的不同，变幻出不同的效果。（照片：吉田诚）

译注：①Sick House，由室内空气污染引起，使生活在其中的人们健康受到影响甚至严重损害，对小孩、老人和病人等易感人群的危害更令人担忧。主要原因归纳起来有以下三点：1.密封性设计、通风不良；2.建筑物墙体污染；3.室内家具污染和室内装饰材料污染。

2008年

建筑作品
13

日向市站
宫崎县日向市

刊载于NA（2008年5月12日）

用当地的杉木作为结构材料的车站

从东口的广场仰视车站。连接东西的车站中央大厅的高架跨距为21米，约为普通规格的两倍。顶棚的里侧屋顶、路灯柱等都使用了杉木材料。（照片：吉田诚）

日
向
HYŪGASHI
市
STATION
駅

1. 一层天花板使用的是长度不等的杉木间伐材。外围的柱子、站台的天花板梁使用的是生产过程中产生的剩余材料。为突出木材温暖的质感，照明统一使用白炽灯泡。2. 通往站台的楼梯。扶手使用的是通过压密加工增加了强度的杉木材。指示牌使用的蓝色，是在有市民参加的研讨会上确定的日向市标志颜色。

位于九州东海岸中间位置的日向市，人口约为六万四千人，是宫崎县第四大城市。为配合从日向市通过的JR日丰本线高架桥改造，新建了日向市车站，车站的大屋顶材料采用了当地产的杉木。杉木与洋松等木材相比，生长周期更短，材料可塑性强。虽然在加工方面占有优势，但是一般不适用于大规模建筑。

以杉木为中心的城市建设

『太辛苦了，差点说要放弃了。』说出这句话的，正是宫崎县县土整备部日向土木事务所（当时）所长藤村直树。藤村曾于一九九八年前后，在城市规划科参与了日向地区的连续立交桥项目。

该项目由宫崎县发起，委托九州旅客铁路（JR九州）具体实施。杉木材料的采用，缘于当地的强烈意愿。

日向商工会议所常务理事黑幕正一先生，在他担任日向市市区街道整备科科长的一九九六年，为促进市中心区域未来的发展，发起成立了车站周边城市建设研究会。关

站台。采用杉木集成材天花板梁与钢柱架构。
为突出木材的存在感，连接部位使用了深灰色。
为增加明亮度，地板及墙壁使用了白色。

于城市建设的目标，他说：『宫崎县是日本出产杉木材料最多的地方，我想把杉木技术发扬光大。』使用了杉木材料的车站，就是一个象征。

发起人的三方协议

铁路高架及车站的具体研究始于一九九八年。此时成立了以筱原修（政策研究大学院大学教授）为主席的『日向地区铁路高架·车站设计研究委员会』（于二〇〇〇年扩大为城市设计会议）。项目发起人宫崎县、日向市、JR九州三方开始召开会议进行协商，但是对这种方式不太适应的JR九州一直缺席会议，所以项目开始时并不是一帆风顺。

筱原推举了他信赖的设计师，就是一九九六年负责设计了旭川站（参见二百五十页）之后，一直与筱原有来往的内藤广。内藤广说：『杉木原本一般不作为结构材料，虽然我提出反对，但是当地的意愿非常强烈。』

因此，成立了以县木材利用技术中心所长有马孝礼为首的，集结了县土木部与林务部、负责结构设计的川口卫构造设计事务所以及当地木材公司的技术研究小组。通过各种各样的反复实验，解决了技术方面的问题。

成本方面也面临挑战。筱原对占总工程费百分之九十左右的高架桥部分的结构进行反复研究，向JR九州提交出了数千万日元的成本缩减方案。

在这个过程中，各方逐渐建立起信任关系，顺利完成了项目。

1. 透过玻璃幕墙，从站台眺望海洋方向。一条几乎为直线的道路，直接通往离此处两公里远的细岛港。**2.** 从西口的广场眺望门川方向。环岛中央埋有当地富高小学毕业生们制作的时间胶囊。

对合理性的追求引出集成材料的造型美

这个项目最大的特点，也是最大的挑战就是将宫崎县当地出产的杉木用作结构材料。曾参与了国立代代木竞技场等诸多知名建筑的结构设计的川口卫，为建筑设计师内藤广提供了很大的帮助。

与钢铁、混凝土相比，同样比重的木材在强度、刚性方面表现更为出色，如果大跨度地用在较高的位置，结构效果会非常好。站台的天花板梁就使用了钢铁柱与斜撑相接合的木结构。

内藤广建筑设计事务所以使用杉木为基础条件，不断提出了三十多种布局方案。为了不使车站在所处区域中过于突出，并且不会随时间流逝而落伍，最后确定了最为简洁的方案。

梁的断面，是以地震或风力产生的弯曲力矩为基础而确定的。川口介绍说："我们并没有因为是使用当地出产的杉木就对成本毫不在意，而是要追求一种最为合理的造型。"

但是木材与其他的材料相比，很难随意地固定形状。天花板梁使用的集成材料，是使用层压板制作的。川口说："将一枚一枚的层压板，按照断面的需要，或多或少地直接组合在一起，也是可以的，但是这样做施工难度大，成本也比较高。"

为了解决这个问题，集成材料部件被设计为"S"形，木材的使用量被控制在最小范围，而且集成材料生产厂家也仅仅使用平时常用的生产工艺即可完成材料制作。最后，制造出了以简洁明快的钢骨架支撑着舒缓的曲线状梁的结构。

川口回忆说："通常木材的使用，多数都是试验性地使用在某个部位。而在这个项目上，木材被广泛使用。可以说是适得其所。"也许这是对当地既有条件的必然选择。

完成后的变断面集成材料，梁宽120毫米，梁高300~825毫米，中间安装接头，4枚一组，跨距约为18米。

天花板梁的制作工艺： 1. 层压板压紧之后，使其呈现出点对称的"S"形弯曲状。配合预先制作好的模板进行压制；2. 从中心线分割为两部分，由于切割面中木材纤维露出，因此容易折断；3. 为增强切割面性能，将切割完的板材与新增层压板二次黏合。这时，为了易于压制，将板材按照曲面组合在一起。剩余材料用于一层外围部的柱子。（本页面下方3张照片：川口卫构造设计事务所）

站台夜景。

温暖的灯光点亮了车站的夜晚。

发挥全面协调作用的平台

筱原修（政策研究大学院大学教授、东京大学名誉教授）

为了实现车站、站前广场、高架桥的一体化整备，必须防止公共事业相关的纵向体制以及铁路与城市、土木与建筑之间的横向关联中有可能出现的相互脱节。作为协调各方面意见、研究项目设计等的平台，1998年成立了“铁路高架·车站设计研究委员会”。该委员会后来扩大为“城市设计会议”，直至2006年新车站开始运营，一直都在发挥着全面协调的作用。

在项目建设过程中，县里及市里的行政机构人员、JR九州、木材公司等组成了“日向市木之芽协会”等，各处的人才培养和相关活动进行得如火如荼。因为工作有趣，所以大家都非常努力，不断有新的成果涌现，大家也越来越有信心。

如果是追赶潮流的建筑，那么只要抓住一两年的潮流趋势就可以了。但是车站是有长远性的，需要经得起时间考验的设计。

在主角的不断更替之中进行的城市建设

内藤广

如果项目持续十年以上的时间，经常会出现中心人物的更替。在项目进入后半程之后，“日向市木之芽协会”“县木材青壮年协会”等新的组织不断涌现，在城市中展开了一系列的活动。

在建筑方面，我们与县建筑师协会日向市分部、严冈分部的青年小组共同研究了停车场管理楼的设计。他们的成长，直接关系到城市建设的发展。

我们这些外部人士跑来参加研讨会，发表意见，从某个角度看，对当来来说是多管闲事。实际上，我们不出现更好。

不过，地方建筑师面临的现状非常严峻。能够理解他们的委托方少之又少，大部分建筑师仅停留在一些确认申请的业务，没有条件考虑城市与建筑的关联性以及未来的发展趋势。今后，他们必须学会考虑这些问题。

顶棚之下。以高架桥顶边缘为分界线，车站一侧的委托方为县里，而广场一侧的委托方为市里，虽然委托方有所区别，但是设计上并无断层。

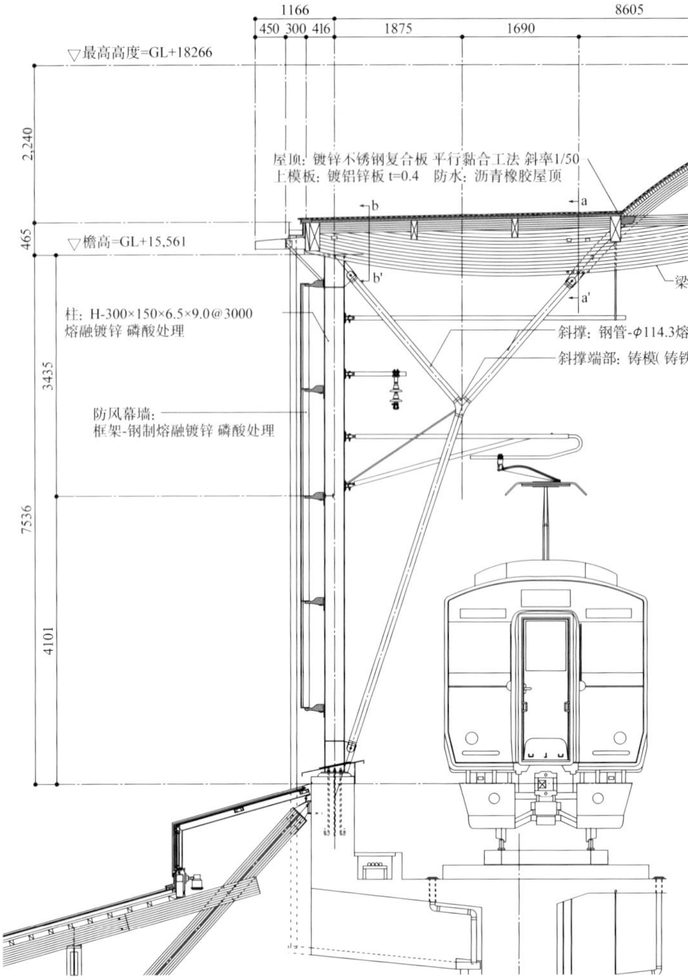
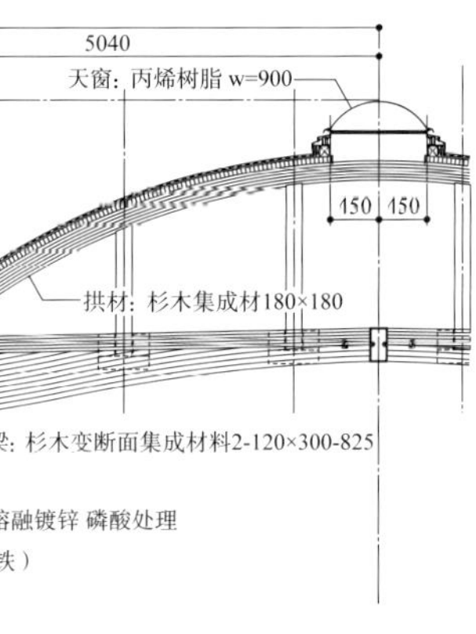

剖面详细图 1/100

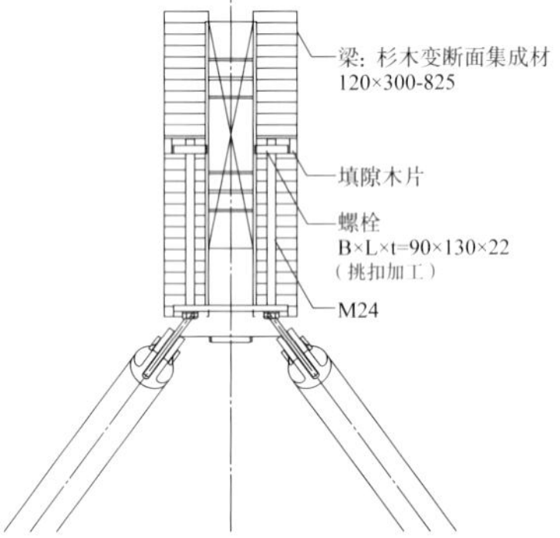

a-a'剖面图 1/30

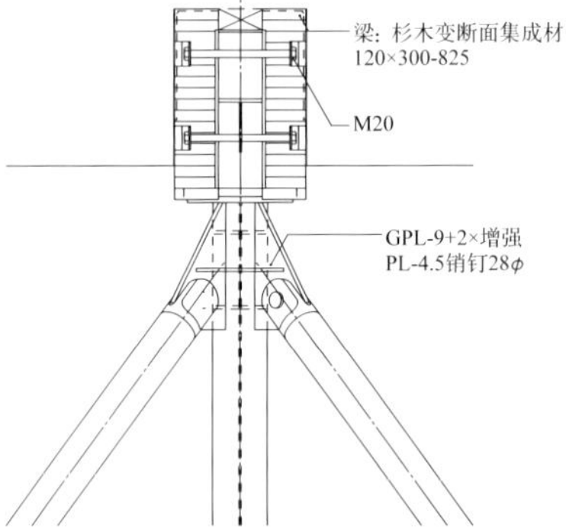

b-b'剖面图 1/30

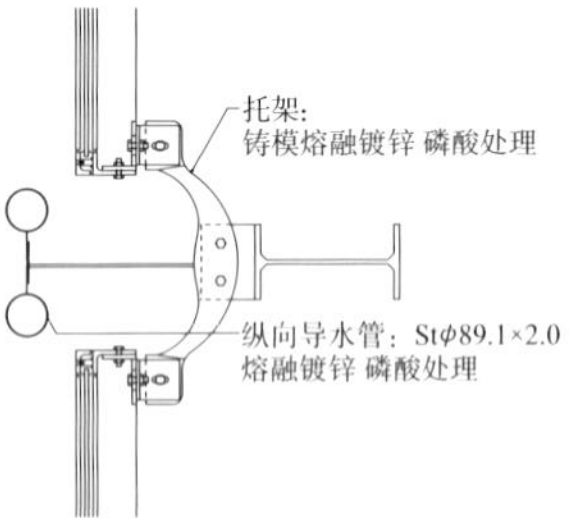

防风幕墙金属支撑部件详细图 1/30

从西侧富高古坟越过市区眺望车站方向。远远看去，车站与城市已融为一体。

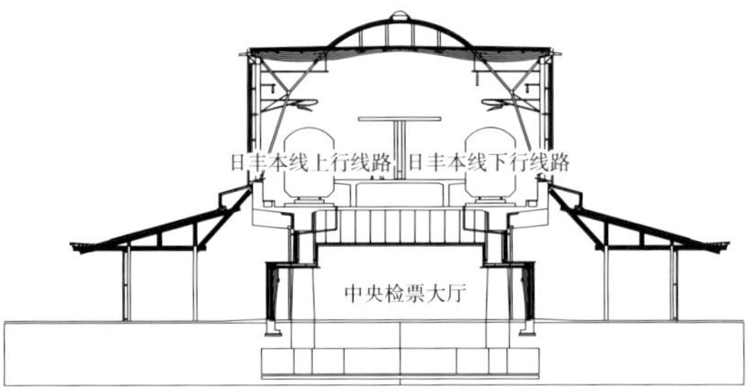

剖面图 1/600

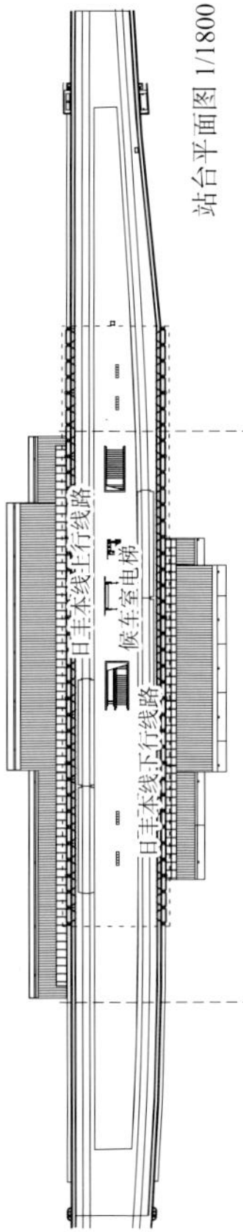

站台平面图 1/1800

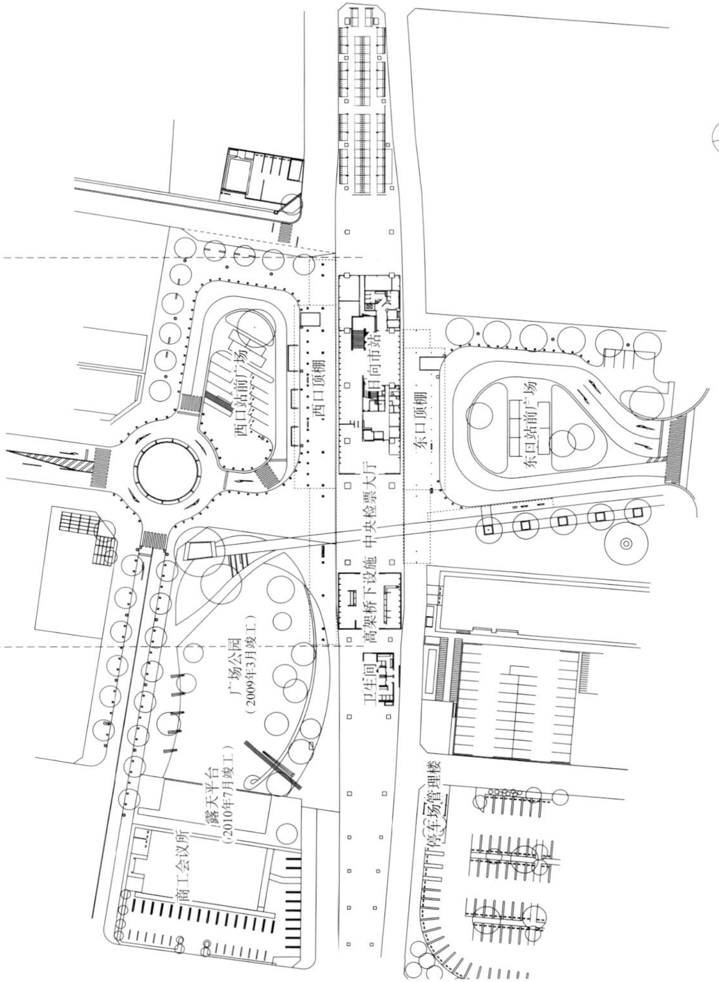

一层平面图 1/1800

建筑项目数据

所在地——宫崎县日向市
主要用途——车站、步行辅助码头、售货店铺
所在区域——商业区域、准防火区域
建蔽率54.72%（允许范围80%）、
容积率16.29%（允许范围400%）
占地面积——5283.92平方米
建筑面积——2891.54平方米
使用面积——860.96平方米
结构、层数——土木高架设施·一部分S结构·木结构、地上一层
地基、桩基础-天然地基
高度——最高18.266米、檐高15.561米、
层高8.25米、站台天花板高7.64米、中央检票大厅天花板高4.35米
主跨距——17.21米×3.0米
委托方——九州旅客铁道、宫崎县、日向市
总体监修——筱原修
设计统括——内藤广
城市建设监修-出口近士、吉武哲信、武田光史
整体运营——城市建设Public Design Sentre、Atelier 74建筑都市计划研究所
设计方——内藤广建筑设计事务所、九州旅客铁道、交建设计
设计协同——结构：川口卫构造设计事务所；设备：交建设计、明野设备研究所；站前广场：小野寺康都市设计事务所、福山Consultant；街道设施：Nagumo设计事务所
监理——内藤广建筑设计事务所、九州旅客铁道
施工方——建筑（日向市车站、东口顶棚）：九铁工业；建筑（西口顶棚）：吉原建设·协容建设JV；建筑（高架桥下设施）：东亚建设工业
设计期——1998年10月—2006年11月（铁路高架·车站设计研究委员会、城市设计会议）、2001年11月—2005年10月（实施设计）
施工期——2005年11月—2008年2月
开业日期——2006年12月17日
总工程费——约88亿日元（包含立交桥工程费）

2008年

访谈
06

『知土木，始知建筑之扭曲的个人主义』

——跨领域活动之所见

刊载于NA2009年学生特别版及KEN-Platz
（第10页访谈续）

四十岁之后，内藤广承接了以美术馆为首的很多建筑项目。就在周围的人都认为他将一帆风顺地走下去时，步入四十五岁的他脑海中浮现出一种想法——这样下去可以吗？就在此时，从他所不熟悉的『土木』世界，传来了呼唤他的声音。五十岁后，他就任东京大学基础学科教授。从土木与建筑两个不同的领域，他看到了什么呢？

—

——从内藤广先生您设计过的项目来看，四十岁完成的海洋博物馆对您来说是一个转折点，之后不久，在您五十岁左右，又迎来了一次转机，对吗？

—

对我来说，每隔十年左右，会意外地迎来一个顶峰时期。比如三十多岁自立门户，到四十岁完成海洋博物馆，恰好过了十年时间。在这期间可以说走了很多弯路。海洋博物馆完成后得到了很高的评价，工作越来越多，到四十岁左右时，美术馆完工后，又得到了很多项目。

在学生时代，大家都会幻想，希望自己这一生之中，能够设计一座博物馆或者美术馆就好了。想到这一点，我想自己已经非常幸运地得到了很好的机会。虽然各个时期有各个时期的困难，但是四十岁之后的经历比三十多岁时更加不易。

产生了『这样下去可以吗？』的想法，是在四十五岁之后。

已经能够担任二三十亿日元的项目，文化建筑或者公共建筑也都大致胸有成竹。但是这样下去就可以了吗？年轻的时候，从丝绸之路回到日本后曾经宣称一年内不工作。那段时间也一样，步入五十岁之后大约有一年时间，曾经认真地考虑，是否要关闭事务所。

曾想过将事务所关闭

—

——也就是刚好完成高知市牧野富太郎纪念馆的时候吧？

—

『牧野』时期告一段落之后，心里想着接下来的一年时间，从人们的视线中消失吧，什么也不做。这样的话，以后可能还能再干十年。恰好在这个时候，筱原修先生邀请我去东京大学。我想应该也会很有趣吧，在完全不同的领域做点什么，不是也很好吗？

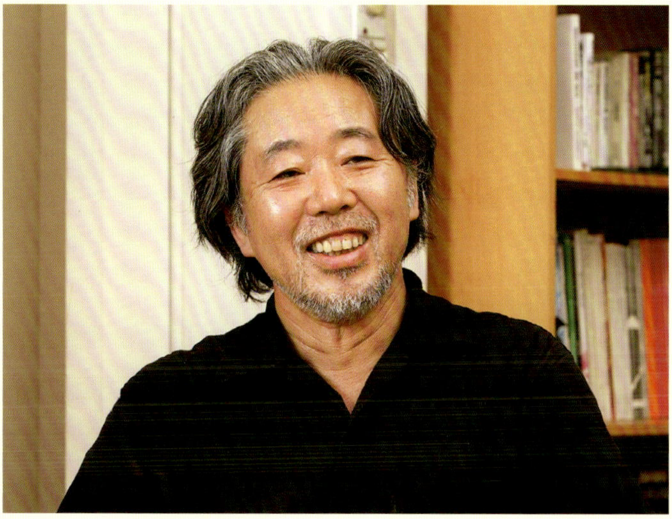
（摄影：柳生贵也）

当初去东大的时候，不知道自己会在那里待三年，五年，还是十年。如果是三年，虽然是被东大邀请去的，最终却因得不到社会基础学科老师们的认可而主动辞职；如果是五年，因为一开始是筱原先生邀请我去的，在筱原先生辞职时与他一同辞职；如果是十年，那就是一直在东大工作到我退休。最终，我选择了第三种结果。

——就是说，一开始就做好了坚持十年的准备？

考虑到研究室的情况，如果我和筱原先生一起离开的话不太好吧。另外，筱原先生很不容易才使景观领域得到了发展，如果我们都走了，这个研究就会中断，所以在我能干的时候就还是尽力做好工作吧。

——在建筑与土木两个不同的领域之间切换思维一定是一件不容易的事情，您适应吗？

思维的切换相对来说算是一件简单的事情。在最苦难的三十多岁时，光做建筑的话无法养家糊口，曾经在事务所中做过城市规划、广泛区域规划之类的工作，即便一幅比例尺为1：250000的地图放在眼前，也并不发愁。做完这些规划图之后立即研究1：1的原比例图，都是家常便饭。不过，虽然像这样的切换不成问题，但是在工作的绝对量方面，就不一样了。

比起在不同领域间切换，工作量更成问题

东京大学的老师，类似于公务员的性质，除了讲课之外还要承担一定的社会责任。我当时要面对的就是工作量的问题。作为景观审议会或委员会成员，我要从政府角度承担评议的职责。另外，景观领域现在还处于开发、发展的阶段，未来计划将景观领域与建筑、土木领域结合起来。要做的工作非常多。还有讲课的工作，以及建筑设计的工作，所以相对于思维的切换来说，工作量才是我要克服的壁垒。

——内藤广先生您总是有一种强烈的心情，希望在每个领域都做到极致……

我不知道周围的人怎么看，但我想我的本职是建筑。因为在建筑领域工作认真，所以土木领域的人士也愿意征询我的意见。并不仅仅因为我是东大的老师。我想这是我作为一个建筑家所担负的使命。因此，如果我建造出不尽如人意的建筑，那么我身上被赋予的一切就会消失。

作品主义是行不通的

——开始了与景观及土木有关的工作之后，自己的建筑设计有变化吗？

这一点我还不清楚。在我的设计中有什么样的体现、对我的设计带来怎样的影响，现在还不得而知。可能再过五年、十年之后，自己会发现，从那个时候内藤变了。不过现在或许正处在改变的那个时间段上，所以还不能判断自己是不是已经改变。

——对土木领域有所了解之后，您感受到的建筑的好的方面以及不好的方面都有哪些呢？

好的地方就是个人主义得到了比较健全的发展，不好的地方就是过于倾向于个人主义。可以说两者是表里的关系。建筑领域的人，个个都是淌着汗水拼命努力着。

当然，土木领域也很拼命，但是土木领域一直以来都排除了个人主义。二者都有好的地方和不好的地方。建筑领域倡导个人主义，也可以说是作品主义，不过现在即将行不通了。

建筑到底是为谁因何而作？如果让我来回答这个问题，我会说，它是近代生产技术的剩余。所谓剩余，指的是技术方面的可能性以及降低成本的可能性等。虽然近代的生产技术非常发达，但是发明这些技术的当事人已经被过度消费了。

过度消费就是浪费，也可以说只是为自己所用。其结果就是，仅有近代生产技术的剩余，被创作所吸收。这样下去可以吗？我常有这样的疑问。

——也就是说，为谁而作的意识很薄弱。

把握个人主义的平衡是很难的。并不是说应该完全抛弃个人主义，而是说个人主义越来越扭曲。

——您对建筑系的学生有什么样的建议呢？

日本社会中的问题堆积如山。地球环境问题尤为突出，此外，地方性城市、偏远山村相关问题，少子化、高龄化问题，城市生态循环处理等问题，数不胜数。应该对这些问题多加关注。希望他们能把设计作为一种手段，找到解决这些问题的方法。

现在大家的设计都是从自我的角度出发，希望自己的设计比别人更引人注目，希望早日发表在建筑杂志上。这种意识是不是过于强烈了呢？抛开这种意识，问问自己，对困扰着整个社会的问题，自己能做点什么，在解决这个问题的过程中，就会形成真正属于自己的、独特的设计风格，开启建筑的新的地平线。

——特别是地方性城市的问题，现在众说纷纭。

大家的目光都投向了地方，但是我认为地方的问题与首都圈的问题是相同的。实际上首都圈内也出现了各种各样的问题。地方性城市存在的问题正在急速恶化，这一点年轻人似乎也已经注意到了。

把自己故乡所面临的问题置于不顾，自己却在大学里做一些类似于『超级套房』之类的课题。从媒体获得的设计语言，或许是能够从同辈的激烈竞争中脱颖而出的一个有力手段，但是，现在这个时代需要有更多的年轻人去认真地做一些真正的建筑。

——的确，年轻建筑师之间的相互竞争非常明显。

没有必要人人都成为著名建筑师。就像开头提到的山口先生（参见第十页）说过的，『建筑是在人类社会中被创造出来的，因而拥有无限的可能性』。对建筑的思考也就是对人类的思考，因此不要把建筑看得很狭隘，选择各种其他的职业也是可以的。

比如从事NPO工作也可以，去银行或者保险公司工作也可以，或者从某个生意开始也可以。无论哪种职业，都是以人为对象，所以应该把在大学里学习的建筑专业看作对人的学习，以更开阔的思维面对自己的未来。

现在有一种以设计为主的倾向，每个从事建筑的人，如果不能成为著名建筑师，就认为自己失败了。我却不这么看。做个木工也很好。我们需要的是一种能够看到每一种工作的伟大之处的社会氛围。

——您是否有一种感觉，觉得学生正在逐渐背离建筑？

与土木相比，建筑专业拥有最高的人气。但是教学似乎变成了一个如何培养著名建筑师的讲座，我认为这是有问题的。实际上，学校应该更加严谨地教给学生，在成为一个著名的建筑师之前，要一个人默默坚持五年，甚至十年的时间。

土木领域在进入二十世纪九十年代之后人气大跌，然而之前曾经有过一段时期，土木专业比建筑专业更为火热。特别是在东京大学，如果将来想走仕途，就必须进入土木专业，因此有了很高的人气。不过，由于之后的经济不景气以及建筑承包公司贪污腐败事件，土木领域被贴上了负面的标签。在这十年时间里，我在东京大学驹场校区，尽我所能将我们正在做的事情教授给社会基础学科的学生们，其结果就是，土木领域的人气得到了很大的提升。这与我们的努力是分不开的。

社会基础学的好处在于，你面对的是包罗万象的整个世界。比如河流、海洋、山川，甚至气候。学生经常会向老师们提问，面对大自然这个对象，我们人类能做些什么呢。我想，年轻人拥有敏锐的直觉，一定能够找到答案。

年轻人没有必要全都立志成为著名建筑师

2009年

建筑作品 14

高知站

高知市

刊载于NA（2009年9月28日）

引领城市建设的拱形大屋顶

从东侧看到的高知站傍晚的景色。在拱形大屋顶覆盖之下，是位于高架桥上的车站，车站的两侧站台犹如两个小岛。拱顶跨距38.5米，高23.3米，拱的一端位于高架桥上，而另一端则位于车站前的广场，整体采用了不对称结构设计。
（摄影：吉田诚）

1

高知站现在已经经历了三次历史更替。如今的第三代车站是一座具有标志性的车站，使用过这座车站的人都说：『这是一座了不起的车站。』拱形大屋顶将高架桥上的站台覆盖起来，进深六十米，最高处约二十三米，面对着日本暖流宏大的海岸线，是一座具有高知特色的、宏伟的建筑景观。通过向公众征求意见，车站被亲昵地称为『鲸鱼圆顶』。

这样的造型设计可以说是没有先例的。内藤广回顾当初的设计思想时说：『土佐这个地方是幕府末期至明治维新时期的各种思潮和运动的象征之地，这里有一种挑战新事物的风气。我也不能认输，一定要建造一座史无前例的车站。』

最大的挑战在于拱顶的一端并非落脚于高架桥混凝土桥面上，而是直接落脚于地面上。拱顶北侧一直延伸至车站北出口的站前广场，使得车站与站前广场融合成为一个大面积的开放空间。不过，为了使之符合法律规定花费了很多心血。

—将大屋顶作为广泛区域设施—

一般而言，铁路用地范围内的建筑物，不适用建筑基准法。但是，必须符合防火标准。从一开始，车站的建设就准备使用高知县出产的杉木作为屋顶材料，因此必须进行各种各样的试验和验证。经过对杉木集成材料进行反复的燃烧模拟试验，最终通过了耐火性检测认定。

另外，如果没有适当的理由，道路内建筑物的建设是不被许可的。为此，高知县高知站周边城市整备事务所技术次官川内敏博先生解释说：『大屋顶并不仅仅是一座车站，而是定位于一个能为更多的市民所用的广泛区域设施，取得了拥有站前广场地块所有权的高知市政府的理解。』

高知站作为进入县政府所在地的首要窗口，被设置在市中心区域以外，远离了市中心的喧嚣。新车

站的落成，使内藤广的设计初衷变为现实，车站成为引领城市建设的标志性建筑。

从内藤广到项目的相关参与人员，他们现在关注的是车站周边的后续开发。能否以建设车站时的那份气概，建成城市的新景观呢？高知县政府期待的车站周边的繁华景象，有待于各方的努力。

1. 南侧外观。高知车站自一九二四年开通以来，历经三次历史更替。拱状大屋顶与北口站前广场相连，进深六十米。从大面积敞开的钢结构梁中间，能够看到为屋顶提供支撑的杉木集成材料大梁，以及杉木屋顶板。**2.** 从东南方向俯瞰车站及南口站前广场。大屋顶使用了钛锌合金，钢结构大梁镀锌的表面经磷酸处理，营造出一种宁静平和的氛围。JR四国线主持修建的车站顶棚，为与大屋顶协调一致，采用了镀铝锌彩钢板。高知市主持修建的南口顶棚，与大屋顶相辅相成。**3.** 拱顶北侧一端，落脚于支撑着北口站前广场顶棚的SRC柱之上。拱顶覆盖着桥上的车站，与地面广场相融合，形成了一体化的空间。

3
4
自動販売機
Vending Machines

从东侧看站台。不对称的拱形大屋顶，采用的是木材与钢筋的混合结构，拱顶跨距为38.5米。

弯曲拱顶采用了混合结构

继旭川站、日向市站之后，内藤广与负责建筑设计的川口卫（川口卫建筑设计事务所）再次合作。虽然高知站也像日向市站一样，是架设于高架桥上的车站，并且也采用了当地出产的杉木作为主结构材料。但是，川口说：“两座车站的结构设计思路完全不同。”

主要的不同之处在于拱形断面的尺寸。与日向市站17.2米的断面跨距相比，高知站断面跨距更大，约有38.5米，是日向市站的两倍。

另一个不同之处，是断面的对称性。日向市站是架设于高架桥上的左右对称的断面，而高知站的拱顶，南侧一端位于高架桥之上；而北侧一端落脚于地面，采用了不对称设计。施工时为避开当时仍在使用中的旧线路，拱顶南侧一端无法直接落脚于地面上。受到这一限制，在保证列车高度的基础上，将拱顶南侧一端支点附近作“く”字形弯曲，直接落脚于高架桥之上。

支撑拱顶的大梁，既定方针是使用集成材料，但由于拱顶南侧一端支点附近为“く”字形弯曲，因此产生了弯曲应力。如何解决这个问题？川口说：“木材在承受弯曲应力方面表现并不出色，让木材全部承受弯曲应力是不合理的。这种情况下，使用木材与钢筋组成的混合结构最为适合。”

杉木集成材料大梁，在拱顶南侧一端支点附近，与呈“く”字形的钢结构大梁相连接。并且同时使用了钢制下弦材与斜撑，分担拱顶的弯曲应力。

杉木集成材料大梁，按照拱顶轴线方向，分为三部分制作。在轴线方向接合部，将钢板插入梁内，从外侧钉入较短的螺栓加以固定，即采用了“贯穿工艺”。这是川口的提案。他说：“线状的长螺栓有折断的可能性。另外如果在表面出现很多螺栓头，看起来也不美观。”同样的工艺在日向市站项目上也曾被采用。

1

2

1. 将两枚长900毫米、宽150毫米的杉木集成材料大梁紧密接合在一起。拱顶分为北侧、顶部、南侧三部分制作，跨距4.5米的两根大梁为一组，吊入施工现场。加上下弦材，最高重达19.3吨。（摄影：川口卫构造设计事务所）**2.** 拱顶部件与站前广场北侧的SRC柱的接合部。采用了“贯穿工艺”，即钢板插入梁木，外侧以螺栓固定的方法。

设计者之声 | VOICE

站前广场周边设施的建设问题

筱原修（政策研究大学院大学教授、东京大学名誉教授）

我参与了JR土赞线高架桥以及高知车站两个项目的景观研究委员会。从高架桥到车站，一系列的都市景观都非常完美地呈现了出来。不过，单独进行的站前广场整备工作的进展却不尽如人意。

站前广场关系到公交车及出租车等各方利益，很难仅从步行者角度出发作空间设计。国土交通省对站前广场的援助项目，存在对步行空间考虑不周的问题。

关于围绕站前广场而建的建筑，是否能兼顾景观协调性，我有点担心。希望形成一种能够实现各方面协调的机制。

实现了“牧野”项目中未能完成的心愿

内藤广

由专家、地方代表组成的景观研究委员会确定了大屋顶的最终方案。我从一开始就打算采用木结构，时任高知县知事的桥本大二郎，强烈地希望能够使用当地出产的木材。

高知产的杉木，由于硬度难以保证，在之前设计高知市“牧野富太郎纪念馆”的结构时，就放弃了杉木，而采用了洋松集成材料。

本次的高知站项目，由于当地的木材公司开发出了大断面杉木集成材料，因此得以使用杉木。拱顶南侧一端落脚于高架桥上，拱顶北侧一端落脚于地面，不对称的大屋顶设计，一开始以为是一个很难的工程，但负责施工的鹿岛JV完成得非常顺利。

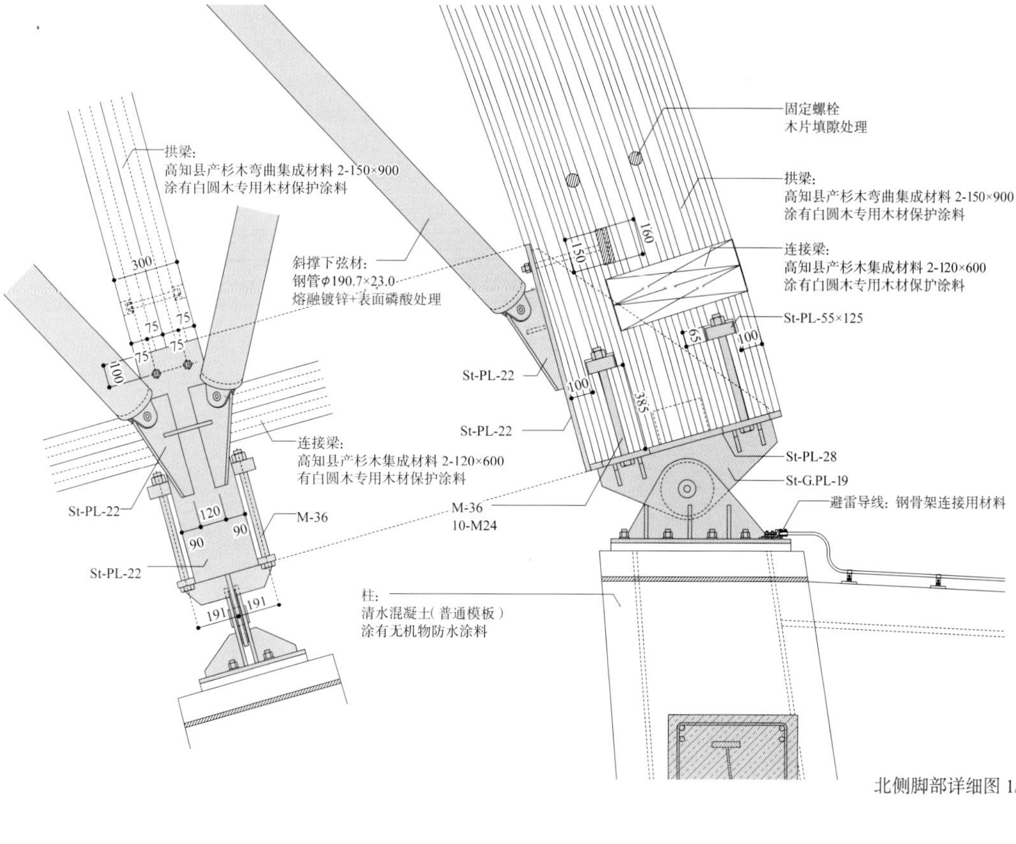

北侧脚部详细图 1/50

1. 从大屋顶下北口站前广场看高架桥上的车站及自由通道。考虑到街道南北方向的连续性，车站的地面部分采用大面积开放式设计。以车站为中心，铁道高架桥上长约4千米的桥栏，由大野美代子（M&M设计事务所）设计。2. 位于南口的与大屋顶相连接的顶棚，由高知市政府主持建造。3. 拱顶下部的百叶窗，直面北口站前广场。4. 从楼梯平台，能看到检票大厅及站台。台风到来时，大雨会使得大量的雨水流入车站，因此后来在楼梯平台上设置了排水沟。

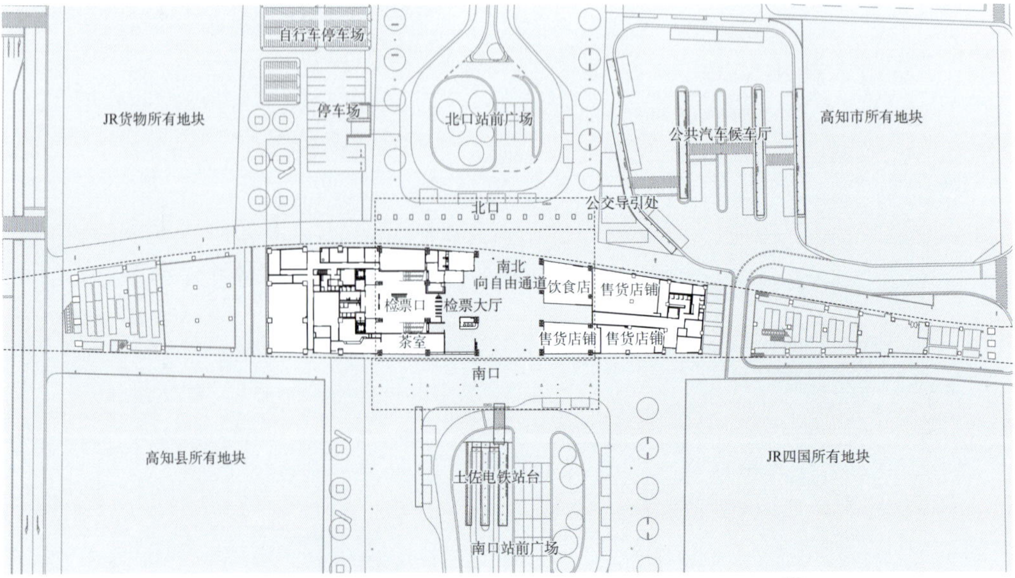

一层平面图 1/2000

建设过程

旧线路

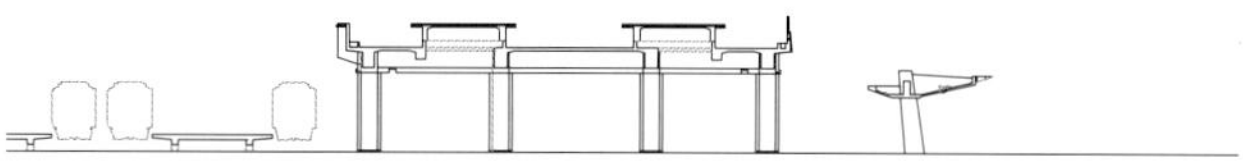

新建高架桥、北口顶棚

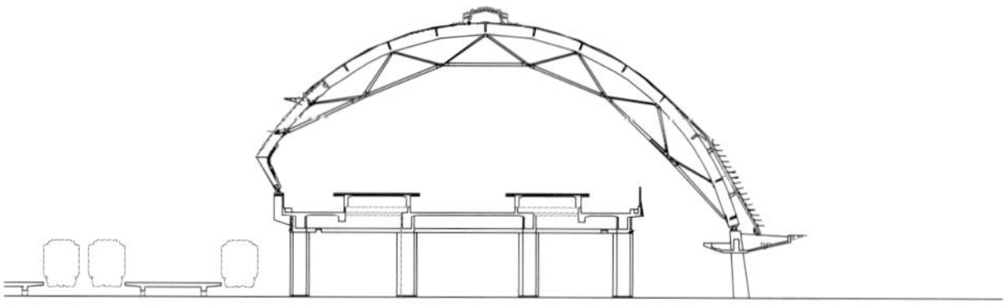

新建大屋顶

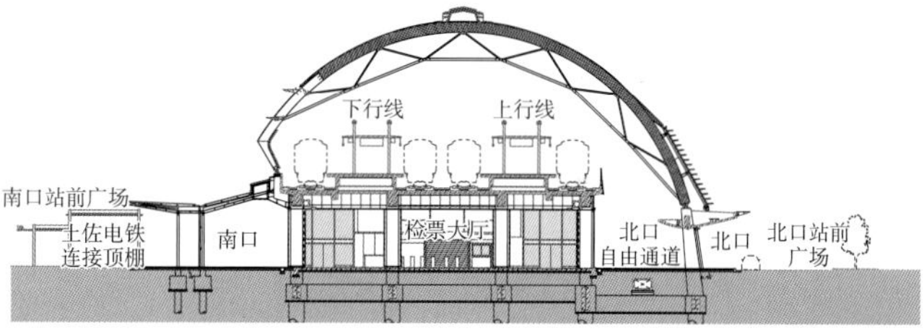

剖面图 1/800

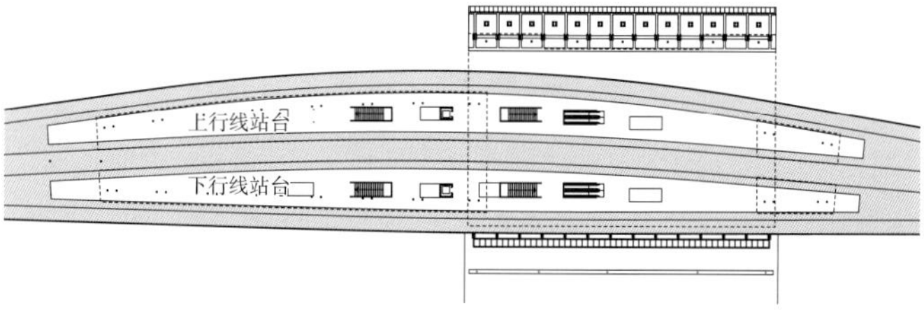

站台层平面图 1/2000

建筑项目数据

所在地——高知市荣田町

所在区域——商业区域、准防火区域

建蔽率86.49%（允许范围90%）、

容积率90.81%（允许范围500%）

停车场容量——5台

占地面积——3558.55平方米

建筑面积——3077.54平方米

使用面积——3231.21平方米

结构、层数——SRC结构・一部分木结构・RC结构・S结构、地上三层

各层面积——一层2619.21平方米、

二层603.42平方米、三层8.58平方米

地基、桩基础-旋挖埋设钢管桩、PHC桩

高度——最高23.3米、檐高8.35米、

层高3.15米、天花板高2.45米

主跨距——4.5米×38.5米

委托方——高知县、四国旅客铁道（JR四国）

设计方——内藤广建筑设计事务所、JR四国、四国开发建设

设计协同——结构：川口卫构造设计事务所；机械：四国铁建；电气：四国电设工业；电气・卫生：明野设备研究所

监理——JR四国、内藤广建筑设计事务所

施工方——建筑・卫生：鹿岛・四国开发建设JV

施工协同——空调：四国铁机；电气：四国电设工业

运营者——JR四国

设计期——2005年1月—2006年9月

施工期——2006年5月—2009年1月

开业日期——2008年2月26日

2009年

建筑作品

15

虎屋京都店

京都市

刊载于NA（2009年12月28日）

与庭院融为一体的老字号日式点心店

虎屋发祥地京都店的茶餐厅。线条柔和的天花板百叶窗，采用的是吉野杉木集成材料。
杉木集成材料与上方的钢结构共同为天花板提供支撑。
店内为面积19米×7米左右的敞开式无柱空间，沿着开口部的十字断面钢柱，为屋顶提供支撑。（摄影：吉田诚）

1

据说，设计师内藤广频繁去往京都，是在工程即将完结的造园阶段。他说，『因为在图纸上是无法完美地画出庭院的布局的。』他强烈地意识到，这座建筑的成败，关键就在于庭院。

虎屋作为日式点心店广为人知，其发祥地京都店修建一新。京都店所有人川口达也强调说：『拥有五百年历史的虎屋，其精神就蕴含在这片厚重的土地上。』

以前，虎屋京都店就设有茶餐厅以及日式点心制作坊。处于住宅区域的正中间，由于不对外开放，因此『即便附近的人们也并不知道虎屋京都店的存在』（川口）。

向周边区域开放的店铺

将发祥地京都店修建一新，使人们重新认识京都店，这是本次建筑项目的课题。对此，内藤表示，他旨在打造一所『向周边区域开放的店铺』。『设有石灯台的小院、稻荷神社、古朴的土仓，以前都被深深地隐藏起来。要把这些景观向人们开放』。

将旧建筑拆掉，营造出一个空旷宽敞的空间，铺上草坪，中间种植一棵白梅树。从庭院中心向四周铺设了几条小路，使整个庭院成为一个开放式的空间。

内藤广说，主要建筑正是需要这样的庭院和小路与之协调。黑灰银色京瓦覆盖着的点心店，南北面都采用了玻璃墙，向庭院开放。越过面向一条通①街道的围墙，视线沿着天花板的木制天窗，透过玻璃墙，能够看到庭院里边的景色。与其说建筑物与庭

译注：①一条通，京都市的一条主要街道。

院融为一体，不如说建筑作为庭院的一个组成部分，自然而然地融入了庭院之中更为贴切。

当然，建筑本身也有很多看点。比如天花板采用的吉野杉木集成材料的天窗，并不仅仅是一个装饰，而是兼有结构功能。屋顶结构，采用钢制上弦材、集成材制下弦材、圆钢吊杆组合而成的混合结构。

这样的结构设计，就像内藤广说的那样，『一眼看上去平淡无奇，但实际上却非常先进』，即便面对京都一千年的历史、虎屋五百年的传统，也毫不逊色，可以说是新素材、新技术、新设计的集大成之作。

1. 从一条通（南）街道向入口方向望去。图片左侧的建筑物是画廊，里侧为点心店。**2.** 图片左侧，是直面庭院的点心店的北侧露台茶座。根据季节变化，沿着屋檐与水盘可以添加建筑材料将露台遮蔽起来。正面的钢筋混凝土建筑物里面，设有事务所及点心制作坊。

设计者之声 | VOICE

从发祥地弘扬京都多姿多彩的文化

川口达也（虎屋京都店所有人）

京都是虎屋的发祥地，但出乎意料的是，很多人都以为虎屋是起源于东京的日式点心店。本次重建，就是要将真正的虎屋展现给人们。直面庭院的点心店使用了真材实料，追求一种舒缓、闲适的空间效果。另外，新建的画廊也被有效利用起来，用于展示多姿多彩的京都文化。

久保田绘美［虎屋京都店店长（时任）］

随着季节和时间的变化，庭院中的景色也不断变化着。天气好的时候，露台坐席很有人气。一般都是下午6点闭店，但我觉得夜晚庭院的氛围更好，可以在夜晚进行赏月一类的活动。店内放置了很多有关京都文化的书籍和杂志，许多客人会随手翻阅。

3

2

1. 从点心店看庭院。天花板的天窗一直延伸到屋外，与屋檐相连接。种在草坪上的那棵白梅树（照片左侧），是从以梅花著称的北野天满宫移植的，内藤亲自去挑选的树形。**2.** 东侧种满植物的小院，基本保留了重建之前的模样。点心店中的餐桌、沙发等家具，也都是出自内藤广的设计。**3.** 点心店东侧的开放小路。“人”字形外墙面采用了与画廊同样的外装修。小规格的瓷砖并不是一整片一整片地贴上去，而是被切割成两片，以一片、两片、三片的组合形式分别粘贴上去。瓷砖采用了浅桃色釉面。

1. 从北侧稻荷神社前，越过庭院看到的点心店。屋顶使用了现在极其少见的京瓦。2. 杉木集成材料的天窗与开口部接合处。不规则六边形形状的杉木集成材料最大宽度为85毫米。由于每一枚集成材料的断面尺寸略有差距，因此在接合处使用了聚碳酸酯材料。按照不同尺寸，将接合处的每一枚集成材料剪成所需尺寸。3. 特别制作的兽头瓦，除能让人联想起江户时代虎屋的招牌点心羊羹、包子之外，也能从中看出内藤亲手制作的老虎的形状。4. 面向一条通街道的南侧外观。古老的石灯台以及庭院中的植物，都尽力保留了原样。

2

3

4

1

设计者之声 | VOICE

在庭院设计方面花费了很多心思

内藤广

虎屋京都店项目，是继“御殿场店”（2006年7月）、“东京Mid Town店”（2007年3月）、“虎屋工房”（同年10月）之后的第四个项目。本次项目位于虎屋的发祥地京都，在这样一个有历史厚重感的地方，虎屋店的定位，是一个难题。通过与虎屋第17代传人黑川光博社长的交谈，我们对“传统是不断的革新”这一主题产生了共鸣。以这一精神为基础，至于建筑方法，即便是在京都这样一个地方，也可以建造一座现代化的建筑。

项目整个过程中，我从没有说过“和”这个字，也并没有以某一种特定的样式为目标，我将重点放在了建造方法上，决定将建筑物面向庭院的一面设为开口部，采用玻璃墙，扩大了视野，同时，为了使建筑物内外关系达到平衡，对建筑物外的空间的配置，也花费了很多精力。最终，建成了一座具有京都特色和虎屋特色的建筑物，对此我很欣慰。

一条通街道
画廊
点心店
土仓（原有）
收藏库

南北向剖面图 1/400

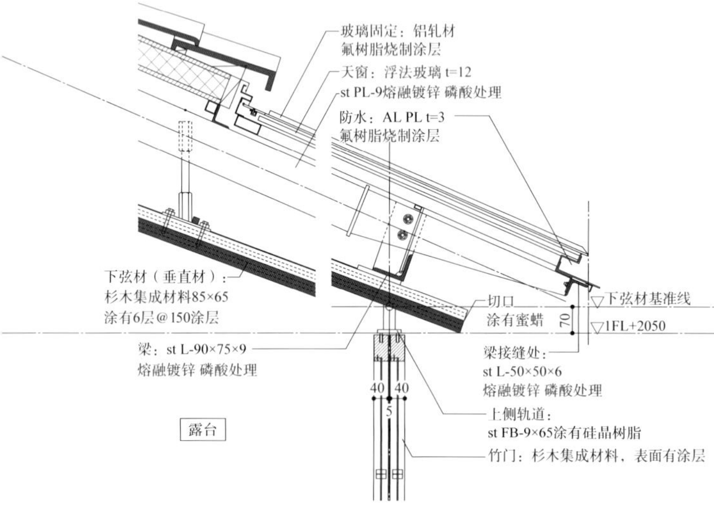
玻璃固定：铝轧材
氟树脂烧制涂层
天窗：浮法玻璃 t=12
st PL-9熔融镀锌 磷酸处理
防水：AL PL t=3
氟树脂烧制涂层
下弦材（垂直材）：
杉木集成材料85×65
涂有6层@150涂层
切口
涂有蜜蜡
70
下弦材基准线
1FL+2050
梁：st L-90×75×9
熔融镀锌 磷酸处理
梁接缝处：
st L-50×50×6
熔融镀锌 磷酸处理
40
40
5
上侧轨道：
st FB-9×65涂有硅晶树脂
竹门：杉木集成材料，表面有涂层
露台

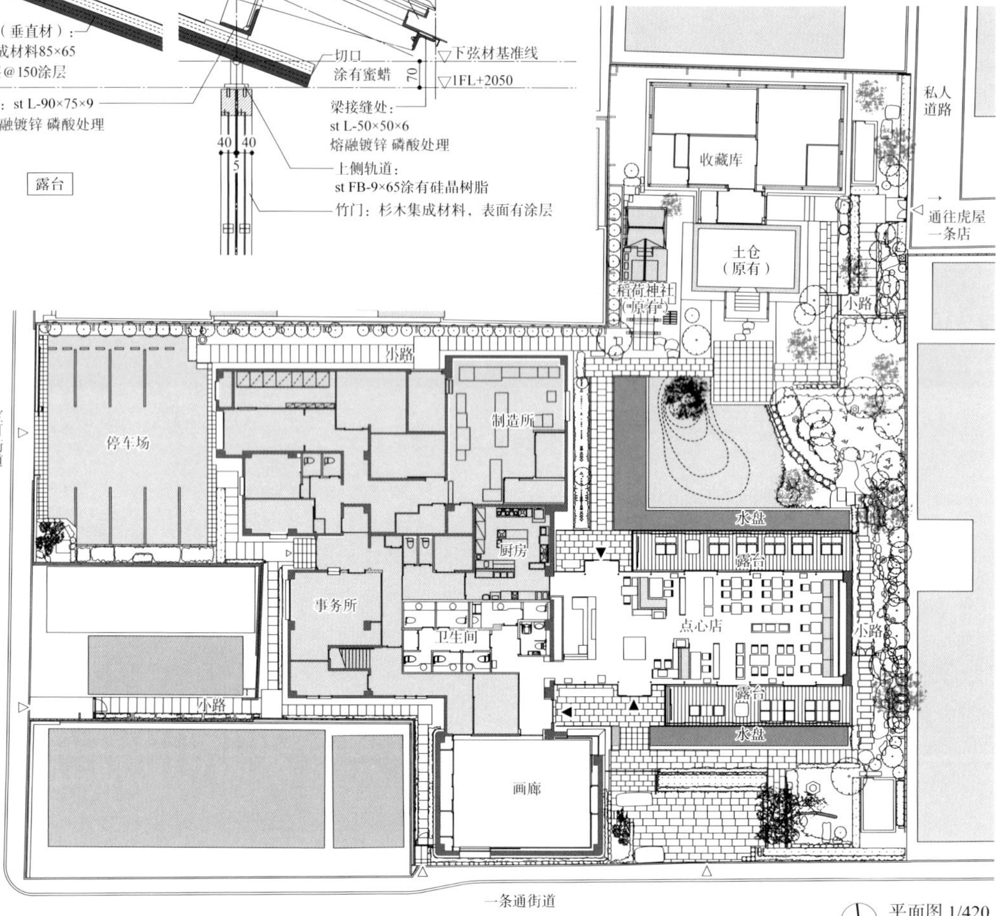
私人道路
收藏库
通往虎屋一条店
土仓（原有）
稻荷神社（原有）
小路
小路
宝町街道
停车场
制造所
水盘
厨房
露台
事务所
点心店
卫生间
小路
小路
露台
水盘
画廊
一条通街道

平面图 1/420

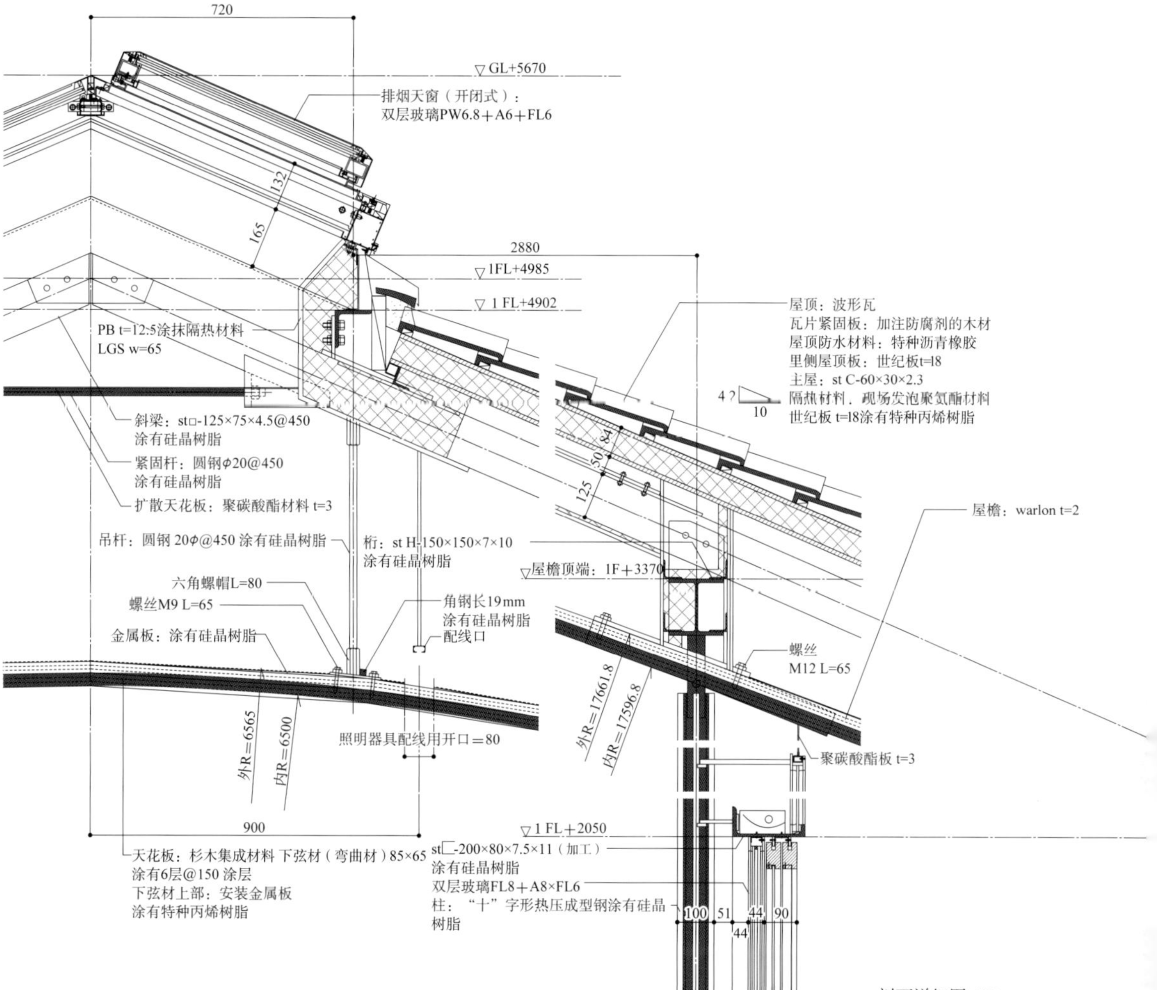

剖面详细图 1/20

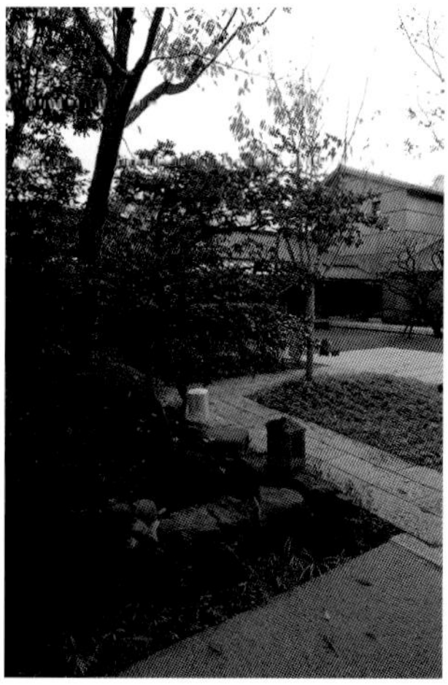
通往庭院各个方向的小路（照片中为庭院东北角），营业时间内完全开放，小学生通过这些小路去往学校。这些小路与向东50米左右的“虎屋一条店”的环游路也是相通的。

建筑项目数据

所在地——京都市上京区一条通乌丸西内
主要用途——饮食店、点心制作坊、事务所
所在区域——第二类住宅区域、准防火区域、历史遗产景观区域
建蔽率43.92%（允许范围60%）、容积率54.03%（允许范围200%）
前方道路——东4米、西6米、南5米
占地面积——2120.43平方米
建筑面积——931.34平方米
使用面积——1145.60平方米
结构、层数——RC结构・一部分S结构・木结构、地上二层
各层面积——一层866.48平方米、二层279.12平方米
地基、桩基础——钢管桩
高度——最高9.5米、檐高6.89米、
层高3.7米、天花板高2.4—3.9米
委托方——虎屋
设计、监理——内藤广建筑设计事务所
设计协同——结构：空间工学研究所；设备：明野设备研究所；
照明：I・C・O・N
施工方——鹿岛
施工协同——空调・卫生：新菱冷热工业；电气：Kinden Corporation
设计期——2006年11月—2008年6月
施工期——2007年11月—2009年4月
开业日期——2009年5月15日

2010年

建筑作品
16

旭川站

北海道旭川市

刊载于NA（2010年10月25日）

以铰接结构的四叉柱支撑大屋顶

大屋顶的覆盖下，是有着4个站台、7条线路的站台层。（摄影：吉田诚）

为配合铁路高架化，JR北海道线旭川站二〇〇七年进行了重建，内藤广设计的新车站于二〇一〇年十月十日试运营。旧车站位于新车站的北侧，预计将于二〇一一年拆除，使新车站实现南北贯通。

随着高架化的实现，站台将被抬高至离地面约十一米高的高度。考虑到雪国恶劣的气候，采用了全长一百八十米、宽六十米的大屋顶设计，以及南北两侧高约十二点零五米的玻璃幕墙，覆盖车站内设有四个站台及七条线路的站台层。

大屋顶采用平行弦斜撑结构，重约两千两百吨。这种斜撑被称为『四叉柱』，从根部分叉出四根钢柱，支撑屋顶。四叉柱并排两列，共二十座。四叉柱下部采用铰接结构，透过玻璃幕墙，能够看到一部分四叉柱的底部结构。抬头向上望去，四叉柱的顶部连接着天窗。白色的四叉柱在阳光下，宛若一棵棵银装素裹的大树。

—新车站的建设成为城市规划的关键—

新车站南侧约五十米外，流

从西北侧俯瞰车站。1960年完工的旧车站将被拆除，以实现新车站广场的整备。

淌着忠别川。本次车站重建项目，通过铁路高架化及高架桥的建设，以及对周边九十多公顷土地的区划整理，将原先被铁路及河流分隔开来的南北两部分城市重新整合，是旭川市大规模城市规划项目的关键一环。

旧车站在忠别川方向没有设置出入口，而新车站在一层设计了南北贯通的通道。另外，车站南北两侧的玻璃幕墙完工后，乘客能够从站台上远眺忠别川，而从忠别川方向，也能够看到站台上并列的树状的柱子。

设计者内藤广说：『在今后的时代，如果没有车站的重生，就不可能实现城市的重生。车站，就是一个具有如此重大意义的地方。』回顾车站的设计，他说：『以像车站的车站以及能够看到河流的车站为设计理念，展开了设计工作。』

『像车站的车站』，其标志之一便是车站的大屋顶。内藤广说：『在国外，全覆盖式的车站有很多，但是在日本，有如此规模的车站并不多见。得到结构工程师川口卫先生的协助，才使得继大阪世博会纪念广场（在坪井善胜领导下，川口负责结构设计）之后如此规模的平行弦斜撑大屋顶得以实现。』

一直苦恼于这样下去是否可以

对于内藤广来说，旭川站是继日向市站、高知站之后的第三个铁路车站项目，但是实际上旭川站的设计始于一九九五年，是三座车站中最早启动的。也就是在旭川站项目中，内藤与土木设计专家筱原修（旭川站项目的监修方）相识，遇到了一个踏入土木领域的契机。

十五年过去了。内藤广说：『十五年时间，一直参与到一个项目之中，对于一个建筑设计师来说，是非常痛苦的。在这期间城市也逐渐发生了变化。曾经不止上百次地问过自己，这样下去真的可以吗？』但是仍然坚持了下来。『正因如此，我逐渐能够自信地说，我设计的旭川站，能够在旭川这个城市矗立一百年、两百年。或许，要想建造一座能够经得住时间考验的建筑物，本来就应该像这样花费大量的时间去设计。』

1. 站台上的四叉柱。柱的顶部连接天窗，下部为避免乘客撞到头，设计成圆形座椅。**2.** 座椅椅面中部采用玻璃制成，能够看到柱子的根部。根部采用铰接结构，四个分叉的支柱架设于球面状的突起之上。

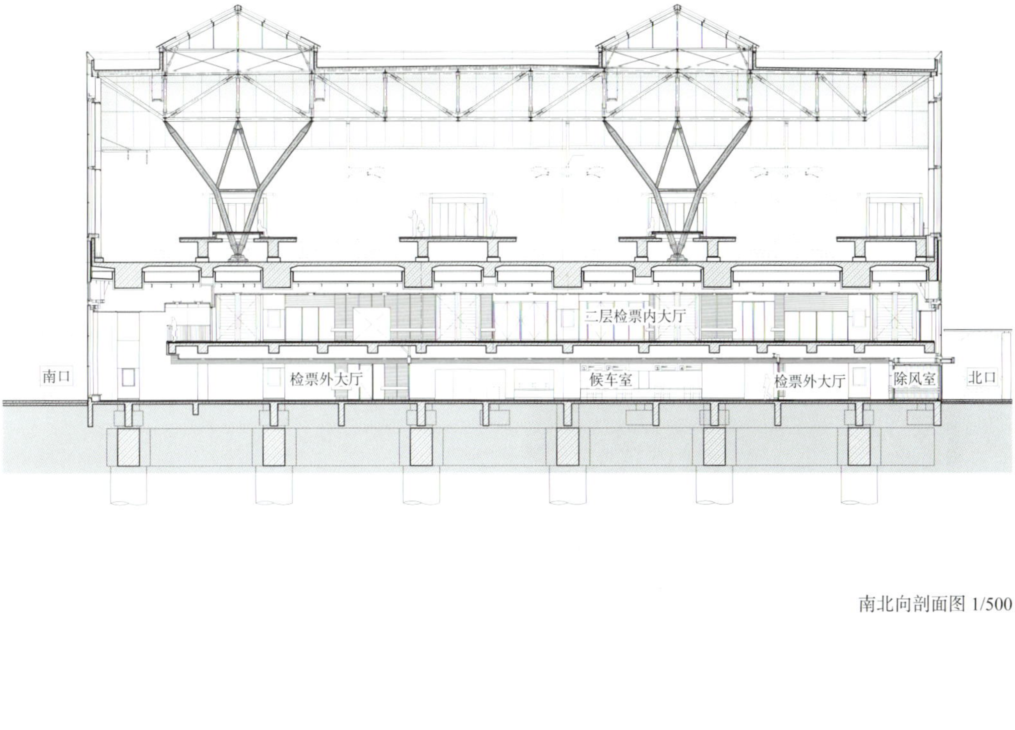

南北向剖面图 1/500

素材 | MATERIAL

在北海道出产的水曲柳木材墙面上，篆刻1万人的名字

相对于站台层由大屋顶及玻璃幕墙营造出的宏大空间，一、二层的内部装修，在墙壁和天花板位置大面积使用了北海道出产的水曲柳木，营造出一种温馨的氛围。

墙壁上的水曲柳木材的一部分，篆刻有公开征集的1万人的名字。这一设计来自于2009年3月运营的岩见泽复合车站，墙面的红瓦上刻有4777位市民的名字。篆刻费用高达两千万日元。征集1万人的名字，大概花费了3个月的时间。

1. 在登上站台的楼梯上设置的除风室。**2.** 二层检票大厅。**3.** 检票后去往中央大厅的1层上行楼梯。**4.** “People Wall”揭幕仪式（2010年10月10日）。内藤等人的提案变成了现实。**5.** 水曲柳木墙面上，篆刻有1万人的名字。

Haruto MIZUNO 05315
Masanobu YOSHIDA 05317
Tetsuya TAMURA 05319
Renta TAMURA 05321
Masahiro ONISHI 05323
Yoshiko KYOYA 05325
Yoshiaki TAKASE 05327
Hidenori KUDO 05329
Aoi KUDO 05331
Yuji FUKUI 05333
Koichiro FUKUI 05335
Emiko FUKUI 05337
Katsuhiro FUJII 05339
Toshiyuki ASANO 05341
Kimitoshi SATO 05343
Akitoshi SATO 05345
Kunio TAKIGAHIRA 05347
Masami KITA 05349
Konomi KITA 05351
Hiroshi KITA 05353
Michiyuki OHTA 05355
Yukikazu MATSUSHIMA 05357
Yuki KIMURA 05359
Norihiko KAWAUCHI 05361
Takahiro AKIYOSHI 05363
Masayoshi SASAGAWA 05365

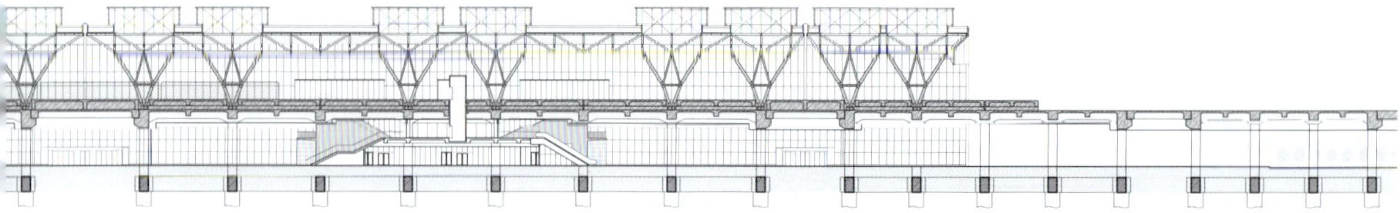

东西向剖面图 1/1500

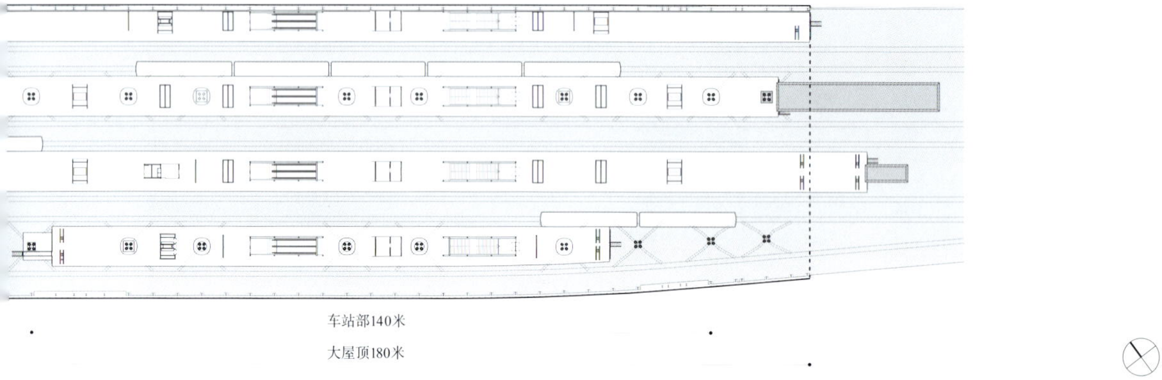

站台层平面图 1/1500

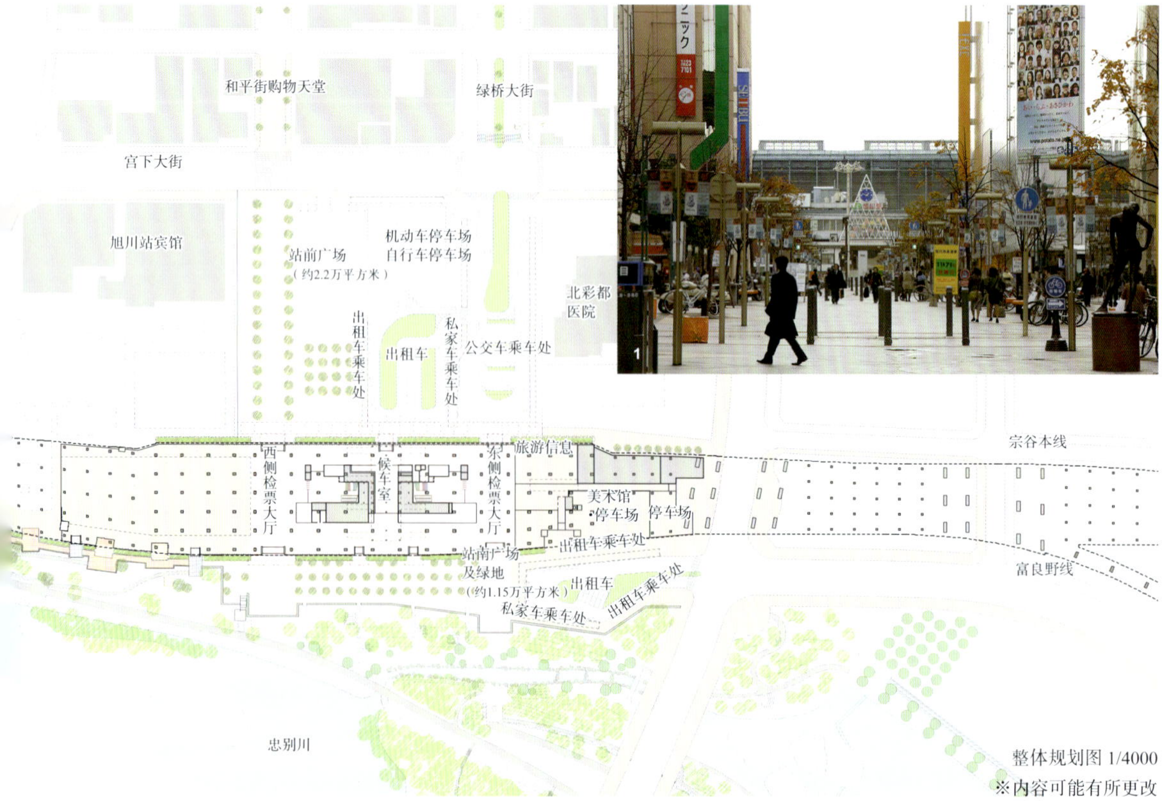

整体规划图 1/4000
※内容可能有所更改

2

3

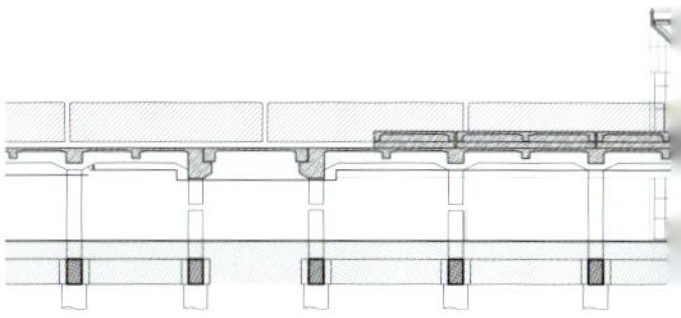

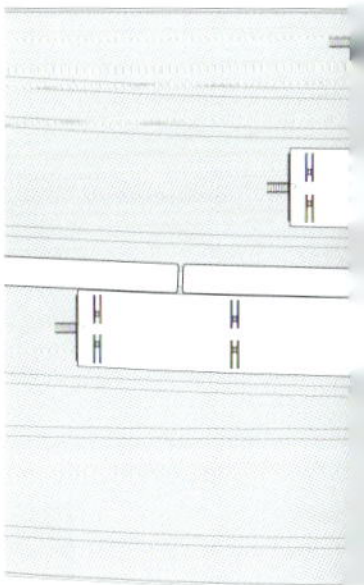

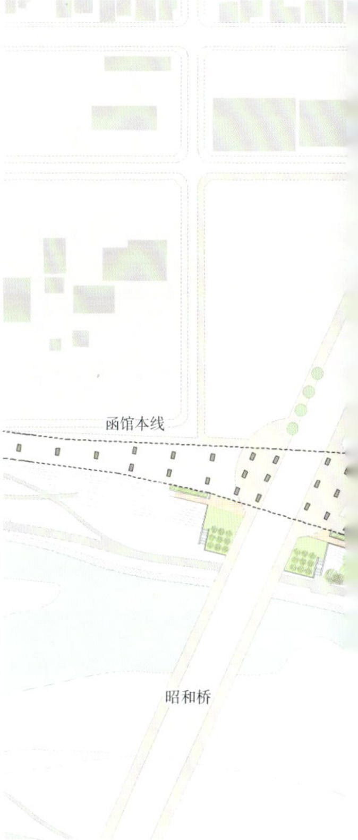

1. 从北口的和平街购物天堂向旭川站望去。旧车站拆除后，能够直接看到新旭川站南侧。**2.** 越过忠别川看到的旭川站西侧外观。**3.** 玻璃幕墙施工中，一部分已经完工，能够透过玻璃幕墙看到车站南侧的景色。

建筑项目数据

所在地——北海道旭川市宫前街西4153-1
总面积——13245平方米
结构、层数——土木高架桥结构・一部分S结构（车站）・S结构（顶棚）、地上二层・楼顶塔屋一层
委托方——北海道旅客铁道
监修——筱原修、加藤源、大矢二郎
设计——北海道旅客铁道、日本交通技术、内藤广建筑设计事务所
施工方——清水建设・熊谷组JV
施工期——2007年11月—2011年12月（2010年10月开始试运营）
总工程费——约78亿日元

站台夜景。照片拍摄时玻璃幕墙尚未安装，墙壁使用的是替代材料，尽管如此，仍然营造出了一种如诗如画的氛围。

第五章

设计手法与教育观

内藤广建筑设计事务所的设计工作，有许多特别之处。
比如一开始给工作人员的指示，并不是草图，而是“语言”。
东京大学的设计课题也很独特。
相对于设计方案，内藤广更注重兼收并蓄的思想。

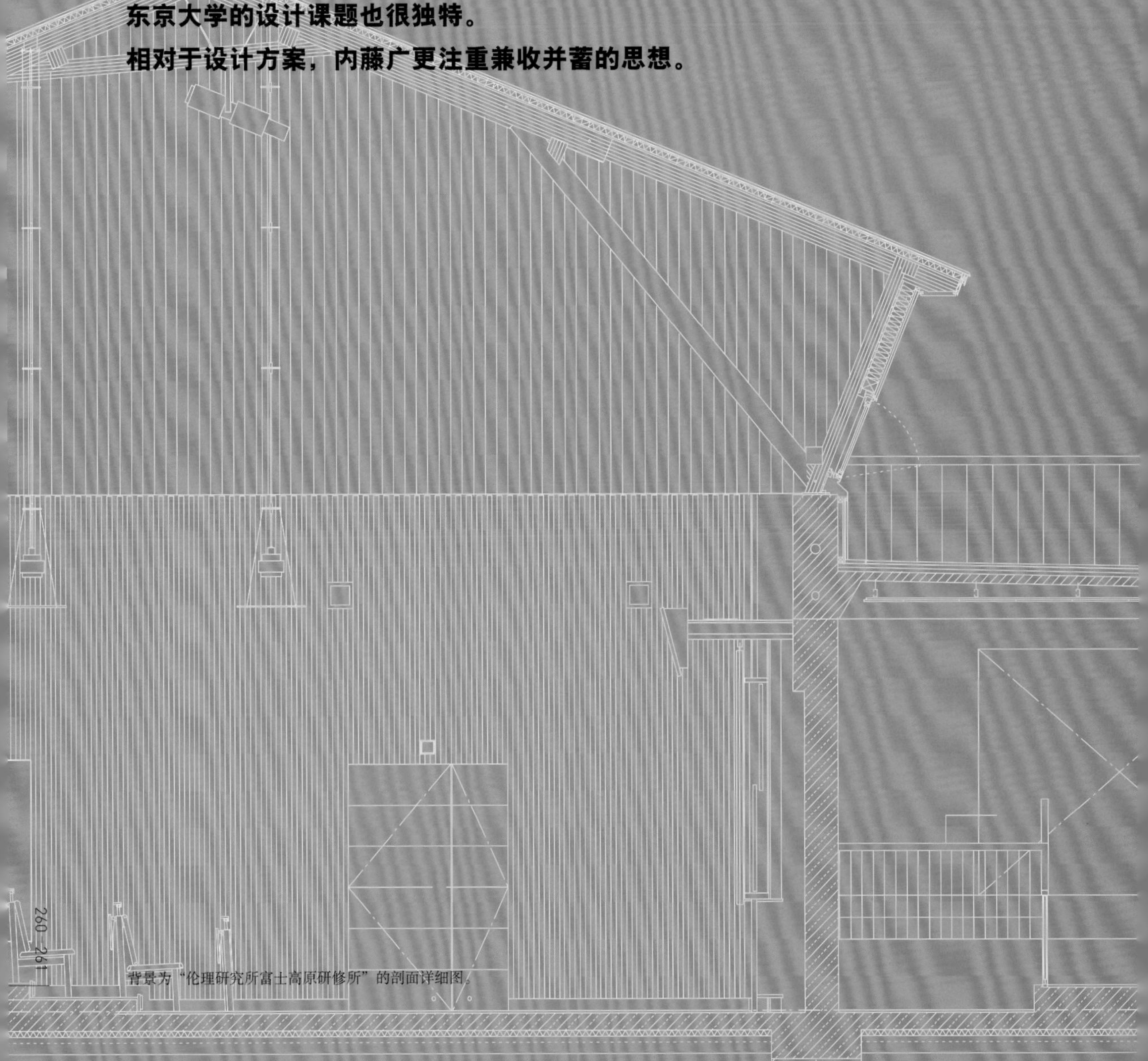

背景为“伦理研究所富士高原研修所”的剖面详细图。

内藤广建筑设计事务所的成本管理方法

——通过『内部核算』培养所内人员的成本意识

在紧张的预算下完成的『海洋博物馆』的设计，通过尽量避免使用既成品，以及设计师亲自绘制部件图纸，实现了对成本的控制。在内藤广建筑设计事务所，通过实施内部核算，使事务所的工作人员都具备了成本意识。在总建筑面积达一万八千平方米的『岛根县艺术文化中心』等项目中，也都贯彻了这一方针。让我们听一听在事务所有『名师』之称的川村宣元设计师的成本管理秘籍。

一九九八年竣工的『海洋博物馆·收藏库』，可以说是内藤广建筑设计事务所的成名之作。该项目的施工单价控制在每坪四十五万日元，可谓令人惊叹。一九九二年竣工的『展馆』，施工单价为每坪不足六十万日元，两项工程都是在紧张的预算下完成的。这种成本意

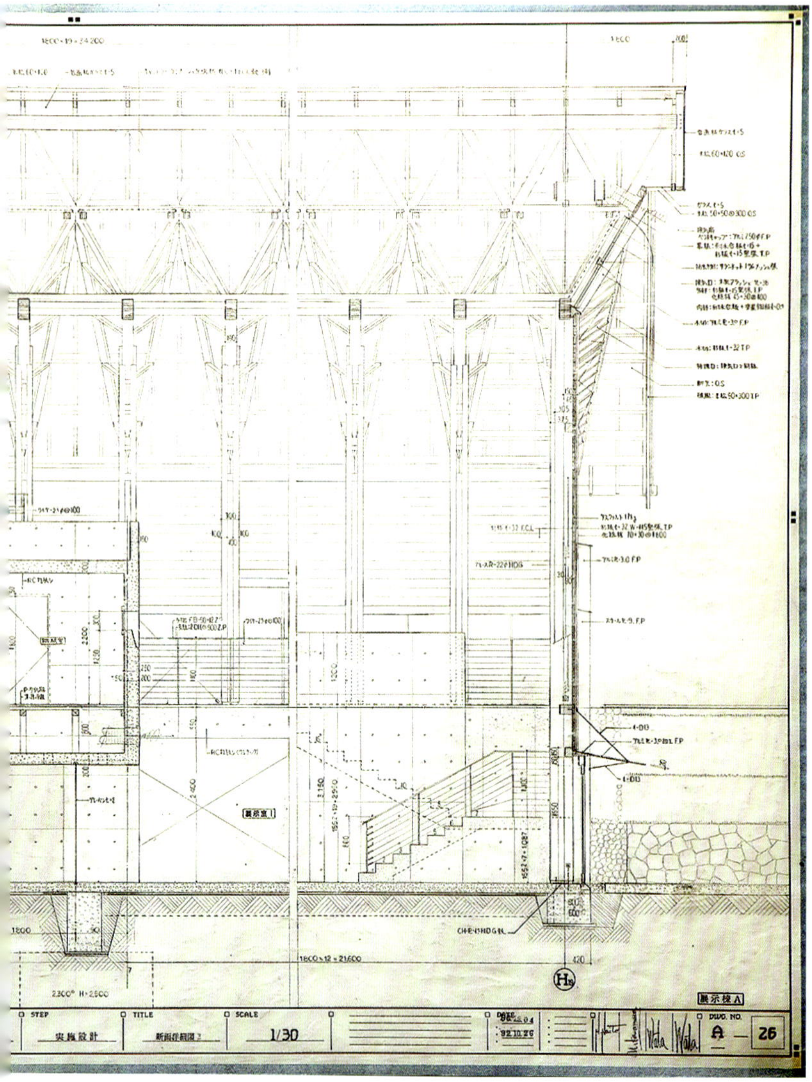

刊载于NA（2008年4月28日）

识，即便是在二十年后的现在，也深深地渗透于事务所全员的内心之中。

照明成本从一千万日元降至五万日元

担任上述两个项目的建筑设计工作的事务所副所长川村宣元（二〇〇九年从事务所辞职，创立川村宣元建筑事务所），回忆当时的情况时说：『收藏库的项目，图纸一共重画了二次。』以粗略绘制的图纸为基础，先对成本进行计算，如果超出预算，则重新修改设计。这样的过程反复进行了很多次。

最终能够在预算内完成设计，是由于尽量避免使用既成品的缘故。

展馆设计之初，计划使用的天窗的最初成本达到了三千万日元。我们没有采纳厂商已经做好的既成品，而是采用了铝材和山形钢的组合，使成本预算降至原先的十分之一——三百万日元。照明也是如此，如果使用厂家制作好的产品，每台需要一百万日元以上，由于使用了冲压金属，成本控制在了五万日元范围内。

为了避免使用既成品，各个部件的图纸，全部都需要设计师亲自绘制出来。川村笑着说：『想要降低成本，就需要多花费一些精力

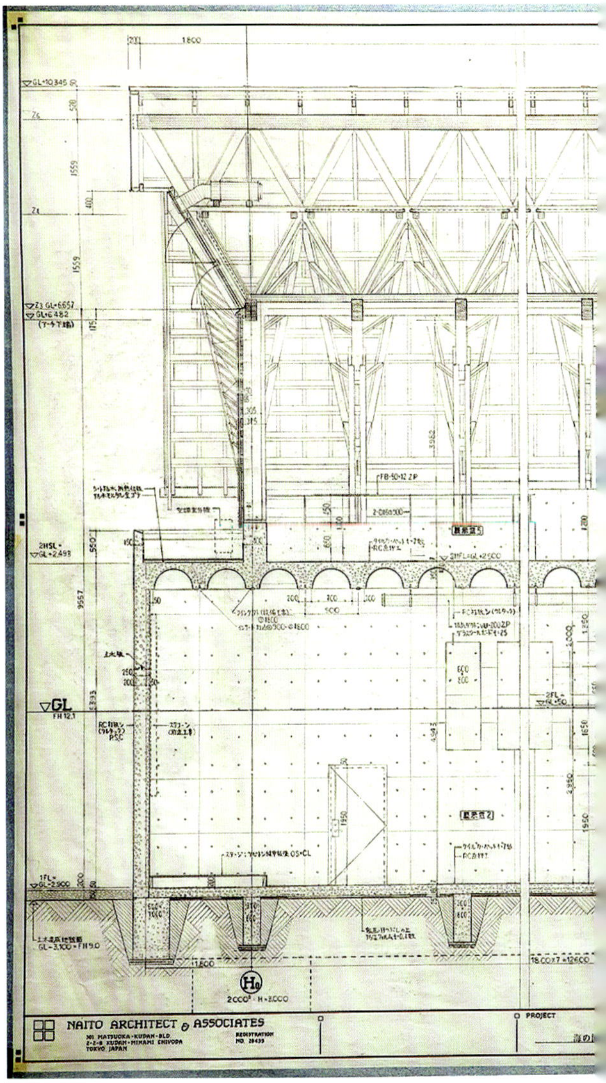

1

1. 1992年竣工的海洋博物馆·展馆的详细剖面图。放弃了钢制框架既成品，委托当地的铁厂制作了框架，通过这些做法，降低了建筑成本。（摄影：内藤广建筑设计事务所）**2.** 海洋博物馆·展馆天花板仰视图。（摄影：吉田诚）

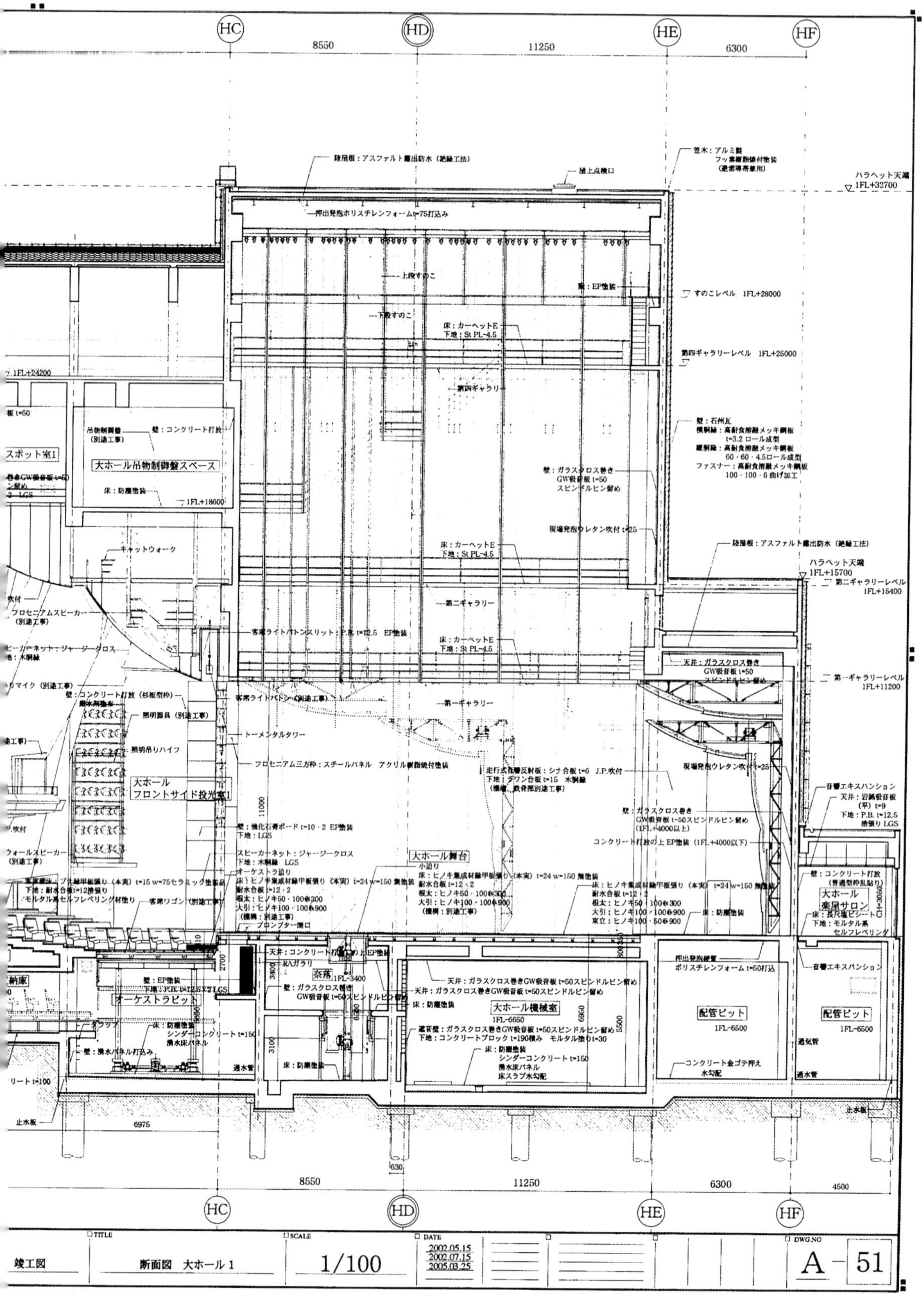

竣工図	TITLE 断面図　大ホール1	SCALE 1/100	DATE 2002.05.15 2002.07.15 2005.03.25	DWG.NO A－51

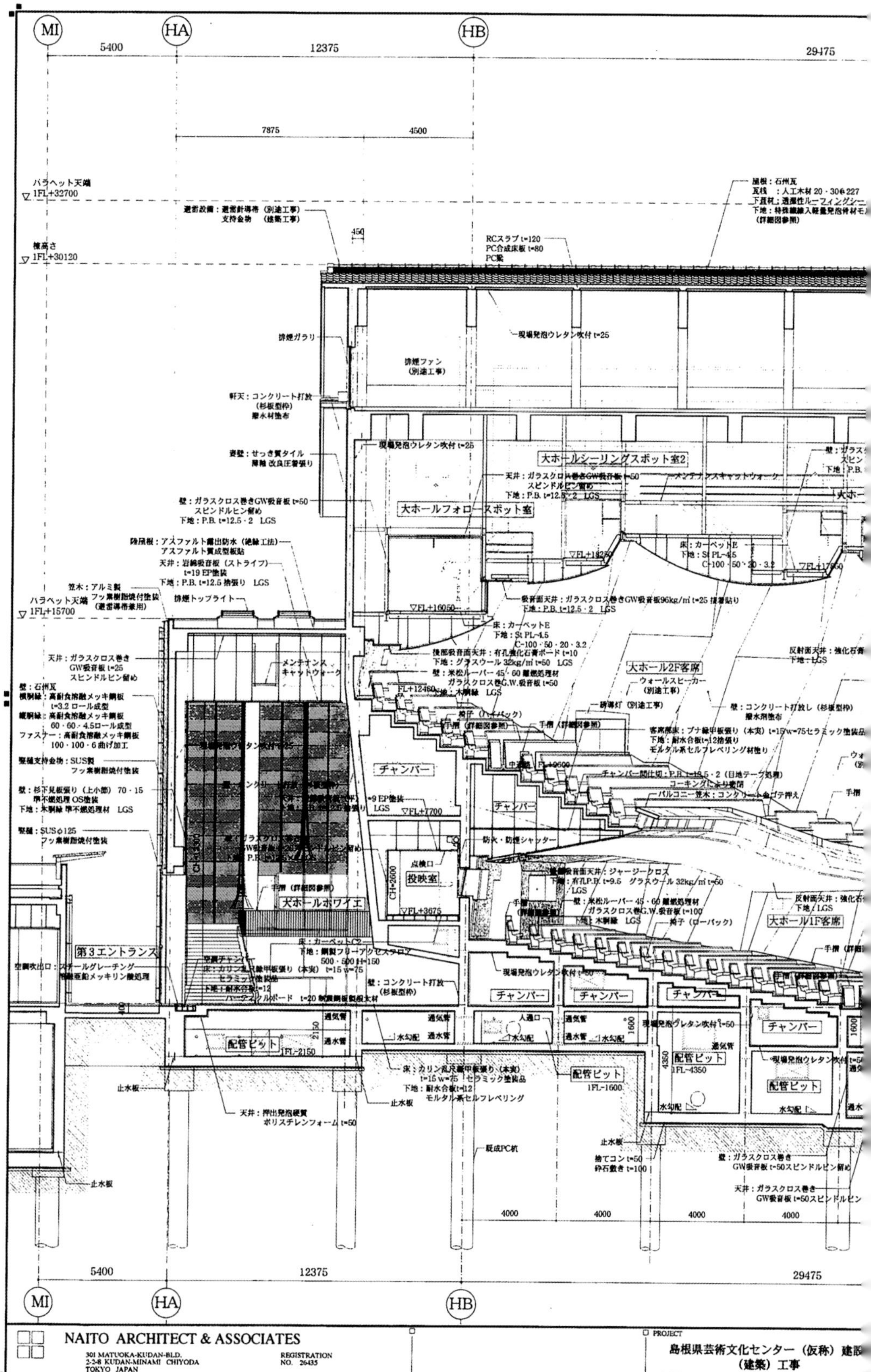

岛根县艺术文化中心大礼堂剖面图。随着CAD化的实现，过去按1：50比例尺绘制的图纸上的信息，能够全部体现在1：100的图纸上。

MI　HA　HB

5400　12375　29475

7875　4500

パラペット天端 ▽1FL+32700

軒高さ ▽1FL+30120

避雷設備：避雷針導体（別途工事）支持金物（建築工事）

RCスラブ t=120
PC合成床板 t=80
PC梁

屋根：石州瓦
瓦桟：人工木材 20・30&227
下葺材：透湿性ルーフィングシー
下地：特殊繊維入軽量発泡床材モ（詳細図参照）

現場発泡ウレタン吹付 t=25

排煙ガラリ

排煙ファン（別途工事）

軒天：コンクリート打放（杉板型枠）撥水材塗布

現場発泡ウレタン吹付 t=25

大ホールシーリングスポット室2

腰壁：せっ質タイル 陶錬改良圧着張り

壁：ガラスクロス巻きGW吸音板 t=50
スピンドルピン留め
下地：P.B. t=12.5・2 LGS

大ホールフォロースポット室

天井：ガラスクロス巻きGW吸音板 t=50
スピンドルピン留め
下地：P.B. t=12.5・2 LGS

メンテナンスキャットウォーク

壁：ガラス
スピン
下地：F

笠木：アルミ製
フッ素樹脂焼付塗装（遮熱兼用塗）

パラペット天端 ▽1FL+15700

排煙トップライト

床：カーペットE
下地：St PL-4.5
C-100・50・20・3.2

▽FL+182

▽FL+17

防湿板：アスファルト露出防水（絶縁工法）
アスファルト質成型板

天井：岩綿吸音板（ストライプ）
t=19 EP塗装
下地：P.B. t=12.5 捨張り LGS

▽FL+16050

天井：ガラスクロス巻き
スピンドルピン留め

壁：石州瓦
横胴縁：高耐食溶融メッキ鋼板
t=3.2 ロール成型
縦胴縁：高耐食溶融メッキ鋼板
60・60・4.5ロール成型
ファスナー：高耐食溶融メッキ鋼板
100・100・6曲げ加工

笠樋支持金物：SUS製
フッ素樹脂焼付塗装

壁：杉下見板張り（上小節）70・15
杉柾板処理 OS塗装
下地：木製縦下地不燃処理材 LGS

笠樋：SUSφ125
フッ素樹脂焼付塗装

天井：ガラスクロス巻き
GW吸音板 t=25
スピンドルピン留め

メンテナンスキャットウォーク

傾斜吸音面天井：有孔強化石膏ボード t=10
下地：ガラスクロス巻きGW吸音板 96kg/m2 t=25 接着貼り
下地：P.B. t=12.5・2 LGS

大ホール2F客席
ウォールスピーカー

吸音面天井：ガラスクロス巻きGW吸音板 96kg/m2 t=25 接着貼り
下地：P.B. t=12.5・2 LGS

床：カーペットE
下地：St PL-4.5
C-100・50・20・3.2

反射面天井：強化石膏
下地：LGS

一磚瑪（別途工事）

手摺（詳細図参照）

客席床：ブナ縁甲板張り
下地：耐水合板t=12 2枚張り
モルタル系セルフレベリング材塗り

チャンバー

9 EP塗装
LGS　▽FL+7700

傾斜吸音面天井：ジャージークロス
下地：米松ルーバー 45・60 離燃処理材
LGS

チャンバー間仕切壁：P.B. t=15.5・2（目地テーブ処理）
コーキングt=0.8以下・2液型
バルコニー笠木：コンクリート金ゴテ押え

防火・防煙シャッター

チャンバー

投映室

CH=2000　▽FL+3675

大ホールホワイエ

床：カーペットE
下地：鋼製フリーアクセスフロア
500・500 t=150
下地：パーティクルボード t=20

床：コンクリート打放（杉板型枠）

大ホール1F客席

手摺（詳細図

大ホールシーリングスポット室
点検口

第3エントランス

空調吹出口
オールグレーチング
亜鉛溶融メッキリン酸鉄処理

壁：ガラスクロス巻き
下地：P.B.

壁：米松ルーバー 45・60 離燃処理材
ガラスクロス巻きG.W.吸音板 t=100
椅子（ローバック）

現場発泡ウレタン吹付 t=50

チャンバー　チャンバー　チャンバー

配管ビット
1FL-2150

通気管　通水管

人通口

通気管　通水管

通水管

現場発泡ウレタンウ吹付 t=50

配管ビット
1FL-1600

チャンバー

1600

天井：押出発泡硬質ポリスチレンフォーム t=50

床：カリン乱尺幾甲板張り（本実）
下地：t=15 w=75・セラミック塗装品

止水板

配管ビット
1FL-4350

天井：ガラスクロス巻き
GW吸音板 t=50 スピンドルピン留め

止水板

既成PC杭

捨てコン t=50
幹石敷き t=100

4000　4000　4000　4000

MI　HA　HB

5400　12375　29475

NAITO ARCHITECT & ASSOCIATES
301 MATUOKA-KUDAN-BLD.
2-2-8 KUDAN-MINAMI CHIYODA
TOKYO JAPAN
REGISTRATION
NO. 26435

PROJECT
島根県芸術文化センター（仮称）建設
（建築）工事

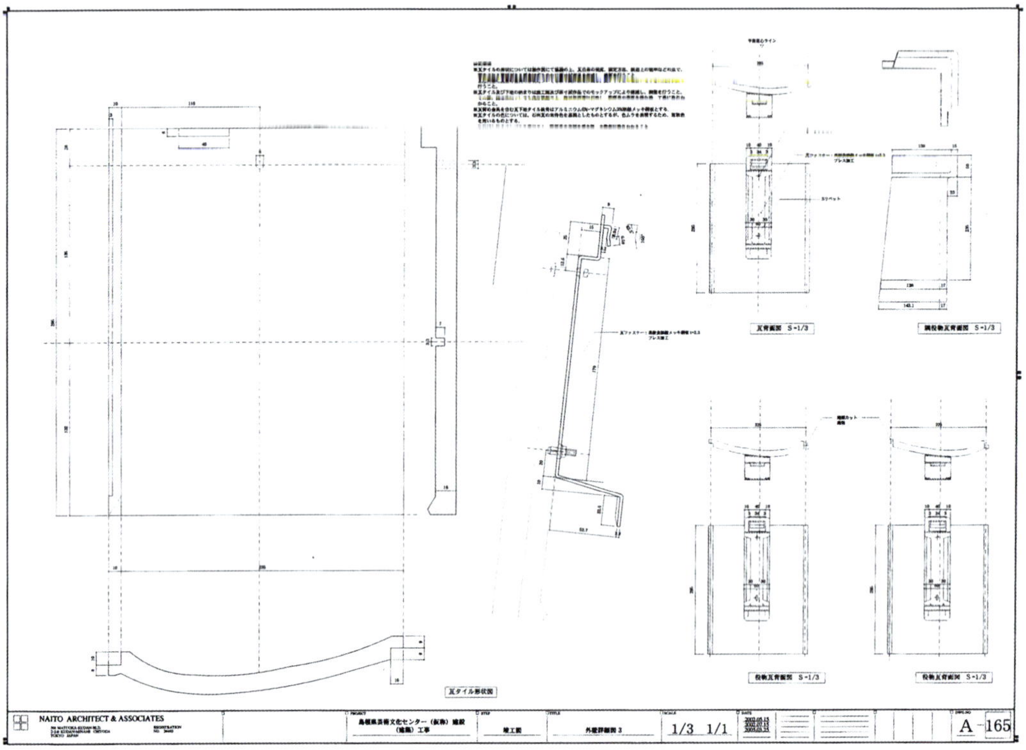

1

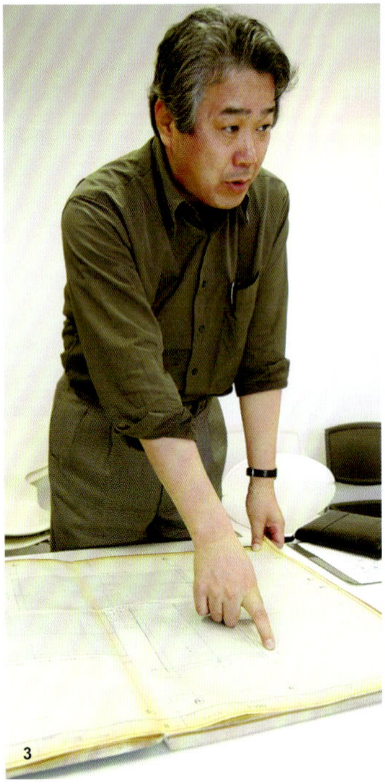

3

2

1. 岛根县艺术文化中心的瓦片详细图。重点在于细部按照原尺寸绘制并进行了确认。**2.** 岛根县艺术文化中心外墙面瓦。（摄影：吉田诚）**3.** 指着图纸的川村宣元副所长（时任）。他说：“图纸检查，是对屋檐、防水工程的端部、天窗的确认。室内不会出现漏水现象，是最为重要的。”（摄影：本刊）

在设计上。』

如此出色的成本管理能力，缘于从一九八一年事务所开业以来一直实施的所内成本核算制度。无论规模多大的项目，都不会将成本核算工作委托给所外的机构，而是由建筑设计师自己负责核算。

年轻工作人员先从算量开始

刚刚进入事务所的工作人员，首先从算量开始做起。通过师傅或前辈们手把手的引导，经过两到三年的时间，掌握成本核算的技巧。民事建筑的成本核算，一般采用的工具是通用的表格算量软件。

对于实施所内核算制度的原因，川村解释说：『设计者如能同时把握性能和价格，就是最大的优势。』

事务所的工作人员，通过自己的经验，应对制造商、部件结构、材料选取等变化会给建筑的性能及成本带来什么样的影响了如指掌。

作为设计者，当然要了解图纸上所示的成本及性能背后的依据，有时还需要担任施工监理的工作。因此，在施工阶段，只要看一眼制作图或施工要领图，就能明白需要注意的地方在哪里。如果施工人员对图纸有任何的误读，也能够立即发现并纠正。

节省了对外委托所需的等待时间

实施所内核算制度的优点，并不仅仅是提高了所内工作人员的专业能力以及图纸的精确度。如果将成本核算业务委托给所外机构的话，从发出委托到收到报告，需要花费一段时间。实施所内核算，能够节省等待时间，增加研究设计方案的时间。

『在有限的时间内要完成设计工作，在所内对成本核算的时间加以控制，是很大的一个优势』（川村）。同时也能节省委托费用。

当然，并不是从一开始就在成本核算方面做得很好。之前曾经有过将成本核算工作委托给外部机构的经历，但是由于需要花费很长一段时间等待结果，时间方面有很大的损失，最后采用了现行的制度。

即便如此，有时还是会出现超出预算的情况。这时，首先从改变外装修材料入手，尝试降低成本。比如将框架的特定颜色改为标准色。如果这样还是不行，就会确认设备是否存在冗余。内部装修材料基本不会作修改。对结构的调整，往往是最万不得已时才会采用的手段。

超出预算一成或两成的情况下，通过对外部特殊装修工程的两三处修改，便能削减成本。大部分的项目，成本都会控制在预算范围之内。最近，基本不会出现超出预算两三成的情况，其原因除了事务所核算经验的累积之外，CAD的导入使得图纸精确度提高，这也是很重要的一个因素。

CAD的导入使预算更加精确

川村说：『导入CAD之后，图纸不能再有含混不清的地方。』同手绘图纸相比，相同的比例尺之下，CAD图能画出更细的线条。由于比以前的图纸包含了更多的信息，预算也更加精确。

海洋博物馆项目采用的是手绘的设计图，应大家的要求，于一九九九年左右完全实现了CAD化。原先以1：50的比例尺手绘的详细图纸中的信息，通过CAD体现在了1：100的图纸中。

二〇〇五年竣工的『岛根县艺术文化中心』，总面积达一万九千平方米。由于规模较大，所以采用了1：100的比例尺绘制了剖面详细图。但是，即便是大规模的项目，由建筑设计师亲自进行成本核算的方针也不会改变。当时，大概制作了一千多张图纸。

『直面新技术，自然而然会产生新的建筑方法』

——详解建筑的『细节』（远藤胜劝×内藤广）

刊载于NA（2009年2月23日）

原菊竹清训建筑设计事务所副所长远藤胜劝（远藤胜劝建筑设计事务所主任），通过实地考察，浏览了不少建筑物。作为内藤广在菊竹事务所时期的前辈，远藤对内藤广建筑的细节抱有很多疑问。

—

内藤：作为一个建筑师，怎样对待他手中的工作，在细节中最能得到体现。如果把建筑看作与人类的心理、事物的逻辑相关的工作的话，那么细节便是建筑的前线。

远藤：我对内藤广先生最早的印象，是在他进入菊竹事务所后承担的位于东京池袋的西武百货店的改建工程。那是一个大约三百米长的改建工程。但是由于资金的问题，最后缩短为大约只有四十米。那时看到内藤广先生的图纸，觉得他的确很了不起。

内藤：研究生毕业之后我就去了西班牙的费尔南德·伊格拉斯建筑设计事务所，在那里一对一地向前辈们学习了古典建筑的设计，但是对于细节以及材料却完全不了解。在这种情况下，推荐我去菊竹事务所的，是我学生时代的恩师吉阪隆正先生。可能吉阪先生认为，这家伙要是这样下去就完蛋了。菊竹先生是一位从一开始的设计阶段就不会被先入为主的感觉所束缚的、天马行空的一个人。他的破坏力是惊人的。直到现在，我都认为他是很了不起的一个人，是个天才。

远藤：普通人是没有办法模仿他的。

内藤：我对技术十分关心，可能也是因为受到了菊竹先生的影响。要建造出好的建筑物，有时也需要打破常规。菊竹先生把技术作为一个杠杆，打破常规的束缚，飞跃到了一个新的

（摄影：细谷阳二郎）

处女作建筑在细节方面完败（内藤）

境界。这种态度，是植根于我内心深处的重要理念之一。独立开设事务所之后设计的第一个项目『Gallery TOM』（于一九八四年完成），就多少体现出了这种理念。

远藤：处女作一般能体现出设计师的整体风格。TOM正是这样一个作品。

内藤：不过那时还不成熟。细节方面完全失败了。现在想来是令人很不满意的作品，但是其中体现出来的要素，是我一直到现在都还保留着的。

远藤：虽然内藤广先生只在菊竹事务所待了两年，但却能看出他是一位心中有激情的设计师，因此我专门去看了TOM。再看之后的作品，有时候会发现『这里也有TOM的影子』。

内藤：二十五年过去了，我还在做建筑设计（笑）。那座建筑采用了镀膜BOX梁结构。然而后来，由于镀膜时产生的热量使得BOX梁发生了变形，因此防水工程不得不在现场作出调整。实际上如果走水的坡度能够再大一点就更加合理了。

远藤：具体出现了哪些问题呢？

内藤：出现了漏水的现象。那个时候对材料的理解还不是很到位，考虑得也不够周到。细节方面也存在诸多问题。造型谁都能设计出来，但如果造型没有合乎逻辑地落实到细节上，建筑物就会出现问题。那个项目是一个起点，从那之后我一直非常注重细节的合理性。

远藤：我去参观『海洋博物馆』的时候，本来是晴天，但忽然下起暴风雨来，我在屋后，看到对面的悬崖发生了坍塌。我想这是上天特意安排的一次演出吧（笑）。回来之后，我立即给内藤广先生写了信。

内藤：非常感谢，至今我仍然保存着这封信。写了很多内容，包括茶餐厅的招牌露出来是不合适的，等等。

远藤：从展馆出来，进入收藏库之后，我大吃一惊。采光、天花板高度、结构、尺寸等，全都非常出色。这真是一座船舶的陈列室、博物馆。

内藤：至于那个招牌，出于位置的考虑不得不那样安排。但是，对于那座建筑，我还是有自信的，即便发生些意外也能抵挡得住。对于一座建筑物的评价，要经过二十年、三十年的时间之后，才能有定论。菊竹先生在收藏库完工后不到一周的时间，就向建筑学会奖作了推荐。能有这样的老师，我觉得非常感激。

远藤：收藏库项目的设计，可以说将内藤广先生特有的平衡感全部体现了出来。

内藤：那个项目的草图，是设计工作开始后不久，在Family Restaurant的餐巾纸上画的，后来基本没有大的改变。我都觉得自己是个天才（笑）。开玩笑的，实际上这种事情不经常发生。

远藤：内藤广先生的这种风格，是从什么时候形成的？

内藤：西班牙的费尔南德先生，非常擅长于

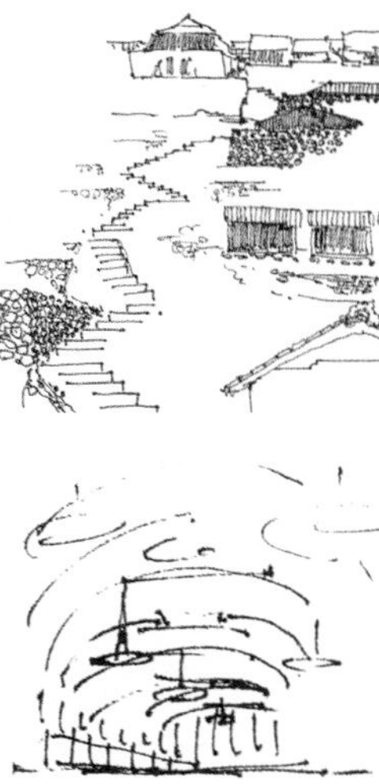

上图：在设计海洋博物馆时，内藤联想到大王崎的风景，画出的草图。**下图**：收藏库草图。

远藤胜劝，一九三四年出生于东京，一九五四年毕业于早稻田大学工业高等学校，一九五五—一九九四年就职于菊竹清训建筑设计事务所，任副所长，设计作品有『东光园』『西武大津商业中心』等，一九九六年创立远藤胜劝建筑设计室。

画草图。他随手画的草图，几乎可以称得上是绘画作品了。菊竹先生也拥有他所特有的敏锐的平衡感。但是这种感觉是即便怎样修炼也学不来的。创意可以学习，平衡感却是天生的。但是我不确定自己拥有怎样的平衡感。

远藤：内藤广先生的建筑作品，相对于外观，内部空间更让我印象深刻。进入建筑物内部就会感受到一种宏大的空间感，令人为之一振。

内藤：上大学的时候，村野藤吾先生曾对我们说过，『茶室的屋檐要尽可能设计得低一

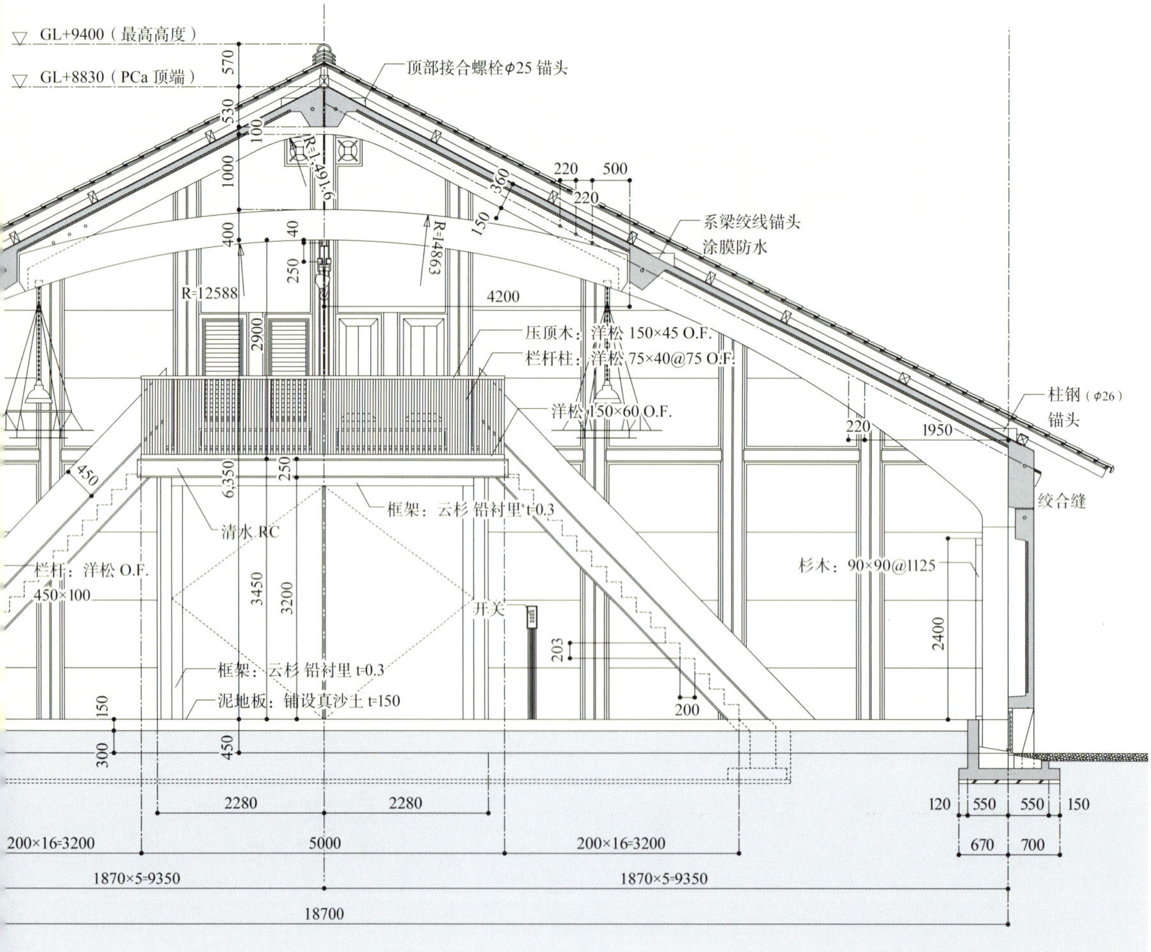

海洋博物馆·收藏库垂直剖面图 1/75

内藤建筑内部的空间感令人印象深刻（远藤）

些』，从低处进入茶室，里面空间却要宏大一些。可能是因为我脑海里一直记着村野先生说过的这句话。不知道这是不是一种平衡感。

远藤：海洋博物馆的PCa结构也是很有特点的。

内藤：采用大跨距设计，预应力混凝土制成的绞线与梁相连接时，结构梁的一端逐渐变粗，这样很不美观，所以对结构的每一个要素逐个分析，改为细长状，绞线采纳了三维弯曲设计。这个项目让我对预应力混凝土及PCa有了深刻的认识。

远藤：海洋博物馆是一座令人惊叹的建筑，而『牧野富太郎纪念馆』（完成于一九九九年，见七十八页），则比海洋博物馆更胜出许多。我非常喜欢。令我感到意外的是图纸的简单程度。设计中充满了灵动性，但垂直剖面图却非常简单。施工方看到这个图纸，一定以为只要预算的三分之一就能完工了（笑）。当时我就在想，原来剖面图还可以这样画啊。

内藤：看起来简单，实际上画的过程非常辛苦。施工方是竹中工务店，在混凝土浇筑好之后，施工图才画好。我对他们说这样的话就不用画施工图了，但是实际上不行，因为整个平面都是由曲面构成的。

远藤：有哪些细节，是无论如何也不能让步的呢？

内藤：首先是不能漏雨。『牧野』时期的项目难度特别大，当地的人都说，『内藤广先生不了解高知的雨，这样的设计，一定会漏雨的』，但是直到现在，一滴雨水都没有漏过。在屋顶钣金的地方，做了以防止漏雨为目的的五层故障安全设计，再大的暴风雨都没有问题。这样的细节，是从原始尺寸出发设计而成的。

远藤：有些建筑师，会把建筑的细节交给下面的工作人员去负责，内藤广先生您是怎么做的？

内藤：不管是公共建筑还是私人建筑，委托方都对建筑有所要求。为了满足这些要求，有时会出现一些大胆的设计。在这种时候，对委托方、对建筑承担责任的，是开设这家事务所的人。在这方面我采取很严谨的态度。

远藤：事务所对成本的控制也很严格啊。

内藤：海洋博物馆的预算非常少，这个项目很好地提高了对成本的控制能力。收藏库的成本为每坪四十二万日元，展馆中采用木结构的部分，成本为每坪五十五万日元。因为要把每坪的平均单价控制在五十万日元左右，所以必须从整体上把握在什么部位使用什么材料、如

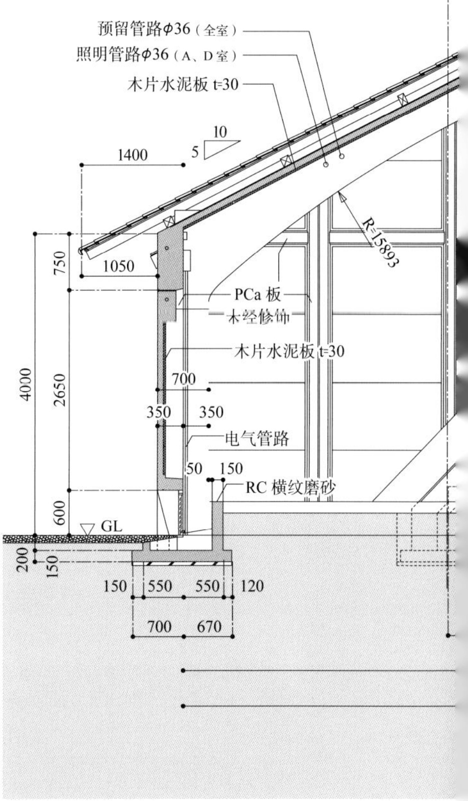

何使用，并且要了解材料流通环节的定价规律，才能做到控制成本。对于钱用在哪里、怎么用，我还是比较清楚的。

远藤：作为设计事务所，如果成本管理出现偏差，恐怕就得关门大吉了。从经济角度来讲，不允许你再重新设计一次。现在有很多事务所的所长，在事务所运营中并没有领悟到这一点，会委托外部机构做核算，对核算出的超过预算两三倍的结果大吃一惊，于是不得不重新缩减成本。有很多事务所会出现这样的情况。

现在普遍都是用电脑绘图，修改起来很快，但过去都是手工绘图，修改起来很麻烦，而且有时改着改着，又会顺着感觉改回了原先的设计。丹下健三先生的得力助手浅田孝先生曾经说过：『成本控制，正是建筑的最有趣之处。』因为仅能将无论如何都无法削减的精华部分保留下来。可以说，控制成本的过程，就是一个设计的过程，就是对建筑细节的把握。

内藤广（谈话地点：杉井·黑之屋）

内藤：我们事务所只有过一两次将成本核算业务委托给外部机构的经历。本来也没有多余的钱付给成本核算事务所（笑）。如果委托外部机构做成本核算，事务所就无法积累与成本有关的经验。实际上，如果有可能，我认为结构计算以及设备配置都应该在事务所内部完成。曾经在展览会上看到过堀口舍己先生的图纸，令我惊叹的是，就连钢筋，都是他自己计算尺寸，所以才能在递信省时代①建造出那么薄的RC屋檐。我觉得现在过于依赖外部机构了。

远藤：在我所见到的内藤广的建筑中，在细节方面让我印象最深的是『伦理研究所富士高原研修所』。

内藤：那个项目上有三个细节创造了世界第一。首先就是支撑PCa的十字柱。

应该在事务所内完成结构计算和设备配置（内藤）

远藤：是金属铸件对吗？

内藤：准确地说应该是『热轧钢』，只有新日本制铁的旧光制铁所拥有这一技术。在那个项目上是用作框架材料，但实际上之前它属于军舰技术。将铁块加热之后，用模具轧制而成。

另外，木结构骨架没有使用任何金属部件，而是采用了木材与木材之间直接咬合，这也是一个世界第一。内田祥哉先生还对我说：『内藤君，你终于明白木结构是怎么回事了。』

远藤：整个项目只使用了木材吗？

内藤：海洋博物馆的木结构立体桁架是一个契机。但当时的错误在于，在接合部位插入了一块钢板，用螺栓加以固定。因此在『牧野富太郎纪念馆』项目上，在接合部位上下了一番功夫，使用了铸件，但还是不够完美。

木材在力学方面具有非常好的性能，木材与木材之间直接进行力的传达，一直是我的一个课题。在『伦理研究所富士高原研修所』项目上，完成了我梦想中的木结构接合部。从海洋博物馆项目中的尝试开始，直到完成，中间经历了十二三年时间。此外，窗户上使用的发热玻璃，也是

译注：①递信省，是日本过去的政府机关，主要管辖交通、通信、电气等事务。第二次世界大战后曾短暂复活，但此期间只管辖通信事务，是现在的总务省、日本邮政（JP）及日本电信电话（NTT）的前身。

首次挑战。电气管路应该怎样铺设？法律如何规定？当时遇到了很多类似的难题。

远藤：菊竹先生当初在设计『出云大社厅舍』的时候（一九六三年完成），一开始曾说过计划全部采用玻璃，负责设备的川合健二先生说：『现在似乎发明了一种发热的玻璃，用作地板怎么样？』结果还是使用了木材。这件事情我一直都记得，四十年时间过去了，这个构想终于变成了现实，我感到很高兴。

内藤：以前，有一次我和菊竹先生开会的时候，菊竹先生问道：『这个柱子怎么处理？』我回答说：『跟松井源吾先生商量的结果是，从结构角度出发柱子必须要这么粗。』没想到菊竹先生说：『如果用钨钢怎么样？』『啊？钨钢？』我很吃惊。一般人是不会这么说的吧。之前从没有过这样的先例，由于成本较高，最后还是没能使用钨钢。但是，就在那个时候，我了解到，通过上下铰接接合，如果使用钨钢这样坚硬的材料，柱子可以更细。十字柱的构想，可能就是从这里来的。

远藤：将已经使用过的空气再次注入到房间之内，这让我想起了池袋的西武百货店改建工程。在当时也没能实现，可能那个细节潜移默化地留在了内藤广先生的心里吧。

内藤：很有可能，虽然已经有点忘记了。

远藤：将很久以前曾经出现过的念头、曾经做过的尝试，在自己的建筑中再次体现出来，对于建筑师来说是很重要的。

内藤：新的技术，自然会伴有新的建筑方法，这也是我从菊竹先生那里学到的内容之一。菊竹先生那种直面新技术、探寻新的建筑方法的态度，以多种方式，植根于我的内心之中。

以前未能实现的事情，现在都做到了（远藤）

远藤：关于『岛根县艺术文化中心』（完成于二〇〇五年，见一百五十四页），我一直有一个问题想请教您。我去实地参观时，对室内混凝土精确度之高，很是惊讶。

内藤：很不错吧（笑）。

远藤：是的，相当不错。不过，为什么没有把RC一直延伸到外面呢？虽然现在看来外面全部贴了瓦片，但是当时并不想全部使用瓦片吧？

内藤：完全相反（笑）。那个地方临近中国①，有降下酸性雨雪的可能，我希望我的建筑能在那里矗立一百年的时间，因此，必须使用能够为建筑物提供保护的材料，所以选择了瓦片。这也是在全世界范围内的首次尝试。

远藤：这涉及土木领域。厚四十厘米的混凝土墙壁，能以如此高超的技术，展现得这样完美无瑕，如果外面也都采用混凝土的话就好了。

内藤：的确，这座建筑的室内混凝土墙壁很不一般，林昌二先生甚至曾经评价它是『空前绝后』的。这座建筑的所在地是益田，一开始，县里有人对我说，那里的混凝土质量不好。既然有这样的传言，那么更要

译注：①这里所说的中国，指的是位于日本本州西部的一个地区。

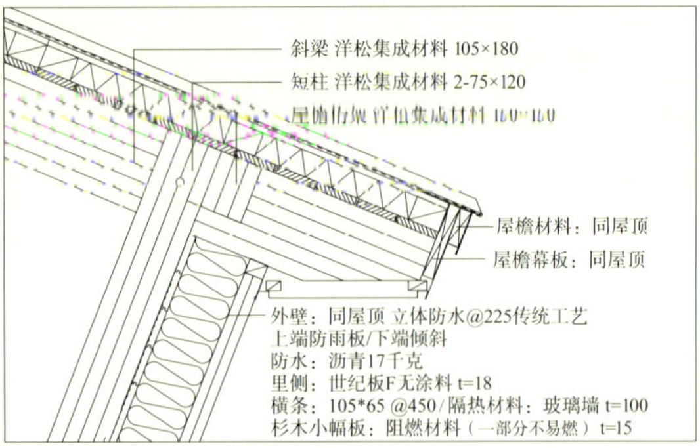
斜梁 洋松集成材料 105×180
短柱 洋松集成材料 2-75×120
屋檐材料：同屋顶
屋檐幕板：同屋顶
外壁：同屋顶 立体防水@225传统工艺
上端防雨板/下端倾斜
防水：沥青17千克
里侧：世纪板F无涂料 t=18
横条：105*65 @450/隔热材料：玻璃墙 t=100
杉木小幅板：阻燃材料（一部分不易燃）t=15

屋檐天花板细节1/20

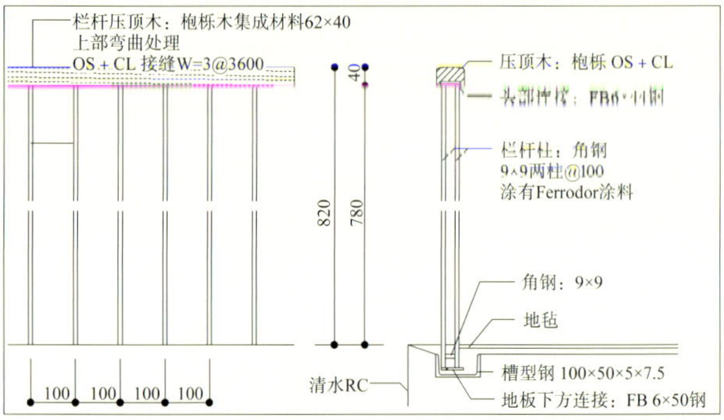
栏杆压顶木：枹栎木集成材料62×40
上部弯曲处理
OS＋CL 接缝W=3@3600
40
820
780
100
100
100
100
清水RC
压顶木：枹栎 OS＋CL
栏杆柱：角钢
9×9两柱@100
涂有Ferrodor涂料
角钢：9×9
地毡
槽型钢 100×50×5×7.5
地板下方连接：FB 6×50钢

栏杆详细图1/20

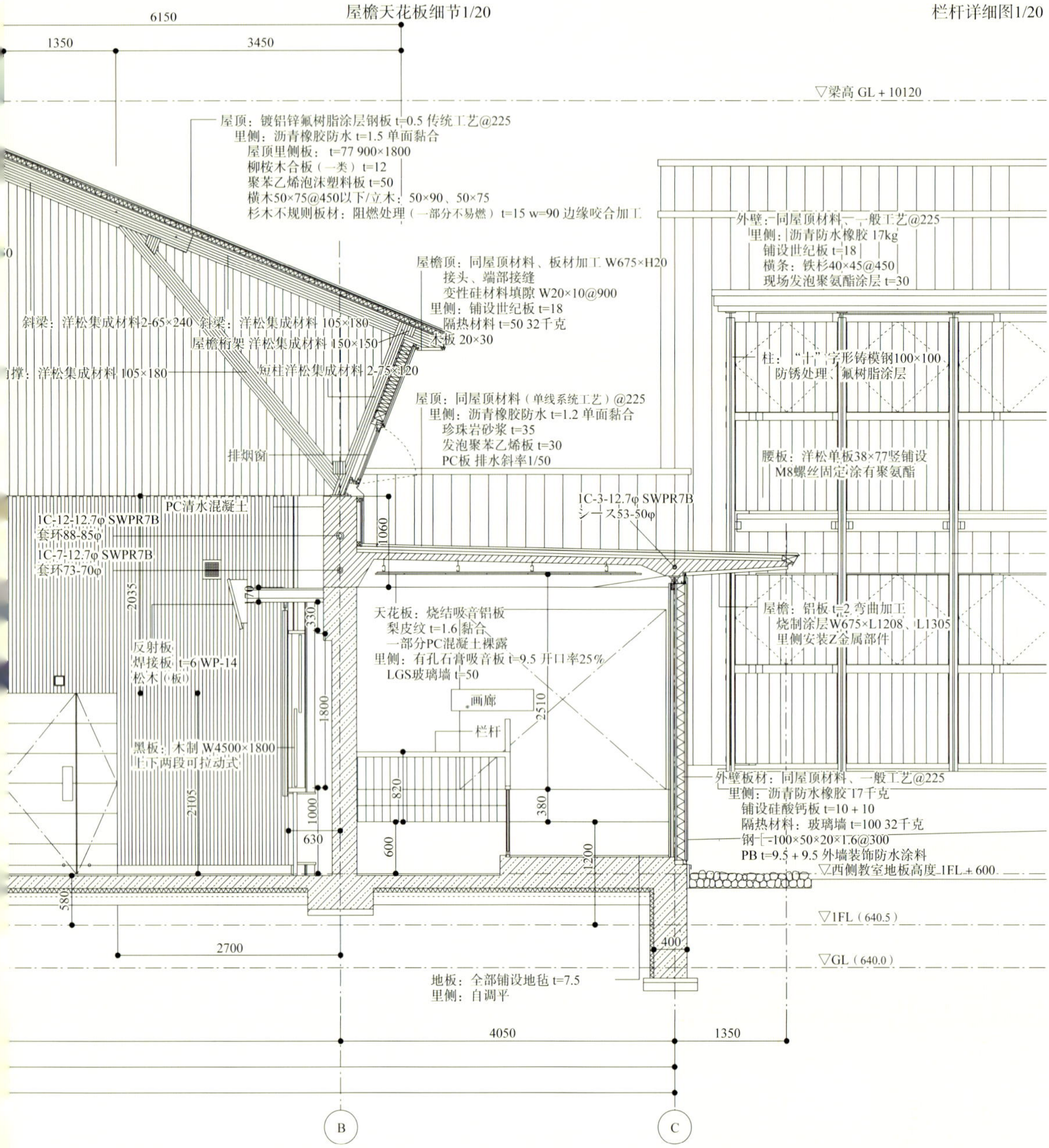
6150
1350
3450
▽梁高 GL＋10120
屋顶：镀铝锌氟树脂涂层钢板 t=0.5 传统工艺@225
里侧：沥青橡胶防水 t=1.5 单面黏合
屋顶里侧板：t=77 900×1800
柳桉木合板（一类）t=12
聚苯乙烯泡沫塑料板 t=50
横木50×75@450以下/立木：50×90、50×75
杉木不规则板材：阻燃处理（一部分不易燃）t=15 w=90 边缘咬合加工
屋檐顶：同屋顶材料、板材加工 W675×H20
接头、端部接缝
变性硅材料填隙 W20×10@900
里侧：铺设世纪板 t=18
隔热材料 t=50 32千克
木板 20×30
斜梁：洋松集成材料2-65×240
斜梁：洋松集成材料 105×180
屋檐桁架 洋松集成材料 150×150
撑：洋松集成材料 105×180
短柱洋松集成材料 2-75×120
屋顶：同屋顶材料（单线系统工艺）@225
里侧：沥青橡胶防水 t=1.2 单面黏合
珍珠岩砂浆 t=35
发泡聚苯乙烯板 t=30
PC板 排水斜率1/50
排烟窗
外壁：同屋顶材料、一般工艺@225
里侧：沥青防水橡胶 17kg
铺设世纪板 t=18
横条：铁杉40×45@450
现场发泡聚氨酯涂层 t=30
柱："十"字形铸模钢100×100
防锈处理、氟树脂涂层
腰板：洋松单板38×77竖铺设
M8螺丝固定 涂有聚氨酯
PC清水混凝土
1C-12-12.7φ SWPR7B
套环88-85φ
1C-7-12.7φ SWPR7B
套环73-70φ
1C-3-12.7φ SWPR7B
シース53-50φ
1060
170
330
2035
反射板
焊接板 t=6 WP-14
松木（板）
黑板：木制 W4500×1800
上下两段可拉动式
1800
2105
1000
630
580
2700
天花板：烧结吸音铝板
梨皮纹 t=1.6 黏合
一部分PC混凝土裸露
里侧：有孔石膏吸音板 t=9.5 开口率25%
LGS玻璃墙 t=50
画廊
栏杆
2510
820
380
600
1200
屋檐：铝板 t=2 弯曲加工
烧制涂层W675×L1208、L1305
里侧安装Z金属部件
外壁板材：同屋顶材料、一般工艺@225
里侧：沥青防水橡胶 17千克
铺设硅酸钙板 t=10＋10
隔热材料：玻璃墙 t=100 32千克
钢[-100×50×20×1.6@300
PB t=9.5＋9.5 外墙装饰防水涂料
▽西侧教室地板高度 1FL＋600
▽1FL（640.5）
400
▽GL（640.0）
地板：全部铺设地毡 t=7.5
里侧：自调平
4050
1350
B
C

伦理研究所富士高原研修所西侧教室剖面详细图1/80

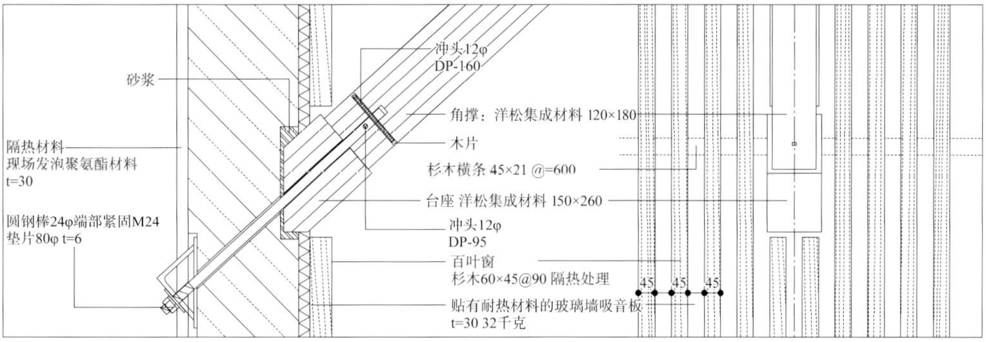
砂浆
隔热材料
现场发泡聚氨酯材料
t=30
圆钢棒24φ端部紧固M24
垫片80φ t=6
冲头12φ
DP-160
角撑：洋松集成材料 120×180
木片
杉木横条 45×21 @=600
台座 洋松集成材料 150×260
冲头12φ
DP-95
百叶窗
杉木60×45@90 隔热处理
贴有耐热材料的玻璃墙吸音板
t=30 32千克
45
45
45

结构接合部细节图1/20

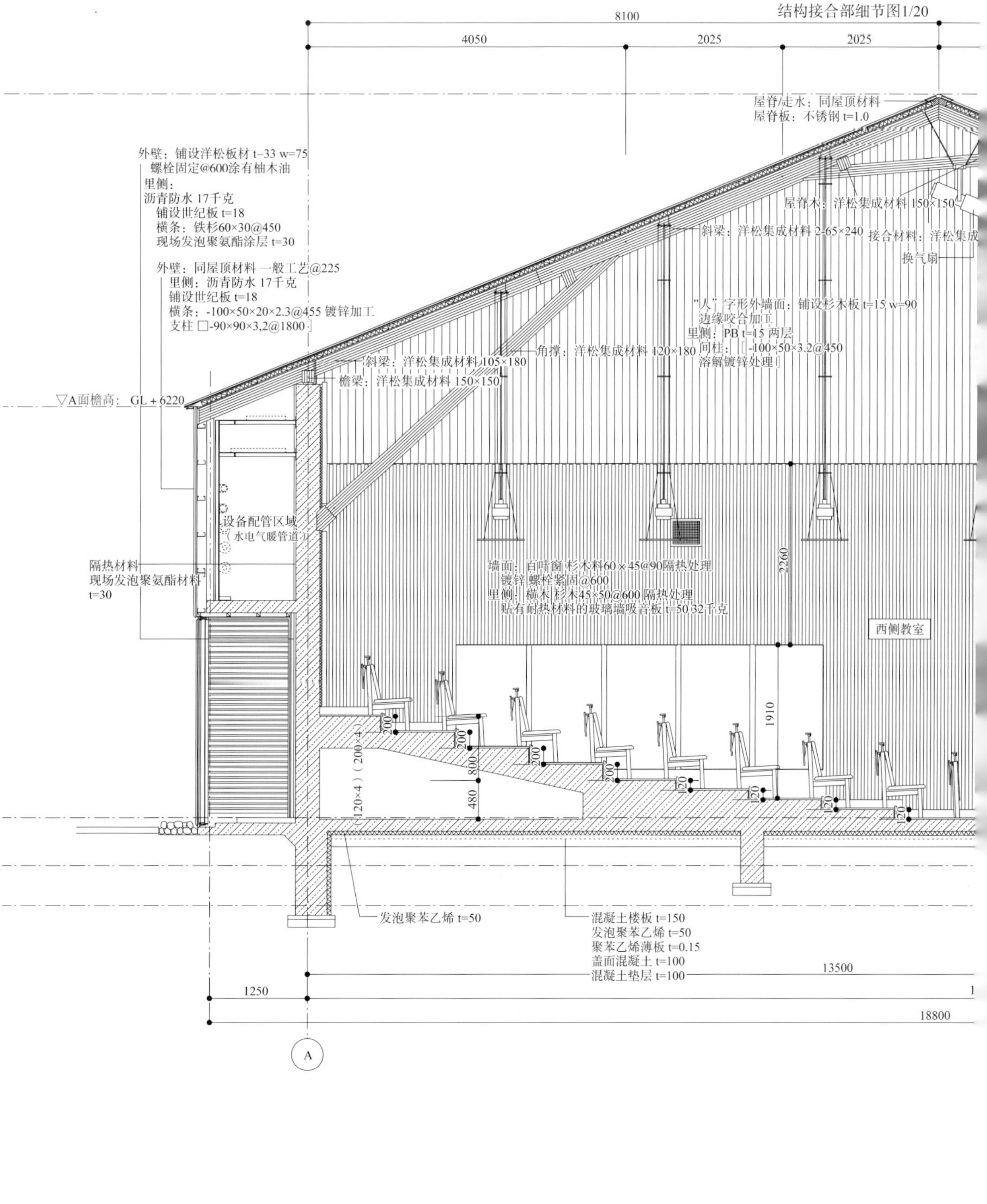
8100
4050
2025
2025
屋脊/走水：同屋顶材料
屋脊板：不锈钢 t=1.0
屋脊木：洋松集成材料 150×150
斜梁：洋松集成材料 2-65×240
接合材料：洋松集成
换气扇
外壁：铺设洋松板材 t-33 w=75
螺栓固定@600涂有柚木油
里侧：
沥青防水 17千克
铺设世纪板 t=18
横条：铁杉60×30@450
现场发泡聚氨酯涂层 t=30
外壁：同屋顶材料 一般工艺@225
里侧：沥青防水 17千克
铺设世纪板 t=18
横条：-100×50×20×2.3@455 镀锌加工
支柱 □-90×90×3,2@1800
"人"字形外墙面：铺设杉木板 t=15 w=90
边缘咬合加工
里侧：PB t=15 两层
间柱：[-100×50×3.2@450
溶解镀锌处理]
角撑：洋松集成材料 120×180
斜梁：洋松集成材料 105×180
檐梁：洋松集成材料 150×150
▽A面檐高： GL＋6220
设备配管区域
（水电气暖管道）
隔热材料
现场发泡聚氨酯材料
t=30
墙面：百叶窗 杉木料60×45@90隔热处理
镀锌 螺栓紧固@600
里侧：横木 杉木45×50@600 隔热处理
贴有耐热材料的玻璃墙吸音板 t=50 32千克
2260
西侧教室
1910
200
200
200
200
800
480
(120×4)(200×4)
120
120
120
120
发泡聚苯乙烯 t=50
混凝土楼板 t=150
发泡聚苯乙烯 t=50
聚苯乙烯薄板 t=0.15
盖面混凝土 t=100
混凝土垫层 t=100
13500
1250
18800
A

作出一流的混凝土。得到建设公司的协助，最后拿出了很好的成绩。特别值得一提的是木工，技艺非常出色。

远藤：一般而言，这么大面积的混凝土会有蜂窝出现，不可能做得这么漂亮。

内藤：而且看不到浇筑的接缝。大礼堂的混凝土是立体浇筑的，把所有的接缝都隐藏了起来。混凝土的硬度高达四十牛顿每平方毫米，而且造型复杂，却连一个裂缝都没有。但是作为外壁，如果采用混凝土的话，在维护得好的情况下能够保持一百年。当地财政资金紧张，怎样才能在不耗费维护资金的情况下，让外墙壁保持三百年以上呢？

远藤：所以就选择了瓦片？

内藤：屋顶使用瓦片的技术，早在江户时代就已经形成了，以前从来没有人在混凝土墙的外壁上贴上瓦片，仅仅为了这个细节，工作人员花费了整整一年的时间，按照原尺寸画设计图。这必须对包括材料在内的所有事情都了如指掌才行。那是一个非常了不起的细节。

远藤：图纸一定都是密密麻麻的。

细节就是建筑的最前线（内藤）

内藤：总共有一千四百张图纸，全在脑子里。我觉得这是一个人的脑子里能容纳事物的极限。不过，一千四百张图纸的重要性并不完全相同，大概有三张图纸，可以看作是信息的发源处。有不明白的地方时，就查看那三张图纸。这三张图纸是烂熟于心的。岛根项目的话是垂直剖面图。为什么在图纸上下这么多功夫呢？那是因为，图纸交给建设承包方之后，会转给分包方，分包方再转给二次分包方，如果图纸被这些分包方无视的话，那就完蛋了。如果不能让他们看到有分量的图纸，我们的能力就会被轻视（笑）。

另外，我认为『十日町情报馆』（完成于一九九九年，见左图）在内部空间的设计方面也非常出色，虽然外部对它的评价并不高。这里也使用PCa构件。

远藤：是在新潟一个积雪很厚的地方，对吧？

内藤：那里的积雪最多的时候能有四点五米厚，所以最大的难题就是积雪。包括政府方面，都建议不要设置天窗，因为在下雪多的地方，以前从来没有成功地设置过天窗。我们在现场制作了一个实物模型，放置了一年时间，以观察它的性能，并且使用换气扇通风，结果，结露低垂的现象一次都没有发生过。这也是细节上的成功。

只是如果外观再设计得好看一点就好了（笑）。这里接待人数很多，一年能达到三十万人。

远藤：说起下雪多的地方，让我想到了山形县的『最上川故乡综合公园』（完

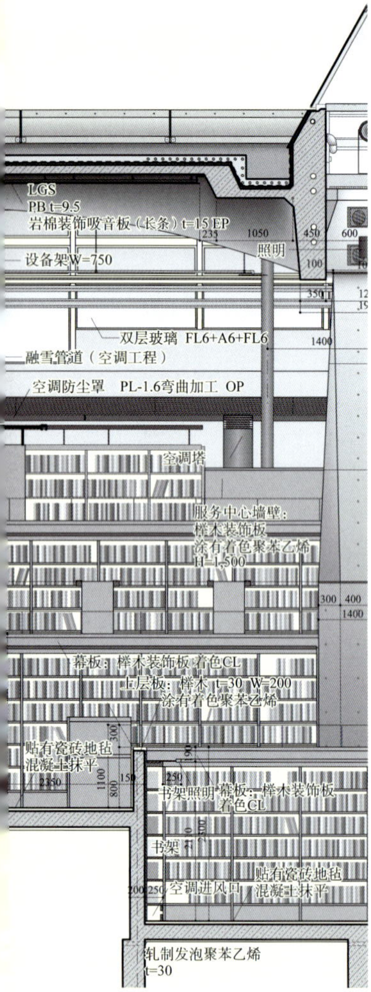

工于二〇〇一年，见一百一十页），一开始在杂志上看到的时候非常惊讶，因为屋顶完全采用了玻璃。

内藤：其实是钢结构。有一半是温室。屋顶采用曲面设计，玻璃之间相互接合的部位不承受任何压力，积雪能够不受阻碍地滑落下来，这是我的设计初衷。一直到现在都没有出现问题。

远藤：天窗会漏雨、玻璃屋顶会结露，如果被这些既有的观念所束缚的话，建筑就得不到进步。技术人员、建筑师都不应该被这些观念所羁绊，而需要更广阔的心胸。

内藤：细节就是建筑的最前线，偶尔也会有失败的时候。密斯·凡·德·罗府邸之所以成为废墟，就是因为对细节的过度追求。过度追求细节，一定会导致某一方面的失败。但从另一个角度看，这也是密斯追求建筑精神的证明。

无论如何，我认为，如果一个建筑师，在意识上远离细节的话，就是远离了建筑物所拥有的精神。

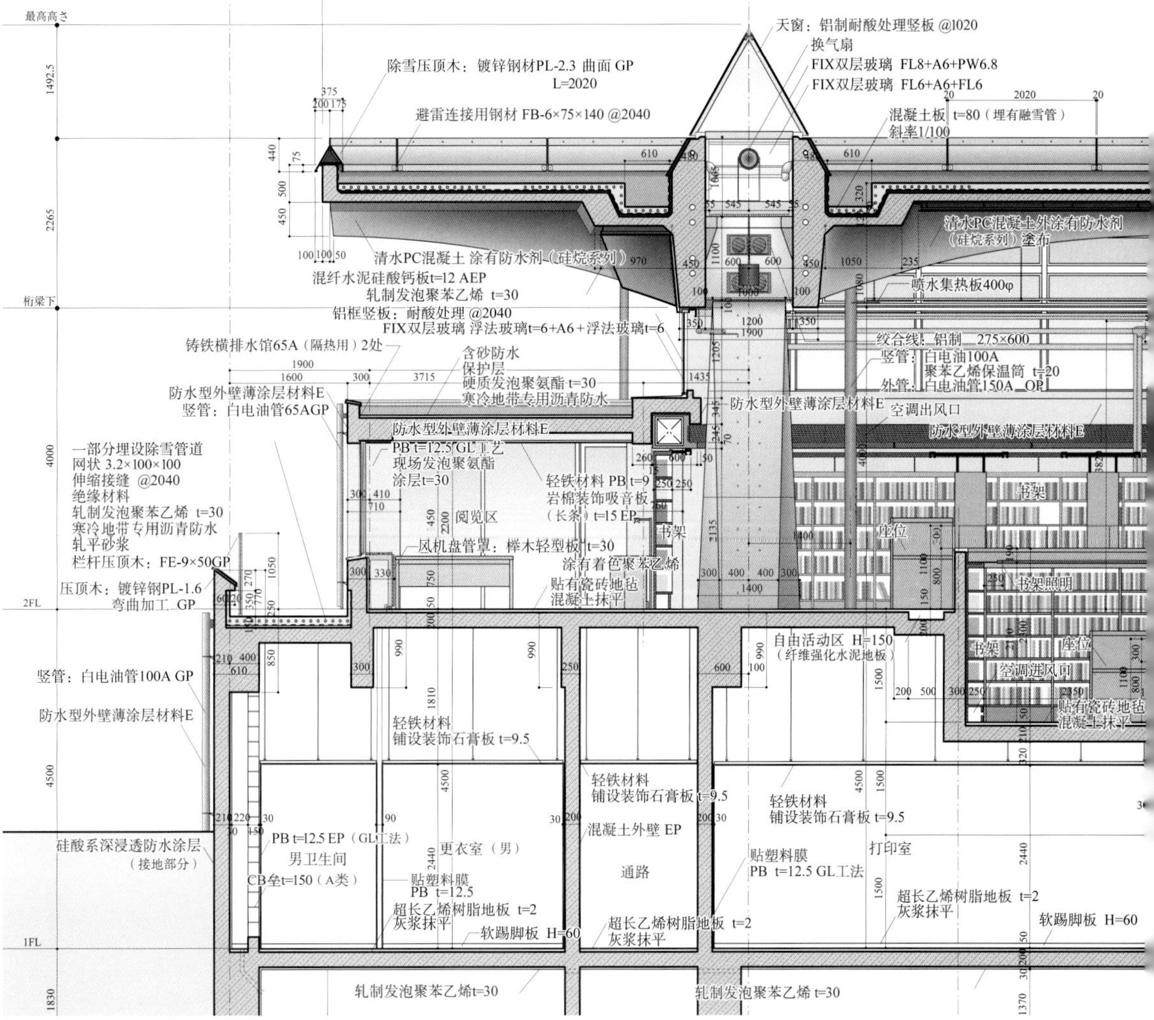

十日町情报馆垂直剖面图 1/100

从设计图纸看内藤广作品

——重视内外关系的虎屋京都店

「相对于造型，更为重要的是你建造出来的建筑的内部空间。」内藤广从不会在一开始就把图纸画好，交给手下的工作人员。设计的开始，一般都是『语言』。但这并不是说内藤不重视图纸。内藤通常都会在工作人员绘制的图纸上，用红笔表达自己的想法。

一开始，内藤会将自己的想法通过语言传达给工作人员。以这些想法为出发点，在工作人员绘制的图纸上，用修正液涂改、用红色的笔修改，从而形成内藤的图纸。偶尔，到最后时会将之前所做的修改全部删除。

从事务所设立之初，至现在为止，这种做法一直没有改变。『在某个特定的地方，怎样做才能突出空间的张力？如果工作人员的图纸

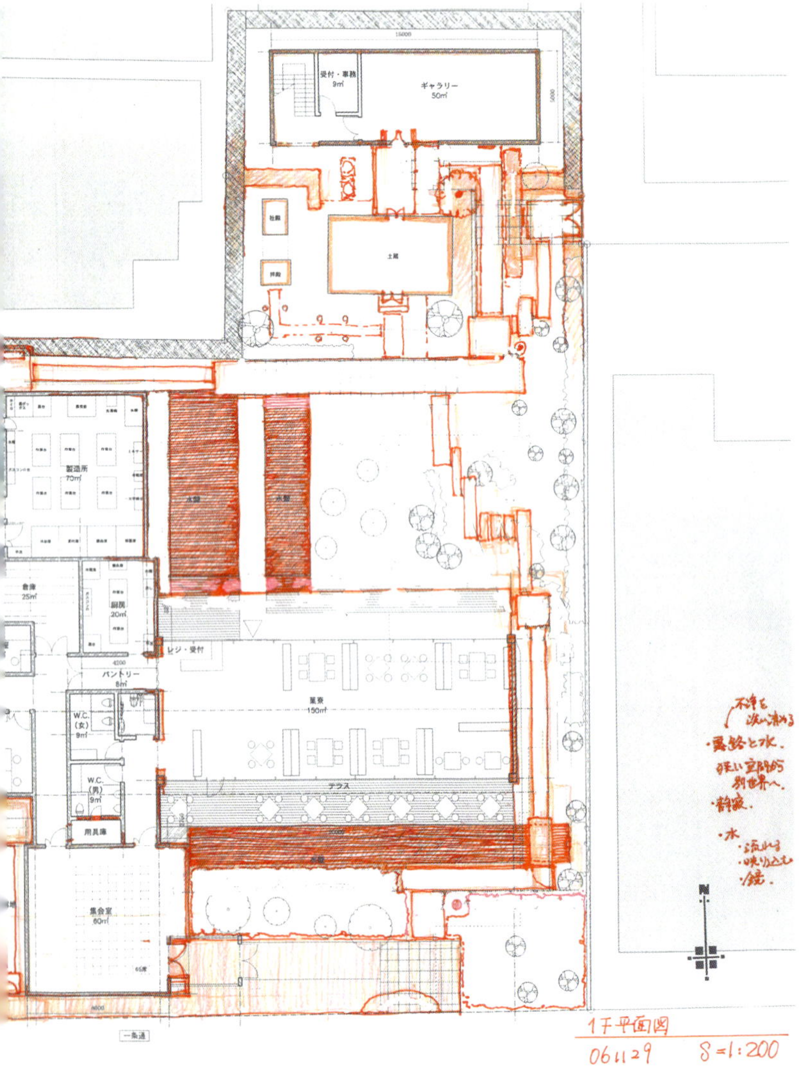

刊载于NA（2010年8月23日）

有不足之处，为了指引出方向，就会作一些修改』。相对于造型，内藤更注重建筑物的内部空间的质感。对图纸进行的修改，就是将自己的意图传达给手下的手段之一。

在平面图上描绘店内与庭院的关系

修建一新的虎屋京都店于二〇〇九年五月开业。在这一项目上，内藤注重的是『如何使内外部空间协调统一』。该店位于以羊羹出名的日式点心店虎屋的发祥地京都，店铺设计充满了浓郁的京都小路风情，具有通透性，由内及外还是由外及内，视线都极其开阔。

最初明确指出内外关系设计思路的，就是右下图片所示的图纸。露台与座位的距离如何设置？植物、水盘、室内装饰与主庭院之间有何种关系？这些都用红笔详细地作了标示。

从结果看来，当然有些细节与图中所示有所差别，但是，基本的思路与此图纸并无二致。这是项目启动不到两个月时候的事情。

甚至连坐席间距都作了详细指示

另外，该店铺的设计中，在家具方面也花费了大量精力。『因为希望客人能坐在这里，悠闲地度过一段时间』（内藤）。对坐席间距、家具配置，也如同下一页的图纸，作出了详细指示。

此外对桌椅的大小、高度、与庭院之间的关系、餐具的外形等都进行了详细研究，多次制作了模型。

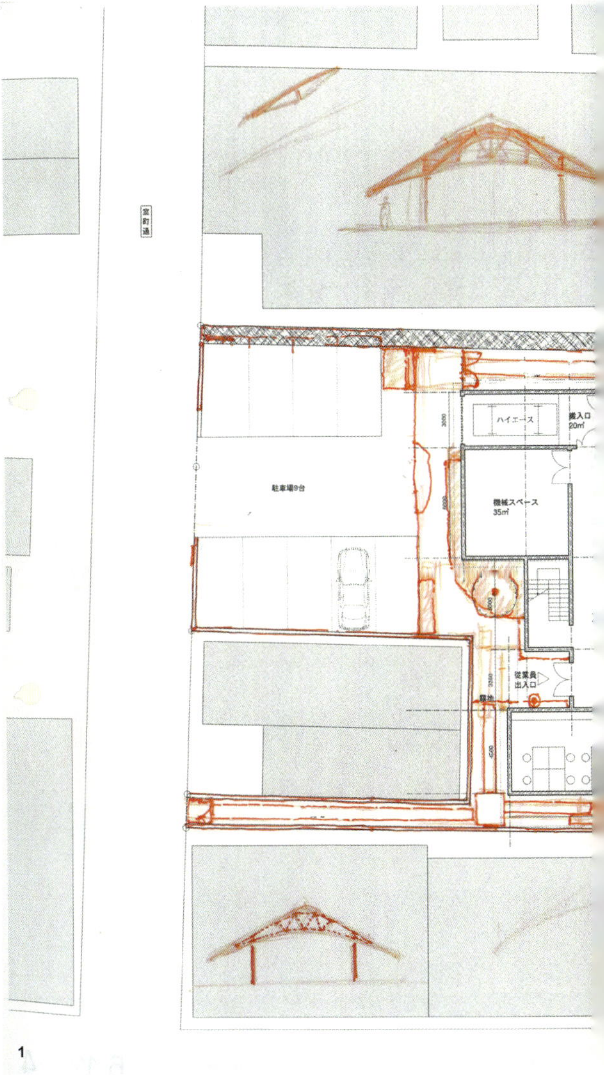

1. 对内外关系作了明确标示的图纸。平面图中红色部分为内藤修改内容。宽大的屋檐，是对内部及外部空间起连接作用的一个重要部分。（资料：内藤广建筑设计事务所）**2.** 从东侧看庭院及露台。内藤对从店内布局到露台坐席、水盘、庭院的一体化，花费了很多精力。（摄影：吉田诚）

1

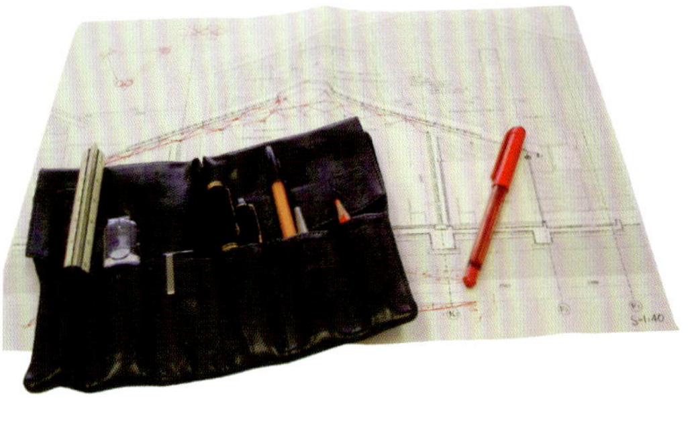

惯用的文具，放在MAGGIRE公司出品的皮质笔袋中，随身携带。其中，修改液及红笔是必备品。红笔是百乐笔公司的直液式“V-corn”水性圆珠笔。内藤会将需要保留的资料，包括图纸在内，缩小比例复印之后放在自己随身携带的笔记本中。（摄影：佐野由佳）

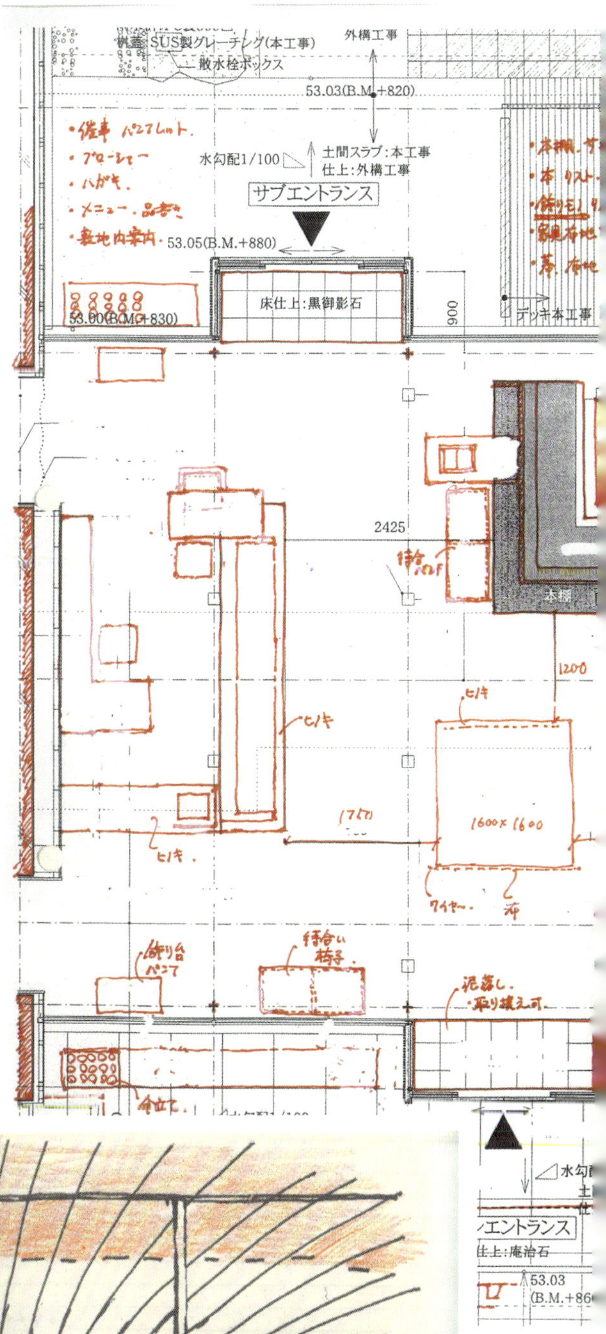

1. 对家具配置作出指示的平面图图纸。尺寸上微小的差错都会导致家具不能正好放进店内，所以对尺寸做了详细标注。以右侧高背扶手椅为中心设计家具配置。2. 店铺内景。图片左侧为建筑物南面的露台。家具的配置及高度稍有不同，便会有不同的效果，因此设计时非常用心。特别是桌子，曾制作了5厘米为单位的模型，详细研究。家具采用扁柏木制成。3. 从店内向露台方向望去的效果图。在对插花、人的高度、屋檐高度进行探讨的过程中画出的图。不是在所内员工所作的图纸上作的修改，这样的图纸不多。

东大十年教育观

——相对于设计方案，更想把『不会改变的本质』教给学生

『还是第一次接触到这样的设计题目』『会突然被问到使用什么样的建筑素材』——在学生们的眼里，内藤广的教育方法是独特且有趣的。从二〇〇一年进入东京大学任职，到二〇一一年春退休，在整整十年时间之中，内藤希望向学生们传达什么呢？从富有真实感的设计题目，与学生共同设计的哥伦比亚大学图书馆等，我们能够看到内藤广的教育观。

在东京大学建筑专业的教室，狭小的空间里摆满了各种各样的图纸。这是二〇〇九年内藤广负责设计演习的住宅的图纸。比例尺为十分之一。详细绘制了防雨窗、设想地基等垂直剖面图，约有两米见方。图纸铺满了教室的地板，甚至延伸到了走廊。这是与其他设计演习截然不同的设计演习成果。

大部分学生，在此之前从没有过画垂直剖面图的经历，对该怎么画图也毫无头绪。当时建筑专业大四学生山田智子，参与了课题的设计，她回忆说，『内藤广先生的设计课题与此前的设计课题完全不一样。以前大部分的课题都是重视设计的，而内藤广先生的设计，则是对真实感的彻底追求。』

对于设计，内藤基本上绝口不提。他会催促道，『不要为平面图烦恼，快点把平面图画出来。』也有学生说：『在设计方面，不记得内藤广先生给过我们什么样的建议。』仅通过两三次的绘图指导（针对草图、图纸、模型的指导），便完成了平面图，剩下的一个半月，都用在了制作垂直剖面图上。

进入垂直剖面图指导阶段之后，内藤的言语之中突然充满激情。『这样的窗户设计，在维护方面要花费很多金钱，不如这样设计，让水流排出』『这里梁高不足，最低也需要有这么高的高度』——看上去完全是对实施设计的指导。

『身体力行』的演习

内藤从二〇〇一年开始进入东京大学工学部土木工学科（于二〇〇四年改称社会基础学科）就职。当时是受到了同为该学科教授的筱原修先生的邀请。筱原希望能邀请在设计第一线战斗的专家担任设计演习工作，因此对在旭川站等项目上一起工作过的内藤发出了邀请。

从进入东大之后，内藤便担任了设计演习、讲课及论文指导等工作。其中最有意思的是，在设计演习中提出的各个设计课题。作为内藤

建筑专业2009年设计课题。在伊东・织之家向客户做展示的学生们，围绕在垂直剖面图的周围。

内藤广提出的巧妙的设计课题

伊东·织之家

以东大建筑专业四年级学生为对象

以内藤广本人设计的伊东·织之家（196页）所在地为对象设计住宅。原则是某些部位要采用木结构。目标成果是比例尺1：10的垂直剖面图。通过此课题，尽量多地向学生教授材料特性及使用方法等知识。

大学校园

以东大大学院社会基础学专业研究生为对象

以学习为目的，将学生集中到一起的大学，是一个怎样的空间呢？作为第一阶段的课题，撰写有关大学的评论性文章。文章题目包括“路易·康（Louis Isadore Kahn）[①]留下的话”“作为东大学生”“安田讲堂”等。在语言训练的基础上，设计了东大本乡校区综合图书馆前广场的“学问中心”。

城市的100米

以东大研究生院社会基础学专业研究生为对象

为了更好地理解事物，多看、多画是最重要的。从涩谷西班牙坂、神乐坂、表参道之中选取最有兴趣的100米区间，将其中的25米，按照1：50的比例尺，绘制设计测绘图（立面图）。图纸的基本要求是用铅笔画图、标注材料及尺寸等。

制作永代桥模型

以东大社会基础学科大二学生为对象

以刚刚从基础课程转向社会基础学科的学生为对象，参加课程的全体学生共同制作永代桥的部件模型（比例尺为1：10）。为学生配发建筑时的图纸。之后，个人课题为用肯特纸制作8厘米×80厘米的模型。最终课题为，用肯特纸或苯乙烯纸板制作与实物大小相同的、三点支撑的椅子模型，在最后发表时测试模型能否支撑自己的体重。

的同僚，东大研究生院社会基础学科教授中井佑说，『对于老师们来说，内藤广先生的课题也是很有意思的』，他对内藤广的想法赞叹不绝。

在东大，从大学二年级开始，学生从基础课程转向具体的各专业方向。面向大二学生开设的『入门课程』设计演习，由内藤广及中井担当。刚刚开始接触土木的学生的课题，是永代桥、藏前桥、锦带桥等桥梁的模型制作。特别之处在于模型的尺寸。由于比例尺为1：10至1：20，因此即便部件的模型，也有几米长。部件数量多达一千个以上，由参加演习课程的所有学生一起制作，这在别的大学里也是不多见的。

在桥梁模型制作完之后，便转向了个人住宅的课题。间距八十厘米的厚板状桥梁，由标准规格的肯特纸制成。最终课题是与实物同样大小的椅子模型的制作。

这些课题的主体构想，是由中井提出的。以模型制作为中心，旨在让学生在动手的同时学习基础结构。内藤广对这些构想加入了自己的想法。比如中井提出：『关于桥的课题，以整体为目标，将比例尺设定为1：100，制作模型。』对此，内藤广提出了一个特别的想

译注：①路易·康（Louis Isadore Kahn），美国现代建筑大师。

法——以桥梁的一个间距为目标，制作更大的模型。另外，关于三点支撑的步行天桥模型，最初的设想是在模型制作完成后进行负荷试验，内藤广提议：『这样的话不如制作一个三点支撑的椅子，模型制作好之后让学生自己坐上去。』

不教授当下的流行趋势

上一页中介绍了内藤广在东大的实际教学中担当的一部分设计课题。除此之外，内藤广巧妙的课题不胜枚举。例如，从二〇〇七年开始连续三年以东大建筑专业的学生为对象提出了绘制垂直剖面图的课题。内藤广虽然是社会基础学专业的教授，但在建筑专业，他也连续三年承担了演习的课程。让我们看看在当时的学生眼中，内藤广是如何指导学生的。

社会基础学科课题。在最终讲评会上，要坐在自己制作的椅子模型上。坐上去的瞬间就坏掉的模型为数不少。

二〇〇七年的课题，是白洲纪念馆的设计。白洲次郎是一位实业家，也曾经是吉田茂首相的得力助手。在他与妻子正子的故居『五相庄』，设计一座用于资料展示的纪念馆。二〇〇八年的课题，是在东京本乡的『非完结型图书馆』的设计。二〇〇九年的课题，是在文章开头介绍的伊东·织之家住宅项目。织之家是内藤广以前自己设计过的一所住宅（一百九十六页），给学生的课题，就是在同样的地理位置条件下，设计出不同的住宅。

三年的课题，其共通之处在于，设计图在开始的三周时间内就会完成。参加了二〇〇九年的伊东·织之家设计课题的东京大学研究生院学生福角鹏香说：『初次指导时，向内藤广老师提交的设计图和最终提交的设计图，设计基本上没有什么改变。』

内藤广的课堂，并不是发表个人意见的场所，也不是向学生教授设计方向的场所。他关心的是怎样才能将学生的想法提高到一个能够实现的水平上。从设计到素材、细节、有时甚至是材料的搬运方法，内藤广会尽量就这些问题给出自己的意见。二〇〇七年曾参与过内藤广的课题的江本弘回顾当时的情况时说：『与其说是指导，不如说是商讨。内藤广老师甚至能够让学生感到讨论中的建筑物就是真实存在的。』

一般的大学，建筑专业的设计课题，往往更偏重于如何确定设计方案、如何展开项目等。而内藤广的学生都说：『内藤广老师的课题，和之前所有的课题都不一样。』

内藤广斩钉截铁地说：『重视设计方案的教育，是毫无意义的。』『自己觉得好的东西，和学生觉得好的东西，一定是不一样的。流行设计的耐久性最多也只能坚持几年，是采用超级扁平设计好还是采用别的设计，这些是瞬息万变的。我坚决不会只教给学生流行趋势。』

内藤广想要教给学生的，是建筑的不变的本质。他说：『混凝土与钢筋的性质在根本上是不会发生变化的。我愿意教给学生与事物本质有关的东西。』这种『不改变的东西』，在内藤广自己的建筑中也备受重视。

绘制比例尺较大的图纸，会看到更多的内

学生就伊东・织之家课题提出的垂直剖面图，详细绘制了窗户的细节及家具等。
（资料提供：福角鹏香）

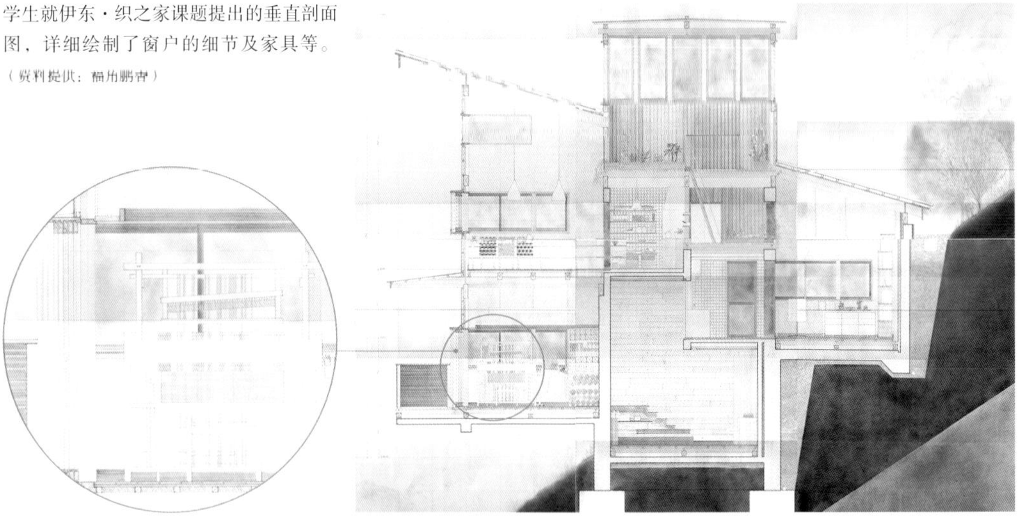

容。曾在二〇〇九年绘制过伊东・织之家的垂直剖面图的福角鹏香说：『混凝土与木材的接合部如何处理、地板如何组装等，对物的研究比一般的课题要多出很多。』内藤广将其称为『从抽象到具体』。『如果仅停留在抽象层面，那么即便再好，都是没有意义的。现在的建筑界教育缺乏的就是具体的内容。平面结构并不那么重要，学生们很容易便能掌握』。

内藤广的演习课题明显非同一般。对此，内藤广认为只是教了理所应当交给学生的东西。『如果这样会被看做异类的话，那么是因为建筑教育出了问题』。

细节可以决定整体

社会基础学科的很多学生也参与了这些有趣的课题。现在就职于建筑构造设计事务所空间工学研究所的杉本将基，就是其中一员。从二〇〇二年开始连续两年参加了同一个演习课题。该演习课题以社会基础学专业研究生为对象，设计题目是JR御茶水站站台结构，比例尺为1：20，设计目标是尽力追求结构的细节。

大体的设计确定之后第一次接受内藤广先生的指导，一开口就被问道：『这个结构准备采用什么材料制作呢？』杉本回答说：『想使用木材。』之后，就从怎样通过木材实现结构设计开始了课题指导。杉本提出的设想是『人』字形屋顶脊檩平面状曲线形状，由于椽的角度按照断面的不同而不同，因此接合部必须能够应对这种角度的变化。

在接受指导的同时，将脊檩改换为金属杆，用球窝接头与椽接合。在研究细节的过程中，对整体设计也作了部分调整。杉本说：『一般的做法，都是从确定设计方案开始，最后才是局部细节的探讨。但在内藤老师的演习课题中，我了解到细节的改变也能够带来整体设计的改变。』

就职于藤村龙至建筑设计事务所的伊藤启辅，在二〇〇六年参加了同一个课题。他在材料的使用方法方面，受到了内藤广先生的影响。内藤广曾多次对钟情于木结构的伊藤说：『要好好利用木材的特质，木材是一种抗压和抗拉伸性能很好的材料。』受此影响，伊藤提出了可按照屋檐的长度而改变组合梁断面形状的结构。

社会基础学科的演习及讲义，对于建筑学科或其他学科的学生来说是很难听懂的。但内藤广从来不在意学生所属的专业。现在就

1. 与东大研究生院社会基础学专业景观研究室学生共同设计的麦德林市贝伦公园图书馆。天花板最高高度为11.2米。**2.** 在研究室修改贝伦公园图书馆图纸的内藤广。

职于设计事务所的喜多裕及大久保康路，虽然都是建筑学科的学生，但是从内藤广担任讲师的二〇〇〇年开始，便经常就设计演习及设计竞赛等向内藤广咨询。

二〇〇二年，建筑学专业研究生在读的大久保，曾作为内藤广的代表参与了国外的实施设计竞赛。他说：『现在想来那不算什么，但是内藤广老师很认真地给我指导。』

对于内藤广想传达的东西，喜多和大久保这样说：『建筑不是简单的大脑运动。设计的结果是实际建造的、真正的建筑。内藤广老师是想要传达那种真实感吧。』

重视存在感的极致是实施设计

结构、素材、细节。把这些要素称为『存在感』是无可厚非的。在东京大学社会基础学专业助教川添善行看来，『让学生画垂直剖面图、甚至研究详细细节，对存在感的极度重视，可以说就是实施设计』。最能说明这一点的，是位于南美哥伦比亚的麦德林市贝伦公园图书馆。内藤广担任教授的社会基础学专业景观研究室，于二〇〇六年开始实施设计。

麦德林市为实现教育发展以及创造公共空

麦德林市贝伦公园图书馆。走廊围绕“水的广场”而设，采用石砌结构。原则上只使用了当地流通的材料。走廊结构材料采用了集成材料。

间，推行『五座公园图书馆政策』，尝试将与公园共同建设的图书馆作为活跃区域文化的一个核心点。二〇〇五年，哥伦比亚共和国总统阿尔瓦罗·乌里韦·贝莱斯访日，决定推进东大与哥伦比亚多所大学之间的学术交流，并将贝伦公园图书馆的设计委托给了东大。

东大方面负责设计的是内藤广、中井、川添以及社会基础学专业景观研究室的学生们。内藤广回顾当时的情况时说：『之前的景观研究室，原则上是禁止学生承担实务工作的。但是，不论建筑还是土木，都与社会有着紧密的关联，实务中蕴含着最多的信息。创造一个能够让学生接触到信息的环境，也是教育的一个任务。』

问题在于景观研究室的大多数学生都没有建筑设计的实际经验。景观研究室内部也并不是所有人都愿意承担这项设计工作。有些学生想要写论文，而有些学生对城市规划更感兴趣。所有人员共同设计，是不太可能的。

内藤广等人决定由学生自愿参加设计工作。川添负责学生的统筹协调工作，他在去往哥伦比亚的旅途中，将设计划分为几个部分，按照每个部分招募学生。内藤广说：『能够顺利竣工，多亏了川添和在设计工作上提供了很

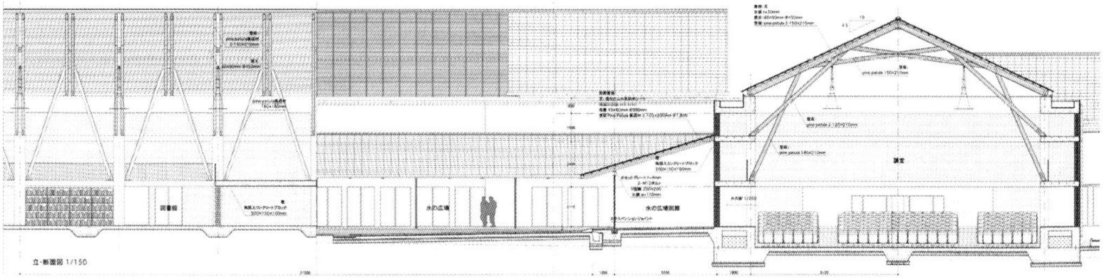

贝伦公园图书馆剖面图

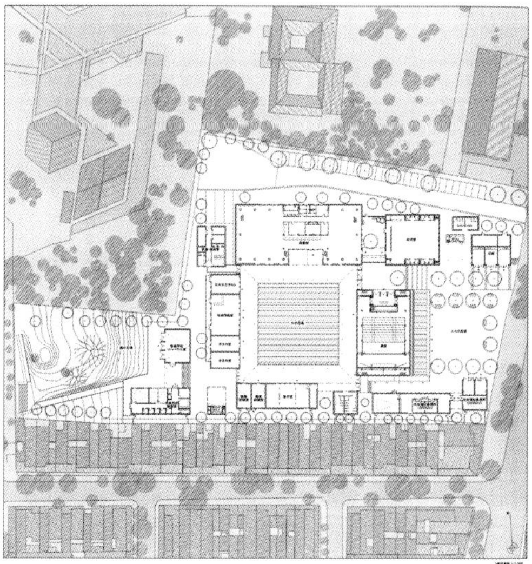

贝伦公园图书馆平面图

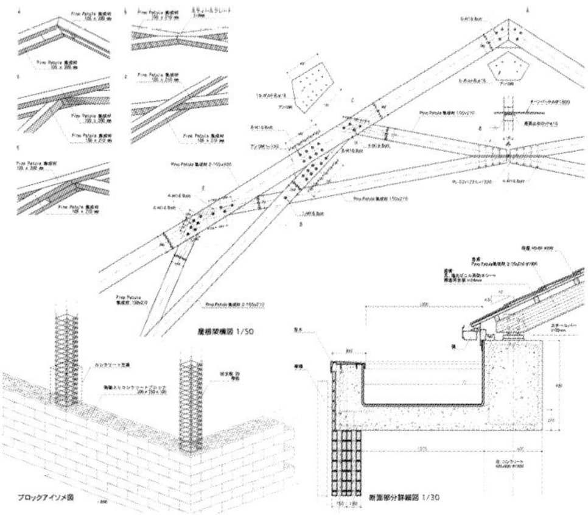

贝伦公园图书馆剖面详细图

多帮助的麦德林市都市开发公社，以及以志愿者身份承担结构设计的空间工学研究所。那是一个极其幸运的项目。』

初期阶段决定在场地上设置三个广场，分别命名为『绿的广场』『水的广场』『人的广场』，图书馆及礼堂等建筑物全都沿着广场排列。

研讨工作基本上由内藤广、中井、川添完成，由川添将重点传达给学生。学生负责绘制图纸及制作模型等工作，川添对这些工作进行整理之后，与内藤广、中井讨论。经过多次的讨论，最终决定采用垒砌结构。

内藤广修改图纸的方法是独特的。就川添整理过的图纸进行讨论时，内藤广除了会用红笔修改之外，还会用修改笔将线条依次擦掉。川添说：『用修正笔的时候比较多。有时甚至会将整座建筑物擦掉。擦掉后会说，现在在这里重画，很快就会手工画出图来。』修改剖面图时，必定会加上尺寸，读到图纸时会立即将梁的厚度、间隔等标注出来。

二〇〇八年三月举行了开馆仪式，超过一千位当地居民来馆参观。孩子们在位于建筑物中心位置的水的广场嬉戏玩要，走廊上水泄不通。内藤广不无后悔地说：『遗憾的是没能带学生们一起去看。机场方面说那里是属于需要护卫的地区，所以没有办法，但如果可能的话，非常希望能够让学生感受到建筑以及公共空间所拥有的张力。』

—

十年的答案是『还未可知』

—

『自己想做的事，要自己去发现。』——在东大大学院社会基础学科与内藤广共事十年时间的中井，这样描述内藤广的教育方针。

『在你决定你要做什么、怎么做之后，再来同我商量。』『无论课程指导还是未来发展方向，内藤广都会等待学生作出自己的决定。内藤广一贯重视的是，学生从内心之中涌出的兴趣。而对这些兴趣的支持，内藤广坚持了十年时间。

内藤广在学生制作的贫民街模型上浇上咖啡，使其变得原汁原味。

挖掘学生的主动性，并不等同于简单的放任主义。对待明确地知道自己想要做什么的学生，无论设计还是论文，偶尔甚至是人生的烦恼等，内藤广都认真地加以引导。这种做法背后，是受到了早稻田大学的老师吉阪隆正的影响。内藤广回忆说：『至今仍然不能完全用语言表达出来，可能是一种对待人的方式。吉阪先生对待年轻人时，绝对不会说出未经考虑的事情。因为有了吉阪先生做楷模，因此我也必须认真地对待学生。』

但是从学生看来，『自己寻找』这种态度未免显得有些冷漠。在学生无法确定自己要做什么的时候，没有与他们携手克服困难。对此，内藤广明确地说：『无论建筑还是土木，都不是一个可以容忍软弱的领域，需要具备自己克服困难的强韧精神。』这是一个直面社会的、不断战斗的建筑家的忠告吧。

将内藤广邀请至东京大学并与内藤广在前五年时间内共事的政策研究院大学教授筱原修说：『内藤广是一个对年轻人抱有期待的人。他希望年轻人经受锻炼的意识非常强烈。』对年轻人的期待，是因为他希望世界得到改变。他说：『在任何一所大学，培养出的能够改变世界的人才都是有一定比例的。在东大，这个比例很高。如果对年轻人不抱有希望，那就彻底没有希望了。』

筱原偶尔会问内藤广：『内藤广先生自己是一个建筑家，我是不是夺走了你宝贵的十年时间？』内藤广的回答是：『现在还没有答案。如果今后会设计出很多了不起的建筑的话，可能会觉得那十年时间浪费了。就像围棋一样，在今后的日子里，才能明确地对是黑是白作出判断。』

二〇一一年三月，内藤广从东大研究生院教授的岗位上退下了。从四月开始，建筑家内藤广又一次重新出发了。筱原这样描述对内藤广的希望：『中途改变风格的建筑师有很多，但我希望内藤广先生不要改变，应该也不会改变。』

内藤广的教育培养出了什么样的人才？在东大的十年时间对内藤广来说意味着什么？在不远的未来一定会有答案。

（岛津翔：日经建筑编辑，二〇〇六年加入东大研究生院景观研究室，师从内藤广。）

感受到内藤广希望学生“通过锻炼得到成长”的愿望

筱原修（政策研究大学院大学教授）

我与内藤广先生从1996年的旭川站项目之后一直有来往。他是一位值得信赖的建筑家，从1998年开始就邀请他担任土木专业设计演习的讲师。土木专业的学生也需要学习设计，在第一线战斗的内藤广先生，非常适合这一职务。

具体日期不记得了，应该是在2000年，我希望他能够担任景观研究室的常任讲师。内藤广先生问我，“是认真的吗？”希望再给他一点时间考虑。过了一段时间，他回答说可以。似乎是与夫人商量过，夫人对他说，“土木领域看起来比较有意思”，很支持他。虽然专业不同，但东大土木专业的教授基本没有人反对他的加入。

出于工作量方面的考虑，我告诉他只要负责演习的课程就可以，其他的业务尽量不用他操心。但内藤广先生是一个非常认真的人，几年之后他便担当起了辅导论文和讲课的工作。看到内藤广先生对学生的指导，我明白了他对年轻人所抱有的强烈的期待，能够感受到他希望学生“通过锻炼得到成长”的愿望。

内藤广先生今年（2011年）退休了，但我希望他作为建筑家继续活跃下去。能够继承现代建筑正统派前川国男先生事业的，我认为只有内藤广。以日本的气候、风土人情为基础，建造以人为本的建筑，这一思想一直贯穿在内藤广先生的建筑之中。很多建筑师已经改变了他们的原则和主张，我希望内藤广先生今后永远不要改变。我想，内藤广先生应该是不会改变的吧。

有趣的设计课题得到了其他老师的肯定

中井佑（东京大学大学院教授）

我与内藤广先生共同负责社会基础学科的设计演习。我对演习课题的衡量标准是，老师本人是否觉得有意思。内藤广先生提出的课题，全都是能够直观地、用身体感受到的东西。例如，在社会基础学科的演习中，他提出以1:10的比例制作桥梁模型，制作出来的模型尺寸长达数米。我预先设想的不过是1:100的比例，听到内藤广先生的提议时感到很惊奇，同时也觉得很有趣。

内藤广先生的教育态度，是让学生自己寻找自己想做的事情。对此我有一半认同，但同时，过于重视自主性对于学生来说有时会显得有些严格。我想对学生的呵护，也是作为老师的一个职责。

在与学生一起设计的哥伦比亚贝伦公园图书馆项目中，内藤广先生的一句话令我印象深刻。三个广场中，“水的广场”位于正中央。经过讨论，最后决定在水盘的周围设置走廊。作为广场，这样的设计在某种意义上是毫无生机的造型。

去当地参观时，我对内藤广先生说：“或许应该放置一些椅子，让人们能够休息。”内藤广先生却说：“这是错误的。他们期待的‘美’就是现在这个样子。”当地的居民对水的广场使用了“美”这个词。他们使用的“美”这个词语，似乎比日语中的“美”这个词包含更多的意思。内藤广先生应该是理解了他们口中的“美”的含义。对内藤广先生我从内心觉得自愧不如。

内藤广年谱

年谱下方的照片以正文中没有收录的照片为主。

年份	大事记
一九五〇	八月二十六日，出生于横滨市
一九五一	
一九五二	
一九五三	
一九五四	移居北镰仓 进入圆觉寺幼儿园。儿童时代，经常在外祖父家邻居山口文象家玩耍
一九五五	
一九五六	
一九五七	进入镰仓市立御成小学
一九五八	
一九五九	
一九六〇	十岁
一九六一	
一九六二	
一九六三	进入镰仓市立御成中学
一九六四	
一九六五	
一九六六	进入神奈川县立湘南高中
一九六七	
一九六八	向山口文象咨询未来的发展方向
一九六九	神奈川县立湘南高中毕业 复读一年
一九七〇	进入早稻田大学理工学部建筑学科 二十岁
一九七一	
一九七二	
一九七三	
一九七四	早稻田大学理工学部建筑学毕业（毕业设计获得村野奖）
一九七五	为《新建筑》撰写月评
一九七六	早稻田大学研究生院研究生课程毕业（指导老师为吉阪隆正） 进入费尔南德·伊格拉斯建筑设计事务所
一九七七	

年份	大事记	作品
一九七八	—退出费尔南德·伊格拉斯建筑设计事务所，之后半年时间，在丝绸之路旅行	
一九七九	—进入菊竹清训建筑设计事务所	
一九八〇	—三十岁	
一九八一	—退出菊竹清训建筑设计事务所 —设立内藤广建筑设计事务所	
一九八二		
一九八三		
一九八四		—Gallery TOM（东京）（图1） —共生住宅（神奈川）（图2） —六本木WAVE（作为创意人员参与项目）
一九八五		—静棲住宅（栃木）
一九八六	—早稻田大学艺术学校讲师（至一九八八年）	—M氏住宅（神奈川） —生棲住宅（东京）
一九八七	—TOKYO TOWER PROJECT/AXIS Gallery	
一九八八		
一九八九	—海洋博物馆展会（夜之海）/涉谷西武	—海洋博物馆·收藏库（三重县） —棱线之家（静冈）（图3）

3. 棱线之家。位于箱根高台的别墅，可眺望富士山及骏河湾一带。私人区与公共区各自分开，中间设有露台。外壁为混凝土砌块结构，屋顶为木结构。

2. 共生住宅。供四世同堂的八个家庭成员居住的住宅。主人只是偶尔住在这里，因此采用了能够自由变化的空间设计。RC结构的墙柱，通过无梁楼板结构将结构体控制在最小范围内，起间隔作用的墙壁为可拆卸装置。

1. Gallery TOM。位于东京都涉谷区松涛住宅区的小型美术馆，视觉障碍者可通过雕塑感受美术。阳光从锯齿状屋顶上的天窗中洒入室内，变幻成条纹模样。

年份	大事记	作品
一九九〇	四十岁，早稻田大学艺术学校讲师（至一九九五年） 速度都市TKYKO一九九〇年展/有乐町艺术广场	杉林之家（山梨）
一九九一		唐松林之家（长町） Autopolis Art Museum（大分） 伊豆高级宾馆（千叶）
一九九二		海洋博物馆展馆（三重） 住宅NO.12（神奈川）
一九九三	艺术选奖文部大臣新人奖（海洋博物馆） 日本建筑学会奖（海洋博物馆） 第十八届吉田五十八奖（海洋博物馆） 写真集《海洋博物馆》（摄影：石原泰博） 迷宫都市展/季节美术馆 内藤广展/建筑家俱乐部 Architecture of the year展/池袋MET HALL	筑波·黑之家（茨城）（图4） 杉并·黑房间（东京）（图5） 志摩博物馆（三重）（图6）
一九九四	『描绘心灵的信息展』	桂坂·黑之家（京都）
一九九五	《素形建筑》（INAX出版） 世界建筑奈良一九九五年现代建筑家展/奈良县立美术馆 素形构图/Gallery·间 E.T.C.J.A展/吉隆坡	伊东·织之家（静冈）
一九九六	《建筑文化》 参展作家的原点作品展THE 53 ORIGINS/Gallery·间 内藤广展/奈良市奈良町格子之家	金泽之家（石川） 安云野知弘美术馆（长野）

6. 志摩博物馆。位于海洋博物馆附近的小型美术馆。低层外壁采用的是现场浇筑的混凝土，“人”字形屋顶采用木结构。集成材料大梁同时起着压缩材料的功能，钢筋张弦梁起防止集成材料大梁变形的作用。

5. 杉并·黑房间。由位于东京的公寓中的一间房子改建而来。将原有的装修（石膏板上贴有壁纸）全部拆除，将胶合板模型木片、工匠画的墨线等人工痕迹都流露在外。

4. 筑波·黑之家。在倾斜坡地上建造的陶艺家夫妇的住宅兼工作室。为木结构两层建筑，一层为工作室；二层为住所，通过桥梁与道路连接。采取最少的骨架结构及方形设计，每坪单价32万日元，是一所低成本的住宅。

一九九七

- 《建筑文化》
- 《Silent Architecture》（Aedes）
- Silent Architecture／Aedes West 德国柏林*1

- 牛深海彩馆（熊本）（图7）
- 茨城县天心纪念五浦美术馆（茨城）
- 极乐寺之家（神奈川）
- Maccarina餐厅（北海道）
- Gallery NIKI（东京）
- 千岁乌山之家（东京）（图8）

一九九八

- 东京大学建筑学科讲师（至一九九九年三月）
- 熊本景观奖（牛深海彩馆）
- 建设省选定公共建筑一百例（海洋博物馆）
- *1巡回展／Architektenkammer der Freien Hansestadt Bremen 德国不来梅
- 三年一度世界建筑奈良1998现代建筑家展／奈良搜狗美术馆

- 长野今井New Town C工区（长野）
- 古河综合公园管理楼（茨城）
- 『国立』台湾史文化博物馆卑南文化公园游客服务中心（中国台湾）

一九九九

- 东京大学土木学科讲师（至二〇〇一年三月）
- 《面对建筑的开始》（王国社）
- 写真集《安云野知弘美术馆》（摄影：白元泰博）

- 十日町情报馆（新潟）（图9）
- 牧野富太郎纪念馆（高知）

二〇〇〇

- 五十岁
- 第十三届村野藤吾奖（牧野富太郎纪念馆）
- 高知市都市美设计奖特别奖（牧野富太郎纪念馆）
- 日本照明协会照明普及奖优秀设施奖（牧野富太郎纪念馆）
- 三年一度IAA国际大奖（牧野富太郎纪念馆）
- 写真集《牧野富太郎纪念馆》（摄影：白元泰博）
- 《在住宅这个地方》（合著，TOTO出版）
- 面对建筑的开始／牧野富太郎纪念馆
- 日本／Total Scape／Netherlands Architecture Institute 鹿特丹

- 住宅NO.22（东京）

7. 牛深海彩馆。位于天草群岛南端，为水产观光景点。作为与伦佐·皮亚诺（Renzo Piano）设计的桥的连接设施，该建筑整体采用大屋顶结构，营造出了类似于贸易市场的、开放性的宏大空间。

8. 千岁乌山之家。夹在两侧住宅中间、宽约4米的狭小场地上建造的建筑。采用木结构圆形隧道状架构，屋顶采用了适度的倾斜设计。柱子中的墙壁上最低限度地使用了胶合板，可作为书架使用。

9. 十日町情报馆。以图书馆为中心的复合型设施。由于处于下雪较多的地区，所以设计了一个能够绝对承受厚重积雪的遮蔽物。采用了在“海洋博物馆·收藏库”项目中曾尝试过的混凝土预制件组合工艺，营造出宏大的空间。

年份	大事记	作品
二〇〇一	－东京大学研究生院工学系研究科社会基础学副教授（至二〇〇二年十二月） －第四十二届每日艺术奖（牧野富太郎纪念馆） －第四十二届BCS奖（牧野富太郎纪念馆） －枥木县七叶树建筑奖（益子森林） －《建筑与我》（合著，京都大学学术出版会） －sur/FACE十四位现代建筑家展／BMW Square －ARCHI LAB 2001／法国奥尔良 －海洋首都国际设计展／台湾高雄市 －海洋博物馆之后／海洋博物馆 －JAPAN 2001『日本建筑家十六人展』／RIBA 伦敦	－安云野知弘美术馆新馆（长野） －雅乐俱·茶室（富山）（图10） －伦理研究所富士高原研修所（静冈） －最上川故乡综合公园游客中心（山形） －住宅NO.23（东京）
二〇〇二	－《JA46内藤广》 －写真集《伦理研究所富士高原研修所》（摄影：石元泰博） －内藤广展／韩国首尔 －立陶宛日本建筑展（EAST-EAST）／考纳斯·立陶宛*2 －*2巡回展／里加·拉脱维亚，塔林·爱沙尼亚 －Gallery·间一百回展『未来的建筑』／Gallery·间 －日本建筑研讨会展	－益子森林（枥木） －九谷烧窑遗迹展示馆（石川）（图11） －东京知弘美术馆（东京）
二〇〇三	－东京大学大学院工学系研究科社会基础学教授 －第四届织部奖 －《建筑的终结》（合著，TOTO出版） －墨西哥日本建筑展『纤细』／墨西哥城·墨西哥*3	－港未来线马车道站（神奈川）
二〇〇四	－第四十五届BCS奖（东京知弘美术馆） －Good Design奖（港未来线） －第三届日本铁道奖表彰选取委员会特别奖（港未来线） －第四十九届铁道建筑协会奖作品部门竞赛 国土交通省铁道局长奖（港未来线） －《Ground Scape宣言》（合著，丸善）	－苫田大坝管理厅舍（冈山）（图12） －美术馆册（东京） －伦理研究所船桥社宅（千叶）（图13） －住宅NO.27（东京）

10. 雅乐俱·茶室。住宿设施内的美术馆及茶室。将原有的建筑物内装修拆除，营造自然的空间，设计了现代风格的茶室。尽量保留粗糙的改建现场，只用日式纸板做了最低限度的装修。

11. 九谷烧窑遗迹展示馆。于石川县加贺市居民住宅区出土的九谷登窑遗迹的展示设施。由于位于积雪量较多的地区，为保护20米见方的窑址遗迹，在其上方架设了一个除雪型的覆盖屋顶。屋顶采用钢结构，双重立体桁架。

12. 苫田大坝管理厅舍。建于冈山县苫田郡古井川上流的大坝的管理设施。出于整体景观设计的考虑，为突出大坝主体，管理所采取了开放式设计，兼顾了从眺望区看到的大坝的景象，以及视线的通透性。

—《建筑思考的未来》（王国社）

二〇〇五

—与筱原修等人发起『GS设计会议』
—内藤广 -the GENBA／岛根县艺术文化中心
—Hiroshi Naito -Innerscape／Museum of Finnish Architecture
—*3巡回展／奥地利维也纳、德国奥斯纳布吕克、土耳其伊斯坦布尔、日本（日本建筑家协会）

—岛根县艺术文化中心（岛根）
—春日温泉·雅乐俱酒店配楼（富山）

二〇〇六

—国际建筑奖（岛根县艺术文化中心）
—土木学会设计奖二〇〇六年最优秀奖（牧野富太郎纪念馆）
—土木学会设计奖二〇〇六年优秀奖（港未来线）
—第十四届岛根景观奖（岛根县艺术文化中心）
—《内藤广内部设计之细节》（彰国社）
—《Hiroshi Naito¨ Innerscape》（Birkhauser）
—《建土筑木1¨构筑物的风景》（鹿岛出版会）
—《建土筑木2¨有河的风景》（鹿岛出版会）
—TIMESCAPE／冈村花园庭院展室
—三年一度布加勒斯特建筑*3巡回展／罗马尼亚布加勒斯特
—『山田攸二+内藤广 摄影+建筑』／南洋堂N+

—住宅NO.29（东京）
—虎屋御殿场店（静冈）
—二期俱乐部七石舞台（栃木）（图14）

二〇〇七

—Good Design奖审查委员长（至二〇一〇年三月）
—优良木结构设施林野厅长官奖（日向市站）
—第四十八届BCS奖（岛根县艺术文化中心）
—第五十二届铁道建筑协会奖国土交通省铁道局长奖（日向市站）
—土木协会设计奖二〇〇七年最优秀奖（苫田大坝）
—《内藤广访谈集¨复眼思考的建筑轮》（INAX出版）
—《构造设计讲义》（王国社）
—*3巡回展／意大利都灵、斯洛文尼亚
—Milano Salone sozo_comm 日本展（会场构成）／Fiera Milano Nuovo Quartiere

—虎屋东京Mid Town店（东京）（图15）
—住宅NO.32（东京）
—虎屋工房（静冈）（图16）
—住宅NO.34（东京）

13. 伦理研究所船桥社宅。继伦理研究所富士高原研修所之后，同一团体的公司宿舍。总面积达985平方米，地上三层，为中层集体住宅，采用RC结构。一层只有柱子支撑上层，没有围墙壁，设有中庭，为开放式空间。

14. 二期俱乐部七石舞台。栃木县那须市假日宾馆二期俱乐部园区内设置的露天舞台。用钢材将从四国庵治运来的七块巨大的镜面连接在一起。以石材本身的厚重性，构筑舞台空间。

15. 虎屋东京Mid Town店。东京六本木复合商业设施内的店铺。墙壁一面由镂空状白色陶瓷块或瓷砖铺就。使用了8000块陶瓷块、15000块瓷砖。在保证格调的同时，也兼顾了现代派的美感。（摄影：细谷阳二郎）

年份	大事记	作品
二〇〇八	第一届建筑九州奖（日向市站） 第十四届甍奖 经济产业大臣奖（岛根县艺术文化中心） UD奖（岛根县艺术文化中心） 第十届布鲁内尔奖（日向市站） 第七届日本铁道奖（高知站）	日向市站（宫崎） 麦德林市贝伦公园图书馆（哥伦比亚共和国） *东京大学景观研究室
二〇〇九	第五十届BCS奖（日向市站） 第五十四届铁道建筑协会奖作品部门（停车场建筑奖）（高知站） 《GS集体大决战新·日向市站》（合著、彰国社） 《建筑的力量》（王国社） 改变二十世纪流行的男人们/会场构成、东京都庭园美术馆	高知站（高知） 虎屋京都店（京都） 平冈笃赖文库（长野）（图17） 山代温泉（总汤）（石川） 虎屋一条店改建（京都）
二〇一〇	六十岁 东京大学副校长 第十二届公共建筑奖特别奖（岛根县艺术文化中心） 《著书解题 内藤广访谈集二》（INAX出版） 《GS集体连带篇城市建设的突破——把水引向市民身边》（合著、彰国社） 建筑在哪里？七组建筑/东京国立近代美术馆	宫田眼科（爱知） 城东地区复合设施（蛤御门广场）（三重） 练马区立牧野纪念庭园（东京） 和光大学E座（东京）（图18） 旭川站（北海道）*首次开业
二〇一一	计划于东京大学退休	

16. 虎屋工房。坐落于静冈县御殿场森林之中的老字号日式点心店虎屋的“工”房。平缓的曲面状“人”字形屋顶的平房由钢结构和木结构组成。茶室、售货台、厨房呈圆弧状排列，中央为开放式茶座。

17. 平冈笃赖文库。位于长野县轻井泽，主要收藏法国文学家平冈笃赖的藏书。宽3米、长7米，“人”字形木结构平房建筑。外壁为25毫米间隙的杉木板制成的百叶窗，可使阳光透入房间内部。

18. 和光大学E座。位于东京町田的和光大学的校舍。四层建筑、鸡蛋状外观设计，其中有礼堂、教室、食堂等，通过廊桥与旧校舍相连接，采用了一部分为RC结构，外围的露台突出于建筑主体之外。

后记

偶尔，我会脱掉衣服，站在镜子前观察自己的身体。身体已是不堪入目，我想这也是理所当然的事情。偶尔，我会目不转睛地观察镜子中自己的脸，那是多么模糊的一张面孔啊。不堪入目的身体、模糊的面容，诚然，这是我不注重保养以及岁月流逝的结果，但我仍然庆幸在这样的身体和面容背后，蕴藏着一种独特的个性，一种我所特有的个性。

能够通过这本书，对过往的经历做一个总结，对我来说这是一个宝贵的机会，可以回顾日复一日匆匆而过的岁月的厚重感。虽然凝视镜中自己的样子——衰老不堪的身体、模糊难辨的面容，是一件令人心生畏惧的事情，但是只有敢于面对自己，过往的一切才能变成未来的食粮，因此我决定在读者面前呈现一个真实的自己。

从进入大学里面工作、涉足土木领域，到现在已经过去整整十年时间。其间，交往的人群发生了巨大的变化，每天遇到的人与以往大不相同。新结识的人，有三分之二都属于土木领域。交换名片变得更加频繁，甚至一个月以内收到的名片就会超过三厘米厚。山川、道路、铁路、桥梁，对于这些，之前我完全是一个门外汉，然而现在对这些都大致有所了解，学到了不少知识。开始关注过去从没有关心过的城市、街道、自然，在制度内的行政力量所涉及的领域也有所收获。

另外，去年夏天，为统括大学校园，制定了校区整体修整规划。来到大学之后我逐渐明白，大学实际上就是社会的一个缩略图，而社会是大学的一个放大图。参与首都或地方城市建设的机会大大增多，同时更为重要的是，在某种程度上，我逐渐能够预测到人们对城市建筑物是怎样思考、怎样反应的。基于这些经验，我能够为校区整体修整制定大致规划。虽然看起来似乎是多管闲事，但我却认为很有趣，没有任何一处是浪费精力。

但是，作为一个建造建筑物的建筑师，作为一个『作家』，十年时间匆匆而过，回顾这段经历，我不知道是好还是坏。在这十年中，我只是竭尽全力地完成被赋予的责任，一心一意地、坦诚地交出自己的答卷，甚至没有时间冷静地自省。过去十年，我怀抱着作为建筑家的矜持，行走在一片未知的土地上，如同年轻时孤身走过丝绸之路时的感觉。

二〇一一年春，我决定辞去教职，专心回归建筑。如今，正好迎来了一个回望过去十年的时期。我完全没有改变自己的打算。我依然是一个建筑师，只不过将掌握的建筑方面的思想应用到建筑以外的领域及职务上而已。如同旅行，只是旅途中遇到的景色、食物、人发生了变化，而自己还是原先的自己。

但是，认真想来，仍以旅行为例，人通过旅行，在无意识之中，已经获取了某些东西，已经从内心发生了改变，甚至在不知不觉中，在自己未曾感觉到的地方发生了变化。实际上，无论是谁，踏上旅途时内心中都隐约充满了期待。或许，在我心底里，也是期待着改变的。对建筑界操守的丧失心生失望，厌恶那个在不知不觉中沾染了不好风气的自己，因此才想要踏上新的旅途，这或许就是进入土木领域的一个原因吧。

然而，人们并不是为了达到某一明确的目的而踏上旅途，而是在无意之中踏上旅途，换句话说，是受到了旅途的诱惑，感觉到了旅途对自己内心的低声私语。如此这般，十年前我踏上了旅途。当然，这十年，与之前是有所不同的。我也很期待能够通过这本书，捕捉到发生在自己身上的微妙的变化，就像翻看自己的旅途素描本一样。

回顾过去，到现在为止所有的一切，都起源于海洋博物馆·收藏库。想要超越年轻时使尽浑身解数创造出来的东西是很难的。无论对材料的看法、使用、组合方法，还是对空间质感的把握，都没有发生一丝变化。从那座建筑中，我窥探到了材料的本质，掌握了材料的组合方法。之后设计的建筑，使得这些内容得以逐渐展开。海洋博物馆之后的我，描绘出了一道漂亮的轨迹。至少在我看来是这样。

在进入大学工作之前，岛根县艺术文化中心的设计工作启动。面对土木这一未知领域，以及即将要踏上的大学讲台，我感觉自己肩上的责任重大。相对来说，作为建筑师，参与岛根项目的设计工作，给我的内心带来了巨大的鼓舞。这座建筑，从设计到施工，虽然自始至终宛如一个壮烈的战场，但是却如同一颗能将我的意识与建筑紧密连接在一起的螺丝钉，对我、对我的事务所来说，都是唯一的希望。

本书主要由杂志上刊载的报道组成，虽然看起来有点像剪报，但实际上却完美地展示出了从海洋博物馆到岛根县艺术文化中心，存在于这二者之间的连接线上的东西，并且描绘出了连接线的终点——现在至今后五年的轨迹，以及这个轨迹与接下来的十年之间的关联。

我无法预测未来，因为在我的旅途中没有旅行指南。所有的旅行都是这样，通往未知之地的旅程，这总能勾起旅行者的一种复杂的感情，其中包含着对熟悉的地方的追忆，对未知前途的期待、不安以及希望。在接受这些微妙的情感的时候，就开始了下一次的创造。作为一名建筑师，我希望我能带着这本书，向下一个十年扬帆起航。

在百忙之中接受访问的结构工程师冈村仁先生、曾担任施工现场所长的户田建设的大川郁夫先生以及大成建设的加贺田正实先生、曾在本事务所主要负责住宅设计的太田理加女士，与他们的对话，是我能够真实地认识到自己的设计过程及思考方式的绝好机会，使我听到了很多自己没有意识到的东西，以及难以开口讲出来的东西。

最后要感谢的，是尽心竭力整理资料的日经BP社的宫泽洋先生、记者大家健史先生、致力于展现人与空间的摄影师吉田诚先生、作为教育家回归大学活动的日经BP社的岛津翔先生、整理对话录及年表的事务所工作人员小田切美和女士。让我一事无成、跌跌撞撞的人生看起来容光焕发，对大家的努力我深表感激。这本书不单单是对过往岁月的记录，毫无疑问，它是我通向未来的路标。

二〇一一年十二月九日

内藤广

1981—2011年

员工

内藤广建筑设计事务所员工名单

按入所时间排列／○表示现在所内工作人员（截至二〇一〇年十二月）

001 酒井信一郎
002 ○古野洋美
003 沼田恭子
004 川村宣元
005 渡边仁
006 有村和浩
007 瓦谷润一
008 石原弘明
009 榊法明
010 八岛央子
011 佐渡基宏
012 Ulrike Llivre
013 吉田多津雄
014 ○蛭田和则
015 太田理加
016 横井拓
017 竹中秀彦
018 田井幹夫
019 大山美由纪
020 下村有希子
021 相野律子
022 Katrin Linkelustorf
023 浅野恭子
024 好川拓
025 ○神林哲也
026 高草大次郎
027 加藤成明
028 玉田源
029 大西直子
030 堀冈胜
031 盐田玲子
032 米本昌史
033 片山惠仁
034 Paddy Thommessen
035 山中祐一郎
036 Marx Brueghel
037 渡谷博美
038 上原世惠子
039 宫崎俊行
040 北野博宣
041 山田彻
042 朝山宗启
043 大坪和朗
044 河野贵臣
045 ○小田切美和
046 ○芦田畅人
047 李仁敦
048 间下奈津子
049 瓜生浩二
050 ○细沼俊
051 山田円
052 原口刚
053 河田麻美
054 长田润子
055 垣内崇佳
056 大岛耕平
057 国岛明惠
058 大畠稜司
059 ○市村骏
060 加藤菜保
061 野口健一
062 熊切真知子
063 池原靖史
064 ○福原信一
065 ○汤浅良介

执笔者、新闻报道刊号

010页　『二十七岁时，才决定把建筑继续下去』——回顾那些被关注却也迷茫的日子（1970—1980年）／NA2009年学生特别版及KEN-Platz／森清

016页　海洋博物馆·收藏库（1990年）／NA1990年6月25日／野口弘子

作品名笔画顺序索引

图书在版编目（CIP）数据

NA建筑家系列. 1，内藤广 / 日本日经BP社日经建筑编；范唯译. — 北京：北京美术摄影出版社，2013.12
ISBN 978-7-80501-550-7

Ⅰ. ①N… Ⅱ. ①日… ②范… Ⅲ. ①建筑设计—作品集—日本—现代 Ⅳ. ①TU206

中国版本图书馆CIP数据核字(2013)第144991号

北京市版权局著作权合同登记号：01-2012-5343

责任编辑：钱　颖
助理编辑：孙晓萌
责任印制：彭军芳
装帧设计：仇高丰

NA建筑家系列　1
内藤广
NEITENG GUANG
日本日经BP社日经建筑　编　范唯　译

出　版　北京出版集团公司
　　　　北京美术摄影出版社
地　址　北京北三环中路6号
邮　编　100120
网　址　www.bph.com.cn
总发行　北京出版集团公司
发　行　京版北美（北京）文化艺术传媒有限公司
经　销　新华书店
印　刷　鸿博昊天科技有限公司
版印次　2013年12月第1版　2019年3月第2次印刷
开　本　787毫米×1092毫米　1/16
印　张　19
字　数　305千字
书　号　ISBN 978-7-80501-550-7
定　价　89.00元
质量监督电话　010-58572393